计算机

科学与技术丛书

U0289935

AR/VR技术与应用

基于 Unity 3D/ARKit/ARCore 微课视频版

范丽亚 张克发 ◎ 主编

马介渊 赵兴 谢有龙 ◎ 副主编

清华大学出版社

北京

内 容 简 介

本书希望从产业研究和技术开发的结合上做一些尝试，使想了解这个行业、从事这个行业的人员能有一些产业上的认识和开发技术基础。第 1～2 章为基础理论，着重介绍虚拟现实和增强现实技术相关的理论及产业发展，包括 AR/VR 技术原理、产业链组成、国内外产业巨头布局、关键技术指标、产业发展瓶颈和趋势预测；第 3～9 章为技术开发，分别从增强现实开发技术（第 3～6 章）、虚拟现实开发技术（第 7～8 章）和混合现实开发技术（第 9 章）三部分重点介绍。此外，还附有案例开发教学视频和习题，供读者自学。

本书是由高校教师、企业 CEO、AR/VR 技术开发工程师及产业发展研究人员共同编写而成，适合作为高等院校虚拟现实、计算机科学与技术、视觉设计与艺术、动漫设计、多媒体技术等专业的教材，也适合希望进一步对 AR/VR 产业深入了解，欲从事 AR/VR 技术开发相关工作的人员、广大科技工作者和技术开发人员参考。

图书在版编目（CIP）数据

AR/VR 技术与应用：基于 Unity 3D/ARKit/ARCore：微课视频版/范丽亚，张克发主编.—北京：清华大学出版社，2020.9（2022.12 重印）
计算机科学与技术丛书
ISBN 978-7-302-55526-1

Ⅰ.①A⋯ Ⅱ.①范⋯ ②张⋯ Ⅲ.①虚拟现实—高等学校—教材 Ⅳ.①TP391.98

中国版本图书馆 CIP 数据核字（2020）第 086050 号

责任编辑：刘 星
封面设计：刘 键
责任校对：李建庄
责任印制：刘海龙

出版发行：清华大学出版社
   网   址：http://www.tup.com.cn，http://www.wqbook.com
   地   址：北京清华大学学研大厦 A 座   邮 编：100084
   社 总 机：010-83470000   邮 购：010-62786544
   投稿与读者服务：010-62776969，c-service@tup.tsinghua.edu.cn
   质量反馈：010-62772015，zhiliang@tup.tsinghua.edu.cn
   课件下载：http://www.tup.com.cn，010-83470236
印 装 者：三河市龙大印装有限公司
经 销：全国新华书店
开 本：185mm×260mm 印 张：19.5   字 数：478 千字
版 次：2020 年 9 月第 1 版   印 次：2022 年 12 月第 3 次印刷
印 数：3501～4500
定 价：89.00 元

产品编号：084878-01

习近平同志在 2018 年给世界 VR 产业大会的信中指出："新一轮科技革命和产业变革正在蓬勃发展,虚拟现实技术逐步走向成熟,拓展了人类感知能力,改变了产品形态和服务模式。中国正致力于实现高质量发展,推动新技术、新产品、新业态、新模式在各领域广泛应用。"虚拟现实已经成为产业发展的热点,拥有着庞大的潜在应用领域及巨大的市场前景。虚拟现实技术的快速发展,已成为支撑我国经济改革的重要力量。

虚拟现实产业的快速发展,产业与多个行业领域的融合态势,带动了 VR 产业链中人才需求的井喷,衍生了新型人才培养需求。全球职业社交网站 LinkedIn(领英)发布的《全球虚拟现实(VR)人才报告》中数据显示:美国 VR 人才数量占全球总数的 40%,中国 VR 人才数量占全球总数的 2%;从 VR 职位需求量来看,美国独占近半,中国则约占 18%,人才需求量位居全球第二,高质量 VR 人才的匮乏成为中国 VR 产业发展的核心症结。

高校作为人才培养的重要基地,积极探索与实践虚拟现实人才培养和虚拟现实相关教育信息化进程,创新"互联网＋"环境下工程教育教学方法,提高虚拟现实等相关专业教育效率和教学效果,不断向社会和企业培养、输送符合新时期要求的复合型人才,是未来我国虚拟现实相关行业能否取得突破和发展的根本性保障。近两年教育部将虚拟现实技术专业列入普通本科院校、高等职业院校专业目录,为虚拟现实人才培养"建基正名"。

我国教育领域虚拟现实专业建设和人才培养进入新时代。研究虚拟现实专业课程体系建设、探索虚拟现实专业人才培养方案成为当务之急。而虚拟现实的课程建设、实验室建设、师资队伍建设在推动虚拟现实教育发展中的作用,则显得尤为重要。现在从事虚拟现实相关研究的高校大多只是将虚拟现实作为一个研究方向挂靠在计算机专业、信息科学专业或艺术类专业之下,而系统的虚拟现实课程体系和人才培养方案是高水平的虚拟现实人才的基础,高校教师与有经验的企业工程师结合,在学科专业建设里推动校企结合将会带了良好的效益。

西安的几位同事共同努力,《AR/VR 技术与应用——基于 Unity 3D/ARKit/ARCore》(微课视频版)一书出版了,这本书由高校教师、企业 CEO、AR/VR 技术开发工程师及产业发展研究人员共同编写而成,是产学研相结合的产物,可作为高等院校虚拟现实、计算机科学与技术、视觉设计与艺术、动漫设计、多媒体技术等专业的教材,也适合进一步对 VR 产业深入了解,欲从事 VR 技术开发相关工作的有关人员参考。虚拟现实是一个既高大上,又接地气的专业,不仅需要有理论支持,也需要将 VR 产业对人才培养的最新要求引入教学过程,进一步探索虚拟现实人才输送机制,组织企业与高校对接合作,为 VR 产业发展输送令社会满意的人才,在就业和创业问题上,实现产教合作的教育创新。

感谢作者的辛勤工作,愿读者们"开卷有益",祝虚拟现实事业"更上一层楼"。

是为序。

周明全

教育部虚拟现实应用工程研究中心主任

2020 年 6 月于西安桃园

人类进入信息时代以来,计算平台正在不断演变,PC和手机两大计算平台造就了互联网产业史上的两个黄金时代。沉浸式计算平台被普遍认为将成为继计算机和智能手机之后的下一代计算平台,包括增强现实、虚拟现实、混合现实等技术。

PC霸主和智能手机巨头们早就开始布局自己的AR/VR产业链。苹果公司、微软公司、谷歌公司等国外巨头已经在软硬件产业链中强势布局。三星、HTC、索尼、英特尔、高通等厂商在AR领域的投入也是未来主导行业发展速度的主要因素之一。以BATJ(指百度(Baidu)、阿里巴巴(Alibaba)、腾讯(Tencent)与京东(JD)的简称)为代表的国内顶尖企业,在应用与服务层面也在加速布局。此外,国内外的初创团队和高校实验室等在硬件产品和技术的研发上也开始崭露头角。

虚拟现实技术已被我国列入“十三五”国家信息化规划、中国制造2025、国家自然科学基金、国家高科技研究发展计划等多项国家重大战略及项目规划中,其正在加速向各个领域渗透和融合,并给这些领域带来前所未有的变革。

作为下一代移动计算平台,AR/VR产业在硬件、软件平台、内容及服务上都得到了迅速发展,但眩晕感、便携性、交互性等难题使该行业出现大量的人才缺口,人才匮乏是AR/VR产业发展的重大阻碍。2018年9月21日,教育部正式宣布在普通高等学校高等职业教育(专业)院校中设置“虚拟现实应用技术”专业,从2019年开始实行。2020年2月21日,教育部公布“2019年度普通高等学校本科专业备案和审批结果”的“新增审批本科专业名单”中有“虚拟现实技术专业”。至此,虚拟现实技术正式在我国高等教育和职业教育中推广和发展。因此,无论是作为下一代计算平台的产业布局者、行业应用推进者、内容应用开发者或学习者,跟踪AR/VR产业热点与发展,学习主流开发技术及应用都是大有裨益的。

本书紧扣读者需求,采用循序渐进的叙述方式,深入浅出地论述了AR/VR技术原理、产业链组成、国内外产业巨头布局、关键技术指标、产业发展瓶颈及趋势预测、主流开发技术和高级开发技术。

1. 突出前沿,逐层解读,深度剖析

本书将虚拟现实/增强现实相关的理论分门别类、层层递进地进行了详细的叙述和透彻的分析,既体现了各知识点之间的联系,又兼顾了其渐进性。

从AR/VR的起源、人机交互方式变化、技术的发展等方面带领读者了解下一代计算平台的相关概念、原理和应用场景;然后从AR/VR产业链的上、中、下游,即AR/VR硬件技术产业、软件及技术开发平台、内容开发和服务平台三个方面分别介绍了目前产业发展的现状,进而总结出 AR/VR 全产业链图及产业巨头布局的重要意义;最后对产业链上、中、下游发展的难题、根本原因、关键技术指标进行剖析。

本书力求使用最新的行业指标及产品数据,通过对产业和相关概念的逐层剖析,加深读者对产业的立体化认知,明确整个产业的发展瓶颈和方向,更好地进行自我职业定位。

2. 虚实结合,图文并茂,易于上手

本书尽可能地将虚拟抽象的概念、理论、技术名称与实际的应用案例相结合。书中介绍了目前比较热门的 8 种开发技术的精彩应用案例,加深读者对产业的发展和认知。书中还配备了大量新颖的图表,以提升读者兴趣,加深对相关理论及应用的理解。尤其在技术开发部分,一步一图,确保读者能快速上手、轻松掌握。

3. 瞄准热点,案例新颖,丰富视野

内容应用是虚拟现实的灵魂。近年来,虚拟现实的应用领域极其广阔,从 B 端的医疗、教育、军事、工业、旅游等到 C 端的直播、影视、社交等。

本书归类列举了大量新颖的热点应用案例,涉及旅游(旅游体验+穿越体验+星际旅行)、教育(驾驶培训+太空探索+灾害演练+抢险救灾)、医疗(人体解剖+辅助治疗+手术导航)、工业(虚拟设计+虚拟制造+虚拟装配+维修装配)、房地产等,既体现了创新融合的行业应用热点,又丰富了读者视野。

4. 配套资源,超值服务

配套资源

- 教学课件(PPT)、素材、习题答案、教学大纲等资料,请扫描此处二维码下载或者到清华大学出版社官方网站本书页面下载。
- 微课视频,请扫描书中各章节对应位置二维码观看,有助于加深读者对 AR/VR 内容开发和行业应用的理解。
- 更多精彩案例,请自行添加"ARVR 训练营"微信公众号获取。读者也可加入本教材的 QQ 交流群(详见配套资源),获取资料和技术指导。

注意:请先刮开封四的刮刮卡,扫描刮开的二维码进行注册,之后再扫描书中的二维码,获取相关资料。

本书由范丽亚(西安交通大学城市学院)和张克发主编,马介渊、赵兴、谢有龙为副主编。全书由范丽亚策划和统稿,具体分工如下:第 1~2 章由范丽亚编写,第 3~9 章由范丽亚、张克发共同编写,全书的资料整理与校对、习题编写等工作由马介渊完成,教学视频的录制由赵兴和谢有龙共同完成。在教材编写过程中,广东口可口可(COCO)公司的许吉锋提供了宝贵的意见与建议。

感谢陕西加速想象力的各位朋友对本书的支持,感谢为本书提供的精彩开发案例展示;特别要感谢我的家人,是你们大力的支持和照顾,才使我能投入到本书的写作之中。

限于编者的水平和经验,疏漏之处在所难免,敬请读者批评指正,请发送邮件至workemail6@163.com,您的肯定和建议是我们继续完善本书的动力。

范丽亚

2020 年 6 月于西安

CONTENTS
目录

配套资源

第8章 HTC Vive 开发 ································ 243

▶ 微课视频

第1章

虚拟现实概述

本章学习目标

- 了解虚拟现实的概念和特性。
- 理解人机交互方式的变化及下一代人机交互方式。
- 深刻理解虚拟现实技术原理。
- 掌握虚拟现实硬件技术产业链的内容。
- 掌握虚拟现实软件及技术开发平台的内容。
- 掌握虚拟现实内容开发与服务平台的内容。
- 熟练掌握 VR 全产业链的组成。
- 深刻理解 VR 硬件普及要克服的难题及原因。

　　本章首先介绍虚拟现实的起源和概念,再介绍人机交互方式的变化和虚拟现实技术的发展、分类及相关原理,重点介绍 VR 产业链上、中、下游的组成及科技巨头的产业链布局,最后对 VR 产品普及要解决的问题进行分析与展望。

1.1　虚拟现实的概念

1.1.1　虚拟现实起源

　　虚拟现实概念最早起源于 1935 年的一部科幻小说《皮格马利翁的眼镜》,作者 Stanley G. Weinbaum 在小说中描写了一种包含视觉、嗅觉、触觉等全方位沉浸式体验的虚拟实境系统。幸运的是,这种想象并没有止步于科幻小说中,在 22 年后的实验室里,有了虚拟现实眼镜的雏形。

　　1957 年,电影摄影师 Morton Heilig 发明了名为 Sensorama 的仿真模拟器,能够提供一定程度的沉浸感:它能让人沉浸于虚拟摩托车上的骑行体验,感受声响、风吹、震动和布鲁克林马路的味道。这款设备通过三面显示屏来实现空间感,用户需要坐在椅子上将头探进设备内部,才能体验到沉浸感。思维超前的 Morton Heilig 在当时已经看到了虚拟现实的商业潜能,预见自己的发明将能够用于训练军队、工人和学生,他尝试将 Sensorama 放置在影院、商场。但是,由于 Sensorama 耗资巨大,又鲜有投资人看好这种机器,最终商业化失败。

　　1968 年,著名计算机科学家 Ivan Sutherland 在哈佛大学组织开发了第一个计算机图形驱动的头戴式显示器 Sutherland,在这个头盔显示系统中,用户不仅可以看到三维物体的线框图,还可以确定三维物体在空间的位置,并通过头部运动从不同视角观察三维场景的线框图。这对当时的计算机图形技术水平是相当大的突破,为现今的虚拟技术奠定了坚实的基础,Ivan Sutherland 也因此被称为"虚拟现实之父"。

1.1.2 虚拟现实简述

虚拟现实(Virtual Reality,VR),是指采用以计算机技术为核心的现代高科技手段生成一种虚拟环境,用户借助特殊的输入/输出设备,与虚拟世界中的物体进行自然的交互,从而通过视觉、听觉和触觉等获得与真实世界相同的感受。从 VR 的定义看出,要获得一个虚拟的"真实在场"状态,需要具备以下四个要素。

1. 现代高科技手段

现代高科技手段包括:计算机图形技术、计算机仿真技术、人机交互技术、人机接口技术、多媒体技术、传感器技术等。

2. 虚拟环境

VR 要达到较好的沉浸效果,和它的内容——虚拟环境密不可分。虚拟环境是一种人类主观构造的、模拟真实世界的环境。虚拟环境可以是真实世界中存在的,但人类不可见或不常见的环境,例如太空遨游、火灾现场等。

3. 输入输出设备

常见的输入设备包括:游戏手柄/摇杆、3D 数据手套、位置追踪器、眼动仪、动作捕捉器(数据衣)等。输出设备包括:虚拟现实头戴设备、3D 立体显示器、洞穴式立体显示系统等。

4. 自然的交互

用户采用自然的方式对虚拟物体进行操作并得到实时立体的反馈(见图 1.1),如:语音、手的移动、头的转动、脚的走动等。

图 1.1 虚拟现实用户体验示意图

VR 结合多领域前沿技术(计算机图形技术、人机交互技术、传感器技术、人机接口技术、人工智能技术等),利用动作捕捉、运动模拟、位置空间追踪、传感器等设备,通过欺骗人体感官的方式(三维视觉、听觉、嗅觉等),创造出完全脱离现实的世界,实现对用户动作信号的实时模拟传输及用户与虚拟环境的高度交互。简单地说,虚拟现实技术就是用计算机创造以假乱真的世界。

1.2 人机交互方式

1.2.1 人机交互的概念

人机交互(Human-Computer Interaction 或 Human-Machine Interaction,HCI 或

HMI），是一门研究系统与用户之间信息交流与互动关系的学问。系统可以是各种各样的机器，也可以是计算机化的系统和软件。用户与系统进行交互的可见部分称为人机交互界面。用户通过人机交互界面与系统交流并进行操作，例如：音乐播放器上的播放按键，飞机上的仪表板等。

人机交互主要是通过输入设备（键盘、鼠标、扫描仪等）、输出设备（显示器、打印机等）和相应的软件来实现。用户借助输入设备，通过人机界面向系统发出交互指令；系统将交互指令处理后，将处理结果显示在输出设备上；用户读取输出设备上显示的结果信息，进行决策，并进行下一步交互指令的操作，如图1.2所示。

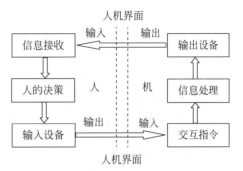

图1.2　人机交互示意图

随着技术的发展，操作命令越来越复杂，对人机交互功能的要求也越来越高。传统的软件设计通常把人机界面作为核心功能以外的包装，在整个开发过程中，往往因为时间或者资源分配的不足而牺牲人机交互界面的优化。而目前流行的设计越来越注重以人为本、以用户为中心的理念。因此，用户体验（User Experience，UE或UX）是人机交互的最核心需求，人机交互功能是决定系统"友好性"的一个重要因素。

用户体验是用户使用产品过程中建立的主观感受，很大部分是以有用性、易用性和友好性作为最重要的指标。增强和虚拟现实技术能让用户在体验实用性以外进一步追求感官上的新刺激，这也是VR吸引早期采用者的一个重要因素。

1.2.2　人机交互的产品史

人机交互的历史就是一部人机交互的产品史（见图1.3）。人机交互的本质是通过控制有关设备的运行，去理解和执行由人机交互设备传来的有关命令和要求。早期的人机交互设备是键盘和显示器。操作员通过键盘输入命令，操作系统接到命令后立即执行并将结果通过显示器显示。这个时期的人机交互产品主要有打字机、PC、Mac、Windows 95。随着模式识别，如语音识别、汉字识别、图形识别、动作识别等输入设备的发展，用户和计算机之间进行更智能化的交互成为可能。iPod、Wii、iPhone、PS move/Kinect是这个时期的人机交互产品的代表。

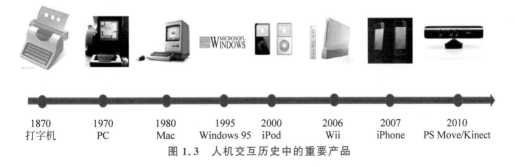

1870	1970	1980	1995	2000	2006	2007	2010
打字机	PC	Mac	Windows 95	iPod	Wii	iPhone	PS Move/Kinect

图1.3　人机交互历史中的重要产品

如果说键盘繁荣了DOS，鼠标繁荣了Mac和Windows，那么体感手柄和平衡板成就了Wii，多点触控屏创造了iPhone的辉煌，Kinect则让XBOX360延续了成功。甚至Guitar

Hero,DDR 跳舞机等的出现,都可以归功于人机交互方式的创新。

1.2.3　下一代人机交互方式

人机交互方式的发展是人类不断寻求更自然的人机交互方式的过程。PC 是基于鼠标键盘的被动式信息获取方式实现人机交互,束缚了用户的整个身体;智能手机虽然便于携带,但依然需要占用眼睛和手进行主动、非持续性的指引,并且整个交互过程与真实场景分离。更自然的交互方式应能使手和眼睛相对解放,交互场景可连续、实时获取。因此,手势交互、体感交互、语音交互、眼球追踪、脑电波交互等方式会成为下一代人机交互方式,如图 1.4 所示。

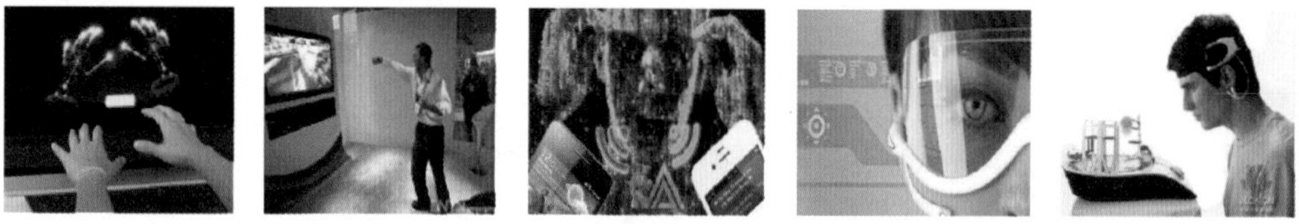

手势交互　　　体感交互　　　语音交互　　　眼球追踪　　　脑电波交互

图 1.4　下一代人机交互方式

这些新的交互方式在交互原理和应用场景等方面各不相同,如表 1.1 所示。

表 1.1　下一代人机交互方式对比表

交互方式	交互原理	应用场景	完成度	缺　点	相　关　公　司
脑电波识别与控制	通过算法将脑电波解读为参数,利用脑电波操控物体	通过脑机接口进行人机交互;通过数据分析进行医疗/消费心理认知	极低	行业门槛高,技术尚不成熟	翼石科技/美泰/NeuroSky/Emotiv/Interaxon/BrainCo/宏智力科技
眼球追踪	通过图像捕捉或扫描提取眼球变化,预测用户状态和需求并做出响应	页面滚动等,一定程度上替代鼠标、触摸板	低	难以判断眼球是无意识运动还是有意识变化	Facebook/苹果/三星/LG/Tobii/七鑫易维
语音交互	通过语音特征提取、音素建模、字典及算法等步骤,对语音进行含义识别	计算机听写	高	误识率高、隐私问题	Nuance/微软/苹果/Sensory/谷歌/蓦然认知/科大讯飞/思必驰/出门问问/哦啦语音/问之/声智/慧听/驰声/百度/灵云/云知声/轻生活/阿里云/搜狗语音
手势识别	通过手势采集、预处理、特征提取、手势识别算法等过程进行手势识别	娱乐;计算机(包括 AR/VR)中的指令输入	中	识别率低、无法替代键盘鼠标进行精细化操作	Leap/高通/三星/Facebook/苹果/锋时互动/uSens/极鱼/微动/未动/数码视讯/诺亦腾

续表

交互方式	交互原理	应用场景	完成度	缺 点	相 关 公 司
动作识别	通过红外传感器、光学或惯性传感设备进行骨架追踪,对动作捕捉并识别	游戏、电影制作、机械控制	高	反馈过程常涉及多种交互方式输入	微软/数码视讯/诺亦腾

1.2.4 人机交互方式的变化

传统的人机交互方式和下一代人机交互方式在内容、方式和效果上都有很大的不同。传统的人机交互方式主要以字符串、文本、图像、声音等多媒体信息作为交互内容,以显示器、键盘、鼠标等传统接口设备进行交互,这些设备用户进行一定的学习后,才能熟练使用其操作方法,达到交互的目的。交互过程中用户能明确地区分虚拟世界和现实世界。下一代交互方式则可以把整个多媒体交互环境作为交互内容,用户根据自己的感觉,通过语音、动作等方式,实现自然的交互,达到身临其境的视觉、听觉、触觉感知效果。具体对比如表1.2所示。

表 1.2 传统的人机交互方式与下一代人机交互方式的对比表

交互方式	内 容	方 式	效 果
传统的人机交互方式	文本、图像、声音等多媒体信息	使用显示器、键盘、鼠标等接口设备进行交互,用户需学习设备操作方法	用户能明显地区分现实世界与虚拟世界
下一代人机交互方式	整个多媒体信息"环境"	采用语音识别、动作识别等技术,用户利用自己的感觉与"环境"交互	用户通过基于自然的交互技术,得到身临其境的视觉、听觉、触觉感知效果

从传统的人机交互方式到下一代人机交互方式,经历了巨大的变化和革新。

1. 交互内容从信息到"环境"

媒介技术论的代表人物麦克卢汉曾有一个著名的观点——"媒介即人的延伸"。他所指的媒介是广义的媒介(Medium),而非现代意义上狭义的媒体(Media)。所谓的媒介是信源与信宿之间的介质。他认为,文字是口语传播的延伸,印刷术是文字的延伸,广播是听觉的延伸,而以电视为代表的电子媒介则是人的视觉、听觉、触觉的综合延伸。

作为"人感觉能力拓展或延伸"的媒介——满足人与外界沟通需求。早期,文字、语音、图片、视频等各种媒介形式都能满足人与人之间的沟通需求。这些沟通需求通过书本、广播、电话、计算机等达成。如今,人与外界的沟通更多地通过计算机、智能手机等新型媒介完成。这些新型媒介形式的出现意味着人与机器的交互实现了跨越性发展。虚拟现实技术的出现,使人与机器之间的交互从文字、语音、图像、视频等信息内容到具有沉浸感的整个"环境"内容,是新一代人机交互方式的一大革新。

2. 交互方式从单一单向信息传播到多模态的信息沟通

过去人们被动地接收文字信息、收听广播、收看电视,如今变成了用户主动地输入信息再获取信息的交互过程。媒体用户从被动、无名的群体,成为主动的、有行为特征的群体。受众由被动转为主动,大大改变了媒介与受众的关系以及媒介的原有形态。

目前,单一方式的交互无法适用于人们所有的场景应用需求:触控和手势交互在执行复杂任务时就暴露出了极大的短板;智能语音交互很难在公众场合得到很好的发挥。未来,信息输入不再局限于文本、声音,下一代消费级的人机交互可能是一种"取各家所长"的多模态交互方式——更多场景应用、更便捷,并且更自然、更贴近真实。交互方式的发展与交互中介的更迭相互作用,通过视觉、声音、文本、触碰、手势、动作甚至是脑电波等相结合的"多模态"交互方式,是新一代人机交互方式的一大革新。

3. 交互效果从虚拟分离到虚实融合

在人与媒介的交互体验不断革新的情况下,新兴的虚拟现实技术为用户与虚拟世界的交互提供了入口。VR将用户引入兼具沉浸、互动与想象的虚拟世界,用虚拟事物来"延展"现实世界,并将真实和虚构融合在同一个空间当中,交互效果逐渐从明显的虚拟世界和现实世界的分离感到混合虚拟现实世界的沉浸感,是新一代人机交互方式的标志性革新。从早期的打孔机,DOS界面到现在的触屏手机平板,每一次计算平台的跨越式发展都伴随着交互方式的革新。移动互联网从2007年开始经历了井喷式发展,随着硬件设备日趋饱和,移动互联网也面临着"十年之痒"。VR以视觉传感器为核心交互方式,符合消费者的自然行为,有望成为下一代大众化交互方式,并引领VR成为继移动互联网之后的下一代计算平台。

VR时代即将从根本上改变人与人交流的方式,甚至会取代智能手机、PC,无缝地嵌入我们的日常生活中,例如沟通、工作、可视化信息、游戏、休闲娱乐等,如图1.5所示。

图1.5　VR时代沟通、工作、娱乐方式

1.3　虚拟现实技术

1.3.1　虚拟现实技术的特点

PC是借助外部设备(键盘、鼠标等)与虚拟世界进行交互,智能手机则通过触摸屏与虚拟世界进行互动。这种交互可以清楚地看到虚拟和现实的边界,沉浸感不强。而VR设备所带来的沉浸性(Immersion)、交互性(Interactivity)和想象力(Imagination)(即"3I特点")是前所未有的。其中"沉浸性"是虚拟现实技术最重要的特点。

1. 沉浸性

沉浸性又称临场感,指用户感到作为主角存在于模拟环境中的真实程度。理想的模拟环境应该使用户难以分辨真假,全身心地投入到计算机创建的三维虚拟环境中,该环境中的一切看上去是真的,听上去是真的,动起来是真的,甚至闻起来、尝起来等一切感觉都是真的,如同在现实世界中的感觉一样。

2. 交互性

交互性指用户对模拟环境内物体的可操作程度和从环境得到反馈的自然程度(包括实时性)。例如,用户可以直接用手抓取模拟环境中虚拟的物体,这时手有握着东西的感觉,并可以感觉物体的重量,视野中被抓的物体也能立刻随着手的移动而移动。

3. 想象力

想象力又称构想性,强调虚拟现实技术应具有广阔的可想象空间,可拓宽人类的认知范围,不仅可再现真实存在的环境,也可随意构想客观不存在的甚至是不可能发生的环境。

1.3.2　虚拟现实技术的发展

虚拟现实技术经历了概念萌芽期、研发初创期、技术积累期、产品探索期、产品化初期和产品化发展期 6 个阶段的发展,逐渐趋于成熟。

1. 概念萌芽期(1930—1950)

从小说作品中的概念描述到概念的产生,虚拟现实理论初步形成。该阶段虚拟现实仅处于"虚拟"阶段,还未涉及技术研发。

2. 研发初创期(1950—1970)

这个阶段,一些早期的虚拟现实设备原型机被研发出来。典型的代表是 Morton Heilig 在 1957 年发明的 Sensorama 设备。通过该设备,人们可以在影院体验 3D 图像场景带来的气味、声音、振动、气流等感受。1965 年,"虚拟现实之父"Ivan Sutherland 提出感觉真实、交互真实的人机协作新理论,并研发出 Sutherland 头盔显示器,如图 1.6 所示。由于当时硬件技术限制导致 Sutherland 相当沉重,根本无法独立穿戴,必须在天花板上搭建支撑杆,否则无法正常使用,如图 1.7 所示。这种独特造型与《汉书》中记载的孙敬头悬梁读书的姿势十分类似,被用户们戏称为悬在头上的"达摩克利斯之剑"(The Sword of Damocles)。此阶段 VR 从"虚拟"走向"现实",但技术限制导致虚拟现实设备的研发仍然处于原型机阶段,基本没有商业化应用。

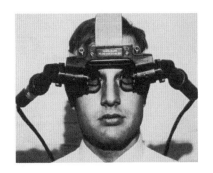

图 1.6　头戴式显示器 Sutherland

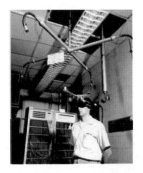

图 1.7　研发初创阶段的 VR 设备

3. 技术积累期(1970—1990)

1973 年,Myron Krurger 提出 Artificial Reality 的概念,这是早期出现的虚拟现实的词。20 世纪 80 年代初,美国国防部研发出虚拟战场系统 SIMNET,宇航局开发用于火星探测的虚拟环境视觉显示器。1986 年,"虚拟工作台"的概念被提出,裸视 3D 立体显示器被研发。1988 年,著名计算机科学家 Jaron Lanier 创立的 VPL 公司研制出第一款民用虚拟现实产品 Eyephone,如图 1.8 所示。

1989 年,VPL 公司创始人正式提出了 Virtual Reality 并被正式认可和使用。1991 年出现了一款名为 Virtuality 1000CS 的 VR 设备,如图 1.9 所示。这款产品当时在英国引起轰动,但这款设备比 Eyephone 外形还要笨重,设备总重量在 120kg 左右,两块并排放置在用户眼前的液晶显示器相当大。Virtuality 1000CS 功能单一、价格昂贵,但却吸引了更多的人开始关注 VR 技术的应用潜力,尤其是在重视"真实体验感、沉浸感"的游戏行业。

图 1.8　第一款民用 VR 产品 Eyephone

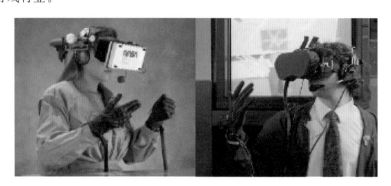

图 1.9　Virtuality 1000CS 的 VR 设备

此阶段 VR 虚拟现实技术的概念逐渐形成和完善,开始出现了一些比较典型的虚拟现实应用系统。

4. 产品探索期(1990—2011)

1992 年,Sense8 公司开发的 WTK 软件开发包,极大缩短了虚拟现实系统的开发周期。1993 年,波音公司使用虚拟现实技术设计出波音 777 飞机。1994 年,虚拟现实建模语言(Virtual Reality Modeling Language,VRML)的出现,为图形数据的网络传输和交互奠定基础。1994 年和 1995 年,日本的世嘉和任天堂分别针对游戏产业推出 Sega VR-1 和 Virtual Boy,做出了 VR 商业化的有益尝试,在业内引起了轰动,但没有充分走向民用市场。1995 年,日本知名游戏厂商任天堂发布首个便携式头戴 3D 显示器 Virtual Boy,并配备游戏手柄。Virtual Boy 是游戏产业第一次对 VR 技术的应用。2008 年,Sensics 公司推出高分辨率、宽视野的显示设备 PiSight,可提供 150°的广角图像。2011 年,索尼推出 3D 头盔式显示器 HMZ-T1,可看作 VR 的过渡产品,如图 1.10 所示。

图 1.10　索尼 3D 头盔式显示器 HMZ-T1

随着时间推移,越来越多的 VR 输入/输出设备进入市场,但限于设备成本和内容应用水平,VR 普及率不高。通过该阶段设备的研发,人机交互系统设计不断探索和创新,推动了虚拟现实技术的行业领域应用。

5．产品化初期(2012—2015)

2012 年,谷歌推出穿戴智能产品 Google Glass。2013 年,Oculus Rift 推出专为电子游戏设计的开发者版本的头戴式显示器。该显示器使用陀螺仪、加速计等惯性传感器控制视角,可以实时感知用户头部的位置,并对应调整显示画面的视角,用户几乎感受不到屏幕的限制,能够完全融入虚拟世界当中,如图 1.11 所示。

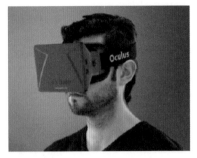

图 1.11　Oculus 开发者版本

2014 年,Facebook 投下 20 亿美元收购 Oculus,成为 VR 产业迎来爆发前的一声春雷。至 2016 年,各公司纷纷推出自己的消费级 VR 产品,强烈刺激了资本市场。这些产品不仅有谷歌的 Cardboard,还有三星 Gear VR、HTC Vive、Oculus Rift 及索尼 PS VR 等。

此阶段 VR 产品进入消费级市场,与虚拟现实技术密切相关的计算机软件、硬件系统迅速发展,从而推动了虚拟现实技术在各行业领域广泛应用。以沉浸式传感器为特征的虚拟现实,有望成为下一代计算平台。

6．产品化发展期(2016 年至今)

2016 年,可以说是 VR 产业化的元年。产品逐步推广普及,逐渐进入各个垂直行业应用;更多的企业、资本融入 VR 市场,实现产业化发展;不同层次的设备产品涌现,内容产业和技术支撑更加成熟,VR 产业链不断发展,用户规模不断扩大。未来 5～10 年,VR 技术会逐渐成熟并得到普遍应用。

1.3.3　虚拟现实技术的分类

虚拟现实技术可分为桌面式、分布式、沉浸式和增强式四种。

1．桌面式虚拟现实技术

桌面式虚拟现实技术是采用立体图形技术,在计算机屏幕中产生一种三维立体空间的交互场景技术。在这种技术方式中,用户与虚拟世界交互过程中用到的设备主要有计算机、初级图形工作站、投影仪、键盘、鼠标、力矩仪等。这种技术方式最易实现,应用也最广泛。

2．分布式虚拟现实技术

分布式虚拟现实技术是虚拟现实技术与网络技术相结合的产物,是指通过计算机网络将多个用户连接在同一个虚拟世界中,使用户可以实现在同一个虚拟世界进行观察和操作的一种技术。这种技术方式中,用户与虚拟世界交互用到的设备主要有图形显示器、通信和控制设备、处理系统等。随着互联网的发展和普及,这种技术方式将具有广泛的应用前景。

3．沉浸式虚拟现实技术

沉浸式虚拟现实技术是将用户的听觉、视觉和其他感觉封闭起来,提供一种完全沉浸式的体验,使用户有种置身虚拟境界中的感觉。该技术方式下,用户与虚拟世界交互过程中用到的设备主要有头盔式显示器、洞穴式立体显示装置、数据手套、空间位置跟踪器等。这种技术方式最能展现虚拟现实效果。

4．增强式虚拟现实技术

增强式虚拟现实技术是将真实世界的信息叠加到仿真模拟世界中的一种技术。在这种技术方式中,真实世界与虚拟世界融为一体,用户与虚拟世界交互过程中用到的设备主要有穿透式头盔式显示器、投影仪、摄像头、计算与储存设备、移动设备等。这种技术方式具有较大的应用潜力。

四种虚拟现实技术对比如表1.3所示。

表1.3　四种虚拟现实技术对比表

桌面式虚拟现实	分布式虚拟现实	沉浸式虚拟现实	增强式虚拟现实
最易实现、应用最广泛	最具有广泛的应用前景	最能展现虚拟现实效果	具有较大的应用潜力
通过立体图形技术在计算机屏幕中产生一种三维立体空间交互场景的技术	通过计算机网络将多个用户连接在同一个虚拟世界中,实现用户之间共同观察和操作的一种技术	将用户的听/视觉和其他感觉封闭起来,提供一种完全沉浸式体验的技术	将真实世界的信息叠加到仿真模拟世界中,使真实世界与虚拟世界融为一体的技术
相关设备:计算机、初级图形工作站、投影仪、键盘、鼠标、力矩仪等	相关设备:图形显示器、通信和控制设备、处理系统等	相关设备:头盔式显示器、洞穴式立体显示装置、数据手套、空间位置跟踪器等	相关设备:穿透式头盔式显示器、投影仪、摄像头、计算与储存设备、移动设备等

1.3.4　虚拟现实技术的原理

信息输入、信息处理和信息输出是虚拟现实工作机制的三个主要环节。信息输入主要是通过感官及交互式输入技术实现的。虚拟现实系统通过动作采集装置及时地将用户的眼、头、手等动作信息进行采集,同时,通过按键控制、操纵手柄等交互输入设备获取用户的交互输入信息,如图1.12所示。信息处理是实现虚拟现实效果的关键技术,主要是通过GPU(Graphic Processing Unit)强大的图形数据计算能力,将环境建模的虚拟世界分解成用户可感知的视觉、听觉、触觉和嗅觉信息的过程。信息输出部分则是通过视觉、听觉等表现技术来实现。因此,虚拟现实系统主要是借助VR头盔、3D耳机/扬声器、触觉手套、VR气体装置等信息输出设备,将虚拟环境的视觉、听觉、触觉和嗅觉等信息分别输出给用户,使用户能"身临其境"地感受到场景的一种系统。

1. 信息输出——视觉表现技术

视觉是人感知世界的最重要的来源,70%以上的外界信息是经视觉获得的,如图1.13所示。视觉系统是形成人的沉浸感的最重要因素,也是虚拟现实中人与机器界面传播交流产生沉浸感的重要系统。

在虚拟现实领域,视觉表现技术是目前虚拟现实各项技术中较成熟的一项。

平面显示技术的原理是立体视觉。立体视觉是指空间某个物体在两眼的视图中位置不同而产生的立体视差(见图1.14)。人眼利用这种视差,判断物体的远近,产生深度感,形成立体视觉,由此获得环境的三维信息。虚拟现实立体视觉生成的关键是形成双目视差。虚

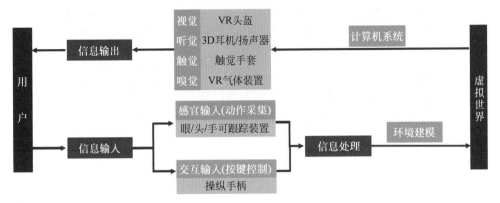

图 1.12　虚拟现实工作机制原理图

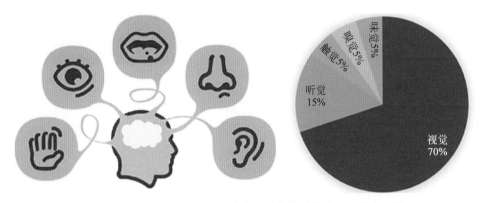

图 1.13　人脑获取外界信息的途径及人类视觉信息表现占比图

拟现实设备应该为双目提供不同的图像,即有视差的图像。对同一虚拟环境,由两个虚拟观察点分别透视投影,得到有双目视差的两个图像,在用户大脑中合成立体视觉。

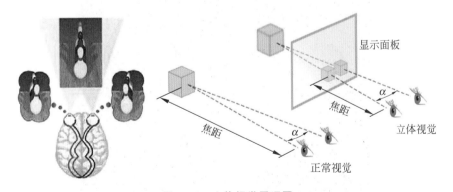

图 1.14　立体视觉原理图

　　视网膜投影技术是直接将视频流编码成光束,经由人的瞳孔投射在视网膜上,如图 1.15 视网膜投影原理图所示。视网膜投影技术门槛高,成本相应提升。视网膜投影技术的优点是功率低,体积小,可以模拟大屏显示器效果显示人眼感觉到的任何物体。

　　短期内平面显示技术是主流,但视网膜投影技术代表未来的发展方向。平面显示技术

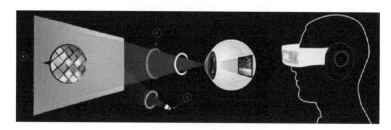

图 1.15　视网膜投影原理图

已经积累了非常成熟的技术并且拥有规模庞大的生产线,可以把产品成本降到最低。以 5 英寸面板为例,目前 LCD 面板价格仅 20 美元,OLED 由于成品率低(目前 70%),价格略高于 LCD。目前 HTC、Oculus 等先进头盔均采用此技术路径。视网膜投影技术目前还不成熟,成本较高,但随着技术不断进步,视网膜投影技术的成本有望逐步下降。低延时、便携、显示效果好的优势将更多地发挥出来,代表未来的发展方向。Avegant Glyph VR 眼镜(见图 1.16)和 Google Glass 采用了该技术。

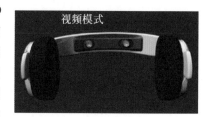

图 1.16　Avegant Glyph VR 眼镜

2. 信息输出——听觉表现技术

3D 音效就是用虚拟现实设备仿造出似乎存在但是虚构的声音,是虚拟现实听觉表现的核心技术。由于人类的两只耳朵被头盖骨和大脑隔开,因此左耳和右耳听到声音的时间是不同的。此外,声波和听者的物理构造发生互动,外耳、头部、躯干及周围的空间制造出听者特有的效果。虚拟现实设备是模仿大脑的运行,仔细探测这些极小的时间和强度差异,从而将声音准确定位,形成 3D 音效(见图 1.17)。

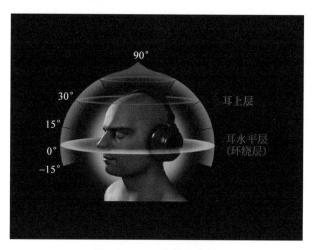

图 1.17　3D 音效示意图

目前,3D 音效技术主要包括:A3D、EAX 和 SRS(见表 1.4)。3D 音效增强了虚拟现实效果,当声音和视觉刺激来源的方向高度一致的时候,虚拟现实体验的真实性就能极大地提升。

表 1.4　3D 音效技术

3D 音效技术	简　　介
A3D	A3D(Aureal-3D，AUREAL Semiconductor 公司推出的 3D 音效技术)只用一组喇叭或耳机就可定位出环绕用户身边不同位置的音源，发出逼真的立体声效。代表企业：Aureal，Diamond Multimedia(帝盟多媒体)
EAX	EAX(Environmental Audio Extensions，环境音效扩展集)创新子公司 E-mu 为好莱坞开发的音频及效果技术为基础的一种专业音效技术，目前必须依赖于 DirectSound3D 与 OpenAL，基本上是用于游戏之中。代表企业：Creative Lab
SRS	SRS(Sound Retrieval System，声音补偿系统)是美国 SRS Labs 公司推出的一种三维实感技术，广泛用于计算机多媒体声卡、音响及家庭影院中。对软件无任何要求，经 SRS 声卡或 SRS 音箱放出的声音都极具三维空间感

这三种音效各有所长：A3D 胜在互动，EAX 赢在音效，SRS 声场宽广饱满，且能与其他3D 音效相结合。将 SRS 与 A3D、EAX 或 Dolby(Dolby Pro Logic，杜比定向逻辑环绕声)结合起来(如 Live/MX300＋SRS 音箱)，那效果真的能用"震撼"二字来形容了。未来，3D 音效界的"三国演义"再加上 Q-sound、Spatializer 3D 等小国混战的局面还将持续下去。3D 音效主要表现设备是耳机和扬声器。3D 音效耳机代表：苹果 EarPods、OPPO O-Fresh；3D扬声器代表：中国 HiVi、日本 SANSUI 和先锋、美国 Bose 等。

3. 信息输入——感官及交互式输入技术

对于虚拟现实的交互来说，信息输入是最重要的环节之一。而传感器是虚拟现实输入设备的核心，因此 VR 对于传感器的精度要求很高。传感器是一种监测装置，能够实现对信息的接收、转化和输出。与人类感官类似，光敏传感器、声敏传感器、气敏传感器、化学传感器、压敏传感器分别对应于人的视觉、听觉、嗅觉、味觉和触觉。目前一台高性能的虚拟现实头盔需要用到多达十几种传感器，包括加速传感器、角速度传感器、磁传感器、接近传感器、环境光传感器、图像传感器、惯性传感器等，其种类及作用如表 1.5 所示。

表 1.5　VR 设备主要传感器种类及作用

传感器种类	作　　用
加速传感器	测量移动方向和移动快慢
角速度传感器	测量坡度的旋转角
磁传感器	通过磁场原理来测量物体方向改变
接近传感器	测量位移距离
环境光传感器	测量环境内光线的强弱
图像传感器	将图像转换成电信号
惯性传感器	测量加速度、倾斜、冲击、振动、旋转和多自由度运动

虚拟现实输入方式主要有感官式输入和交互式输入两种。

1) 感官式输入

感官式输入强调身体的沉浸感，主要任务是检测有关对象的位置和方位，并将位置和方位信息报告给虚拟现实系统。感官式输入主要通过动作捕捉和动作追踪来实现。动作捕捉主要用来跟踪用户肢体的位置和方向并将其转化成数字模式。可以应用在动画制作，步态分析，生物力学，人机工程等领域，其特点是便捷、能耗低、成本低。代表产品有 Leap motion、Nimble sense、诺亦腾、PrioVR、Control VR、Dexmo、Kinect、Omni 等。动作追踪有两种：一种是跟踪用户头部和眼部位置与方位来确定用户的视点与视线方向；二是跟踪用户肢体的位置和方向。代表产品有 Oculus、FOVE 等，如表 1.6 所示。

表 1.6　头/眼/位置追踪代表产品

跟踪方式	代 表 产 品
头部追踪	3Glass Blubur，蚁视 Cyclop，Oculus Rift CV1，大朋头盔 M2
眼部追踪	FOVE
位置追踪	Oculus Rift DK2，HTC Vive Lighthouse，蚁视全息甲板，SONY Project Morpheus

2）交互式输入

交互式输入强调功能性，主要依靠按键控制来进行交互，主要代表产品有 Stem、Wii、Hydra，如图 1.18 所示。

图 1.18　交互式输入设备代表产品 Stem、Wii、Hydra

4. 信息处理——图形数据计算能力

图形数据计算能力是 VR 实现效果的关键技术。GPU(图形处理器)是一种专门在 PC、游戏机和一些移动设备上进行图像运算工作的微处理器，是连接显示设备计算机主板的重要元件，承担输出显示图形的任务，也是 VR 计算能力的重要体现。目前 GPU 的性能、功耗和售价是制约 VR 设备移动化的最大挑战。随着技术进步，GPU 的性能将会不断提升，功耗和价格会不断降低，电池存储将会更大，移动便携的虚拟现实设备有望大范围普及。AMD 以及 Nvidia 在最新的 GPU 架构中针对 VR 做了专门的优化，虚拟现实系统即将走向成熟。

1.4　虚拟现实硬件技术产业链

产业链是用来描述一个具有某种内在联系的企业群结构，它是一个相对宏观的概念。产业链中存在上下游关系和相互价值的交换，上游环节向下游环节输送产品或服务，下游环节向上游环节反馈信息。虚拟现实产业链是指与虚拟现实相关的各个产业部门之间在逻辑和空间上构成的一种供给和需求的关系形态。

虚拟现实硬件技术产业链指与虚拟现实技术应用领域相关的硬件零部件、整机生产厂商及渠道商的总称。本节分别从上、中、下游三个部分对 VR 硬件技术产业进行研究。

1.4.1　虚拟现实硬件技术产业上游

VR 硬件技术产业上游主要指 VR 零部件及供应商。随着规模经济和模块化生产趋势的发展，VR 零部件的生产日益精细化和专业化。VR 零部件目前主要包括处理器芯片、显示屏、摄像头、传感器、微投影器件等。处理器芯片是 VR 设备中保证计算能力的主要部件。由于对图形的处理要求较高,VR 设备通常由性能较高的 CPU 和 GPU 处理器芯片组成,主要制造商有英伟达、AMD 等。显示屏是 VR 设备信息输出的主要部件,大多数 VR 设备都拥有一块或两块屏幕。对于分离式 VR 设备,其屏幕多采用 OLED 或 AMOLED 技术,而 VR 一体机设备则多采用微投影器件。显示屏主要制造商有三星、LG 等。微投影器件主要制造商有德州仪器、3M、苹果等。摄像头在 VR 设备中主要用于动作捕捉,手势识别等信息输入,主要制造商有佳能、尼康等。传感器是实现 VR 设备中人机交互功能的核心零部件,可以内置到 VR 设备中,也可以作为外设。如果传感器的精度和实时性不够,会使用户产生"眩晕"的不适感。传感器主要制造商有微软、德州仪器、索尼、华为等。虚拟现实硬件产业链如图 1.19 所示。

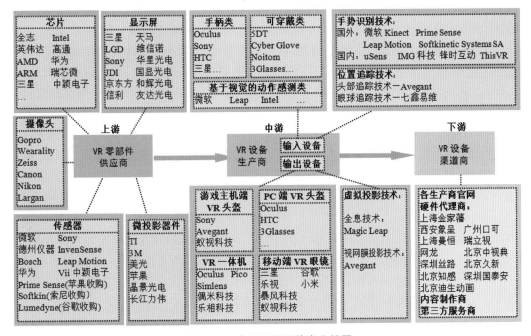

图 1.19 虚拟现实硬件产业链图

1.4.2 虚拟现实硬件技术产业中游

VR 硬件产业链的中游指 VR 整机设备及生产商。VR 整机设备包括输入和输出设备两个部分。

1. 输入设备

传统的输入设备如鼠标、键盘等,需要用户主动进行输入。而 VR 输入设备可通过语音操控、体感控制、空间定位、手势识别、眼球追踪、甚至脑电波控制等技术,实现更智能、自然的用户知觉和感觉捕捉输入。目前 VR 输入设备主要包括手柄类、可穿戴类和基于计算机视觉的动作感测设备三种。

1) 手柄类输入设备

目前,多数 VR 头盔仍采用的是手柄设备,主要包括传统游戏手柄和动作感应 VR 手柄两大类。传统游戏手柄以按钮、摇杆、触板进行操作,如 Oculus 为 Oculus Rift 配备的 Xbox one 手柄,索尼的 PlayStation VR 手柄。该类输入设备结构简单、操作方便,但对手部关节的精细动作无法精准定位,易受周围环境磁场影响而产生动作失真。动作感应 VR 手柄主要通过惯性传感系统加上光学追踪系统或磁场感应来实现动作跟踪,如 Oculus 的 VR 体感控制器 Oculus Touch 手柄,HTC 的 HTC Vive 手柄及三星的 Gear VR 无线手柄控制器Rink 等。该类设备目前尚存在感应范围限制、感应精度不高等问题,还不能完美地实现人机之间的自然互动。

2) 可穿戴 VR 输入设备

可穿戴 VR 输入设备主要包括数据手套和全身动作捕捉系统两类。

(1) 数据手套。

数据手套是典型的可穿戴 VR 输入设备。数据手套中装有许多光纤传感器,不仅能感知手指关节的弯曲状态,将用户手势的状态信息传递给虚拟环境,还能把虚拟手与虚拟物体的接触信息反馈给用户,实现更具沉浸感的"触觉"虚拟真实环境。代表产品有 5DT、CyberGlove 等。该类输入设备使用简单、输入数据量小、速度快,可直接获得手在空间的三维信息和手指的运动信息,可识别的手势种类多,能够进行实时识别。但也存在追踪范围有限、缺乏反馈、操作易疲劳等问题。由于技术及材料因素,该类产品价格相对来说较贵。

(2) 全身动作捕捉系统。

将动作感应设备扩展至头、手臂、腰、腿、脚等多个部位,穿戴相应的感应装置,就构成了全身动作捕捉系统。这类设备主要靠传感器、惯性捕捉等技术来完成对人体动作的捕捉。但装备复杂,穿戴后给肢体动作带来不便,而且需配合位置跟踪器使用。代表产品是诺亦腾的全身无线动作捕捉系统,该类设备输入数据量小、速度快,通常使用位置追踪技术获取人体部位的运动或位置信息,有基于头部和眼球的位置追踪两种技术。

基于头部的追踪技术包括基于运动方向的头部追踪技术和位置追踪技术。前者只能检测用户头部转动的方向,代表产品是 Avegant 公司的 MOPS VR 眼镜 Avegant、3Glasses 公司的 3Glasses Blubur。后者除了能追踪头部转动的方向,还能追踪 VR 头盔的位置变化及其与身体运动之间的关系,代表产品是蚁视二代 VR 头盔。

眼球追踪主要是研究并获取眼球运动信息来实现对设备或屏幕的操控。获取眼球运动信息的设备可以是红外设备、图像采集设备、计算机或手机上的摄像头。代表产品是七鑫易维为 HTC Focus VR 一体机提供的眼球追踪技术解决方案和日本的 FOVE。

可穿戴 VR 设备价格相对较贵,不适用于普通的消费者,主要应用于机器人系统、操作外科手术、虚拟装配训练、手语识别系统、教育娱乐等领域。

3) 基于计算机视觉的动作感测设备

基于计算机视觉的动作感测设备是利用外设摄像头、红外光采集图像,建立手势模型,实现对用户动作感测和捕捉的一种设备。目前有三款代表性产品:微软的 Kinect、Leap 公司的 Leap Motion 和英特尔公司的 Real Sense 手势识别设备。该类设备对用户手势的输入限制较小,可实现更加自然的人机交互。但对手部正反判定较困难,易误判;且受光的影响较大,包括室外可见光、激光相机发出的激光等,识别范围有限;对障碍的容忍度较低,双手叠交的识别判定有误。因此,该类设备的识别效率比数据手套低。

从技术角度来讲,数据手套和基于计算机视觉的动作感测设备都是采用手势识别技术。手势识别技术的硬件基础是深度摄像头,目前国内外厂商主要采用的是结构光、双目成像和飞行时间(TOF)三种技术方案。结构光的典型代表是 Prime Sense 的 Kinect 一代；双目成像的代表是 Leap Motion；而被索尼收购的比利时公司 SoftKinetic Systems SA 和我国的凌感科技(uSens)则是 TOF 技术的代表。整体来看,国内外的手势识别公司并不多,大部分是成立不久的创业公司,但势头发展良好。国外代表性企业有美国的 Leap、以色列的 EyeSight Technologies、以色列的 Prime Sense(被苹果公司收购)和比利时的 SoftKinetic Systems SA。国内代表性企业有凌感科技、锋时互动、英梅吉科技(IMG 科技)和极鱼科技(ThisVR)。

因此,VR 输入设备目前还处于发展的初期阶段,虽然部分技术厂商实现了一定范围内的空间定位、动作布置、手势识别等,但由于技术不够成熟、成本高,多数还停留在实验阶段,没有真正投入消费市场。

2. 输出设备

VR 输出设备是虚拟影像的显示设备,是通过光学系统展现沉浸效果的重要设备,目前有头盔显示器和虚拟投影设备两种类型。

1)头盔显示器

头盔显示器(Head Mounted Display,HMD),是指通过近眼接触与特殊成像方式,营造一个虚拟的视觉空间,以实现虚拟现实所带来的沉浸感。HMD 可分为 PC 端 VR 头盔、游戏主机端 VR 头盔、移动端 VR 眼镜和 VR 一体机四种类型。

(1)PC 端 VR 头盔。

PC 端 VR 头盔是以外接个人计算机(PC)为运行系统的 VR 显示头盔。代表产品:Oculus Rift、HTC Vive、3Glasses、蚁视头盔等。该类设备体验度好,算法复杂,涉及光学、仿真、传感、人机交互等多种技术,具备较高的技术壁垒,发展相对成熟,目前在 VR 市场上占据主流地位。受制于 PC,该类设备使用场景主要限制在室内,便携性较差。

(2)游戏主机端 VR 头盔。

游戏主机端 VR 头盔是以游戏主机为运行系统的 VR 显示头盔。这类设备具有独立的 VR 屏幕,是各大 VR 巨头集中布局的领域,国外厂商主要有 Oculus、HTC、索尼,国内厂商主要有 3Glasses、Avegant 和蚁视科技。该类设备性能较成熟,可与 PC 端 VR 设备相媲美,但通常只兼容特定游戏主机。

(3)移动端 VR 眼镜。

移动端 VR 眼镜是以智能手机为运行系统的显示设备,又称为眼镜盒子。此类设备是将手机放入 HMD 设备中,手机同时承担了算法单元、内容输出单元和显像单元的功能。代表产品是 Google 的 Cardboard。目前国内的 VR 厂商主要集中在这类产品上,包括暴风科技、蚁视科技、乐视、小米等。该类设备结构简单,便携性高,价格低,技术壁垒低。由于该类设备是通过凸透镜给两眼造成视差来实现伪 3D 效果体验,未实现真正意义上的交互和沉浸感,因此体验效果相对较差,若没有强大的内容支撑,发展空间不大。

(4)VR 一体机。

VR 一体机是指将数据运算主体和显示主体集成,不需外接设备的 VR 独立平台。该类设备对厂商的设计、技术能力等都有较高要求。2018 年之前,一体机的市场并不好,涉及这一领域的主要是一些创新公司,如 Simlens、偶米科技、乐相科技等。2018 年 VR 一体机的销量一路飙升,第一季度全球出货量达到 11.5 万台,同比增长 234%。第二季度出货量达到 21.1 万台,同比增长了 417.7%。老牌厂商和大的 VR 设备生产商也纷纷推出一体机产品,例如 Oculus 联手小米在华推出小米 VR 一体机,老牌厂商 Pico 发布千元机 Pico G2。VR 一体机的市场竞争越来越激烈。

2) 虚拟投影设备

虚拟投影设备,是指使用光场成像技术展现沉浸效果的设备,是视觉表现的主要方式,也是目前 VR 各项技术中较成熟的一项。视觉表现技术的主要路径包括平面显示技术和光场成像技术两种,而光场成像技术又可分为全息技术和视网膜投影技术两类。

全息技术是利用干涉和衍射原理记录并再现真实物体的三维图像技术。使用该类技术的典型代表是 Magic Leap 公司。视网膜投影技术更加先进,不需要任何显示屏,直接在视网膜上扫描,使用户感觉到一幅逼真的外部图像。典型代表是 Avegant Glyph VR 眼镜和Google Glass。

1.4.3　虚拟现实硬件技术产业下游

VR 设备目前的销售渠道主要有各生产商官网、VR 设备代理商、内容制作商和第三方服务商。目前生产商官网和 VR 设备代理商是 VR 设备销售的主要渠道。2018 年第一季度全球头戴显示设备销量达到 65 万台,比 2017 年同期增长 16%。同期仅 VR 一体机设备在中国的销量就达到了 9.4 万台,占全球 VR 一体机销量的 82%。因此,中国的 VR 设备渠道在全球占据重要地位。目前中国 VR 设备代理商主要有西安象呈、上海金家藩、广州口可、上海曼恒、北京市中视典、网龙、深圳丝路、瑞立视、北京迪生、深圳国泰安、北京久新、北京知感等。随着 VR 产业的不断成熟,销售渠道也会越来越完善。

综上所述,从 VR 硬件产业链来看,输入和输出设备领域都已经涌现出实力强劲的厂商。国外互联网巨头抢占先机,呈现出 HTC Vive、Oculus Rift 和 PlayStation VR 三雄争霸局面。国内垂直厂商异军突起,以乐相科技、暴风科技、蚁视科技、乐视、诺亦腾等为代表。巨头和厂商纷纷从硬件设备尤其是头戴显示设备开始切入 VR 市场,主要原因是硬件设备是实现 VR 体验的基础;再则,硬件本身具备较大的市场空间,可以最大限度地吸引用户。

1.5　虚拟现实软件及技术开发平台

虚拟现实软件开发平台是被广泛应用于虚拟现实内容制作和虚拟现实系统开发的一种软件、引擎或工具。虚拟现实软件的开发商一般都是先研发出一个核心引擎,然后在引擎的基础上,针对不同行业,不同需求,研发出一系列的子产品。虚拟现实软件开发平台主要包括支撑软件和软件开发工具包(Software Development Kit,SDK)两大类。

1.5.1　支撑软件

虚拟现实的支撑软件主要包括 UI 设计软件、VR 操作系统软件和中间件软件三类。

1. UI 设计软件

用户界面(User Interface,UI)设计软件是指为满足软件专业化、标准化的要求而对人机交互、操作逻辑、界面美观等方面进行整体优化设计的一类软件。好的 UI 设计不仅让软件变得有个性、有品位,还让软件的操作变得舒适、简单,充分体现软件的定位和特点。因此,虚拟现实的 UI 设计会影响用户的交互和操控体验。常用的虚拟现实 UI 设计软件主要有 Sketch、Unity 3D、Photoshop、Mockplus、Zeplin、AE 等。

　　Sketch 是一款强大的界面设计工具,为用户提供了丰富的插件,用户能轻松地设置图层面板,越来越能满足不同用户的设计需求。Unity 作为强大的 3D 游戏开发引擎,在 UI 设计上同样很优秀,主要通过 scene(场景)、game(游戏)、project(项目)、hierarchy(层级)、inspector(检视板)五大版块进行界面设计。Photoshop 是最流行的图像编辑器之一,有着强大的图片编辑和处理功能,兼容其他 Adobe 套件程序,如 After Effect、InDesign、Illustrator、Photoshop,可以将图像保存为各种格式。Mockplus 是一款高效简单的 App 界面设计工具,具有丰富的图标及组件,使用拖曳实现交互效果,可通过小程序预览界面设计效果,随时随地跟客户演示,并且支持 Sketch 插件。Zeplin 是专为 UI 设计师与开发工程师打造的协作型界面设计工具,可以轻松查看界面的间距、尺寸、颜色等创建样式,帮助设计团队保持一致;还可以通过插件快速同步 Sketch 中的项目,支持 PS、Sketch、Adobe 等工具。Adobe After Effects 是 Adobe 公司推出的一款关于图形和视频处理的界面设计工具,可以帮助 UI 设计师对图像视频进行上百种特效处理及预置动画效果,可与 Premiere、Photoshop、Illustrator 等软件无缝结合,创建无与伦比的震撼视觉效果。

2. VR 操作系统软件

　　在计算机产业里,操作系统扮演了极其重要的角色。没有操作系统的支持,也就没有众多的应用软件和硬件资源,更构建不出如今活跃与开放的互联网形态。在下一代计算平台,操作系统的重要性仍会保留,甚至变得更加重要。

　　VR 操作系统的价值在于它是有机会定义行业标准的。通过搭建 VR 的基础和通用模块,无缝融合多源数据和多源模型,成为标准分散的硬件设备与各类引擎开发商之间的中间层,最终成为标准的统一者。

　　目前操作系统的发展主要经历了三个阶段。

　　1) PC 操作系统

　　PC 时代,整个产业的核心是微软旗下的 Windows 操作系统。操作系统是连接上游硬件厂商和下游应用、内容的核心纽带。在芯片厂商英特尔的帮助下,微软成为 PC 时代的霸主。

　　2) 手机操作系统

　　从移动互联网产业链来看,iOS 和 Android(安卓)两大系统与微软类似,凭借操作系统连接了上游硬件与下游内容,成为产业链最核心的纽带环节。而 iOS 和安卓分别代表的是自成生态与开放生态两大类。

　　(1) 自成生态。

　　以苹果为代表的 iOS 生态系统,凭借极致的硬件和用户体验,一举操控了从硬件到渠道的三大产业环节,并将下游应用内容提供商整合进入 App Store,打造了属于苹果的生态闭环。对于苹果这样自成生态的系统,最核心的要素是提供极致的硬件软件产品,让用户愿意为价格高昂的硬件付费,并自愿进入封闭的生态系统。有了用户的进入,随之而来的是开发者与优质的内容。目前,iOS 系统在全球的市场份额为 16%,主要占据高端智能手机市场。

　　(2) 开放生态。

　　Android 的免费和开源带来的是上游众多的硬件厂商支持,硬件定价从几百元到几千元不一而足,用户选择多样。开发者友好,丰富的内容与应用,反过来满足用户的内容需求。

Android 凭借开放的生态,占据了近80％的市场份额。这几乎与 PC 时代的 Windows 操作系统处于同一市场地位。

3) VR 操作系统

VR 操作系统是指用于管理 VR 硬件资源、软件程序和所有 VR 应用程序的软件。现有的 VR 操作系统多由头显厂商自行开发,虽然在用户体验方面具有明显优势,但对整个生态来讲处于相对封闭和割裂状态。谷歌、雷蛇等公司已宣布正在开发 VR 系统,努力打造一个 VR 产业内的主导开源系统,以吸引更多开发者。因此,VR 操作系统是原生系统和开源系统共同成长的生态。目前 VR 操作系统厂商主要的代表有雷蛇、Marvel、谷歌、HTC 和 Viro Media。

(1) 雷蛇 OSVR 操作系统。

传统的外设厂商雷蛇联合 Sensics 在2015年1月发布了一款开源的虚拟现实操作系统 OSVR(Open-Source Virtual Reality)。OSVR 既支持对虚拟现实的软件插件的调用(游戏引擎、Unity 3D 等),也支持虚拟现实的硬件输入设备,同时对其他厂商的硬件产品兼容,包括 Oculus Rift DK2 和 Vrvana Totem 等。雷蛇希望将 OSVR 打造成为虚拟现实领域的 Android 系统。2015年3月,雷蛇公布了一批支持 OSVR 的成员,包括欧洲知名游戏开发商 ubisoft,开发出新型交互界面 Hovercast 的公司 Aesthetic Interactive,以及 Vuzix、Technical Illusions 等5家 VR 头盔生产商。2015年8月,OSVR 推出售价300美元的黑客开发者套件(Hacker Dev Kit, HDK),如图1.20所示。在产品设计上,OSVR 的开发者套件使用了5.5英寸、1080P 的 OLED 显示器,支持 USB3.0 的连接,以及独立眼部焦距调节。这个开发者套件将支持芯片厂商英伟达的 Game Works VR 软件开发工具包(SDK)。

图 1.20　OSVR 头盔

作为雷蛇与其合作伙伴联手打造的虚拟现实业务标准平台,OSVR 公开的目标是作为软件、硬件以及其他虚拟现实设备的连接器,现阶段免费向开发者提供包括 SDK、游戏引擎、包括雷蛇 OSVR 头盔等在内的开发工具包以及500万美元的开发者基金等内容。

(2) Marvel 操作系统。

2016年5月,Marvel 公司在 Indiegogo 众筹平台上推出一款专为 VR 设计的操作系统,可算得上是第一个虚拟现实操作系统软件。Marvel 本身包括两部分:一款连接手机使用的 VR 头显和一个允许安卓用户在全景操作环境下以窗口式浏览、运行应用的 VR 系统。Marvel 头显可兼容多种型号的 Android 手机,相比普通 VR 头显110°的视场角,Marvel 的视场角能达到惊人的180°。与 Gear VR 类似,Marvel 也提供了专门的运动追踪传感器,可实现一定的眼控功能,还内置了近场通信(Near Field Communication, NFC)芯片。Marvel 操作系统虽简单但却实用:它将安卓应用以环状窗口的形式陈列在头显内庞大的全景屏幕中,用户只要连接一对蓝牙键盘和鼠标,就能在该系统中使用办公应用,实现桌面化的操作,如图 1.21 所示。作为虚拟现实操作系统的第一次尝试，Marvel 操作系统概念的意义似乎比实物更大，会让更多的开发者加入到虚拟现实系统的研发中来。

（3）谷歌 Daydream 操作系统。

谷歌公司在 2016 年 11 月发布了一款基于 Android 操作系统的虚拟现实平台——Daydream，开始了对 VR 操作系统的尝试。该平台由 Daydream-Ready 手机及操作系统，头盔及控制器，Daydream 平台应用三部分组成，如图 1.22 所示。用户在使用头盔的时候可以直接连接到 Daydream 主页的应用和内容。谷歌创建的 VR 内容包括：Youtube VR、街景 VR，Google Play Store VR、Google Photos VR 等。生产适配 Daydream 的手机厂商包括三星、HTC 以及中国的小米、华为、中兴等。

图 1.21　**Marvel 操作系统**　　　　图 1.22　**Daydream 虚拟现实平台**

（4）HTC 的 OPEN VR 操作系统。

HTC 与传统的游戏厂商 Valve 合作推出 HTC Vive，并推出 Open VR 平台，以支持开发 HTC Vive 相关应用及兼容不同厂商的硬件。Valve 在推进 Open VR 的过程中，主要采取了以下几个措施：①引入著名的游戏引擎，与 Unity 和 Unreal Engine 合作，推出适配 Steam VR 的插件或功能，方便游戏开发者进行游戏开发；②公开 Open VR 的软件开发工具包（SDK），该工具包整合了 Steam VR 平台的功能，并包含适用于 HTC Vive 和 Oculus 头盔的工具，开发者可以使用 Open VR SDK 将仅针对 Oculus 平台的应用拓展到同时适用于 HTC Vive 等设备；③为开发者建立技术论坛，Valve 在 Steam VR 的平台上为 VR 应用开发者专门建立了技术论坛，供开发者交流学习使用。

（5）Viro Media 移动 VR 开发平台。

2017 年 3 月，Viro Media 宣布推出一个简单的移动 VR 开发平台，可以让 Web 和移动开发人员轻松构建原生 VR 体验的平台，如图 1.23 所示。该平台由高性能的 3D 渲染引擎和 VR 的 React 自定义扩展两个主要部分构成。Viro 把一系列开发工具给开发人员并附有快速学习指南，让他们在 10min 内就可以开始工作。Viro 同时支持 Gear VR、谷歌 Daydream、iOS、Android 等多个平台，可以满足为多个设备写代码的需求。

3. 中间件

中间件在软件开发中的主要作用有两种：一种是作为内核和用户体验之间的软件；另一种是添加服务、特性和功能，以改进游戏并简化游戏开发的软件。

Conduit 是美国 Mechdyne 公司专门为达索 V5 产品实现多通道大场景沉浸式浏览和交互的中间件，支持任意类型立体显示模式和沉浸式环境下的人体视点跟踪。Middle VR 是为了提高 VR 应用从一个虚拟现实系统到另一个虚拟现实系统的可移植性的中间件，支

图 1.23　Viro Media 移动 VR 开发平台

持大部分虚拟现实系统和交互设备。Nibiru 是南京睿悦信息主打的中间件产品,支持手机、平板、电视、机顶盒等终端,公司的目标是成为中国最具影响力的移动终端外设接入娱乐应用平台。

1.5.2　虚拟现实软件开发工具包

虚拟现实软件开发工具包主要包括虚拟现实整合软件、虚拟现实引擎、语言类虚拟现实工具和 SDK。

1. 虚拟现实整合软件

虚拟现实整合软件主要包括: Virtools、Quest 3D、Web Max 等。

Virtools(VT)是来自法国的一套互动性强大的元老级虚拟现实整合软件,产品为可视化界面(所见即所得)。该软件操作简单,可以制作出许多不同用途的 3D 产品,如游戏、多媒体、建筑设计、教育训练、仿真与产品展示等。该软件扩展性好,可以自定义功能,可接外设虚拟现实硬件,有自带的物理引擎,可以制作任何领域的作品,学习资料较多,是开发Web 3D 游戏的首选。由于网络插件有功能限制,在网络上功能制作会稍微受限。

Quest 3D 在业界是以效果出色而闻名的一款快速高效的实时 3D 建构工具,能在实时编辑环境中与对象互动,是一个完整、稳定、可视化、图形化的编辑软件,比 Virtools 还要易学易懂,“所见即所得”是它的理念,开发者无须担心 Bug 和 Debug,能以较高效率完成自己的美工设计,可用在游戏研发、虚拟现实、影视动漫制作等众多领域。

WebMax 是上海创图科技公司自主研发的以 VGS 技术为核心的新一代网上三维虚拟现实软件开发平台。轻便、渲染快是它最大的优点。UI 简洁、流程简短,大大减少了虚拟现实游戏开发环节的工作量。WebMax 具有独特的压缩技术、真实的画面表现、丰富的互动功能。运用 WebMax 可以轻松地建设三维网站,三维网页无须下载,只需输入网址,即可直接在互联网上浏览三维互动内容。

2. 虚拟现实引擎

虚拟现实引擎是虚拟现实系统中的核心部分,负责控制管理整个系统中的数据、外围设备等资源,通常用来封装渲染、物理、声效、输入、网络和人工智能。目前常见的 VR 引擎有Unity 3D、Unreal、VR-Platform、CryEngine、Converse 3D 等。

Unity 3D 是由 Unity Technologies 开发的一个可以轻松创建三维视频游戏、建筑可视化、实时三维动画等类型互动内容的多平台的综合性游戏开发工具,是一个全面整合的专业游戏引擎,也是目前最专业、最热门、最具前景的游戏开发工具之一。Unity 3D 整合了之前所有开发工具的优点,从 PC 到 MAC 到 Wii 甚至再到移动终端,都能看见 Unity 3D 的身影。据不完全统计,目前国内有 80% 的 Android、iPhone 手机游戏都是使用 Unity 3D 引擎开发的。

Unity 3D 开发引擎的优点:①架构设计合理,开发者容易上手;②跨平台支持好,第三方插件系统先进,能第一时间获得最新 VR 设备的插件支持;③堪称宝库的 asset Store 第三方组件和素材商店让开发者感觉是在与全世界的开发者联合开发;④一次开发可以迅速应用到多种平台;⑤新插件一发布,许多老的项目也能容易地扩展到新方式中去。因此,目前 U3D 开发者队伍发展速度非常快。

虚幻引擎(Unreal Engine,Unreal)是目前世界最知名、授权最广的顶尖游戏引擎之一,占有全球商用游戏引擎 80% 的市场份额。Unreal Engine 4 为一些目前最具视觉冲击力的游戏提供支持,且易于学习。蓝图视觉脚本支持无编程经验的人员轻松使用,支持在基于英特尔处理器的 PC 和 Android 设备上进行游戏跨平台开发。Unreal 采用预烘焙等技术,3D图形画质较好,但是开发难度较大,早期只能使用 C/C++ 开发,UDK 引入了类 C/Java 语言,UnrealScript 作为开发语言,精通的开发者不多。基于 Unreal 引擎开发的大作无数,除《虚幻竞技场 3》外,还包括《战争机器》《质量效应》《生化奇兵》等。在美国和欧洲,虚幻引擎主要用于主机游戏的开发,在亚洲,中韩众多知名游戏开发商购买该引擎主要用于次世代网游的开发,如《剑灵》《战地之王》《一舞成名》等。iPhone 上的游戏有《无尽之剑》(1、2、3)、《蝙蝠侠》等。

虚拟现实平台(Virtual Reality Platform,VR-Platform 或 VRP)是由中视典数字科技有限公司独立研发的,是中国第一款自主研发的虚拟现实平台,该软件打破了虚拟现实领域被国外垄断的局面。该软件具有适用性强、操作简单、功能强大、高度可视化(所见即所得)的特点,以极高的性价比获得了国内广大用户的喜爱,已成为目前中国国内市场占有率最高的一款国产虚拟现实仿真平台软件。

Crytek 总部在德国法兰克福,开发团队包含超过 300 名来自世界各地的专业游戏工程师。Crytek 使用游戏引擎 CryEngine 2 开发的游戏 *Crysis*(孤岛危机),在 2002 年至 2006年,接连获得 E3(The Electronic Entertainment Expo,电子娱乐展览会,评论誉为"电子娱乐界一年一度的奥林匹克盛会")的多个大奖。此外,还获得四项德国开发者奖项,企业卓越奖项,2004 年最佳工作室奖等。2012 年 3 月 29 日,Crytek 使用 CryEngine 3 引擎开发了首款物理战略手游 *Fibble*(逃离地球),分别包括了 iPhone 版和 iPad 版,高品质的解谜游戏,结合了策略和物理谜题,游戏的画面生动鲜明而且细节丰富,颇得广大锋友喜爱。2018 年CryEngine V5.5 版本正式发布,该版本提供了一个全新的 VR 摄像机和交互组件,可以帮助用户更轻松地开展他们的 VR 项目。

Converse 3D 是北京中天灏景网络科技公司自主研发的一款三维网络游戏的虚拟现实引擎,可广泛用于视景仿真、城市规划、室内设计、工业仿真、古迹复原、娱乐、艺术与教育等行业。该软件适用性强、操作简单、功能强大。Converse 3D 虚拟现实引擎的问世给中国的虚拟现实技术领域注入了新的生命力。

3. 语言类虚拟现实工具

语言类虚拟现实工具主要包括 HLSL、VRML、X3D 等。

高阶着色器语言(High Level Shader Language,HLSL)由微软为抗衡 GLSL 产品推出

并仅供微软 Direct3D 使用的一款语言类虚拟现实工具,只能独立工作在 Windows 平台上,不能与 OpenGL 标准兼容。HLSL 的主要作用是将一些复杂的图像处理,快速而又有效地在显卡上完成。

虚拟现实建模语言(Virtual Reality Modeling Language,VRML)是一种用于建立真实世界的场景模型或人们虚构的三维世界的场景建模语言,具有平台无关性,是目前 Internet 上基于 www 的三维互动网站制作的主流语言。VRML 不仅支持数据和过程的三维表示,而且能提供带有音响效果的结点,用户能走进视听效果十分逼真的虚拟世界(如简易迷宫、国际象棋),用户与虚拟对象交互,使用虚拟对象表达自己的观点,VRML 为用户对具体对象的细节、整体结构和相互关系的描述带来新的感受。VRML 目前在国外已经广泛应用于生活、生产、科研教学、商务甚至军事等各种领域,并取得了巨大的经济效益。

X3D 全称为可扩展三维语言,是由 Web3D 联盟专为万维网而设计的一种三维图像标记语言,VRML 的升级版本。相比于同类语言,X3D 的最大优势在于能够跟随显卡硬件的发展而升级,并支持硬件的渲染。与时下最流行的 Web3D 引擎相比较,X3D 的市场占有率并不高,主要是 X3D 的制作工具和开发环境相对落后,X3D 也没有提供完善的功能包。因此,尽管技术层面出色,X3D 依然难以在同类市场中占据领先地位。

4. SDK

常用的虚拟现实 SDK 有 CG2 VTree、OpenVR、爱奇艺开放平台、HUAWEI VR 等。

CG2 VTree 是一个面向对象,基于便携平台的图像开发软件包(SDK)。CG2 VTree SDK 能用于多平台的三维可视化开发,既可用在高端的 SGI 工作站上,也能用在普通 PC 上。CG2 VTree SDK 功能强大,能够节省开发时间,可获得高性能的仿真效果。CG2 VTree SDK 针对仿真视景显示中可能用到的技术和效果,如仪表、平显、雷达显示、红外显示、雨雪天气、多视口、大地形数据库管理、3D 声音、游戏杆、数据手套等,均有相应的支持模块。OpenVR SDK 是由原本的 SteamWorks SDK 更新而来,新增对 HTC Vive 开发者版本的支持,也包含 Steam VR 的控制器及定位设备的支持。爱奇艺开放平台为 Web/移动应用提供便捷的合作模式,支持用户随时随地上传视频、观看视频的需求,为桌面客户端、移动客户端、Web 站点等多类型终端提供 API 接口及 SDK 组件。HUAWEI VR 是面向 VR 内容开发者开放的一站式内容开发和上传平台,通过集成 HUAWEI VR SDK,直接为消费者提供内容。

也有一些开发者不用引擎,直接用高级语言驱动 VR 设备开发,但这种方法存在需要自己渲染画面,陀螺仪驱动数据读取等问题。

1.6 内容开发与服务平台

VR 内容是产业链的关键,是带动硬件发展的关键因素。目前市场上内容制作公司远少于硬件制作公司,这主要是由于 VR 内容的研发需要时间,无论是游戏还是影视都需要转变传统的制作方式,这对开发厂商来说是一个挑战。

1.6.1 内容制作

近年来,使用 VR 技术制作的内容越来越丰富,医疗、营销、教育、旅游、房地产、游戏、影视制作等成为内容开发的主流方向,涌现出一批以应用内容开发为特色的企业。从用户群体分布来看,VR 内容的制作主要分为两大部分:一部分是复杂的、需要软件开发的、面向 B 端(toB,企业级)用户的 VR 应用系统;另一部分是相对简单、只需内容制作的、面向 C 端 (toC,普通消费者)用户的 VR 行业内容。

1. toB 端内容制作场景

虚拟现实 toB 端的内容应用场景主要包括军事、医疗、教育、旅游、房地产、航空航天、工业、农业等垂直领域。toB 端应用投资大、难度大,但在开发过程中能丰富行业发展的内容储备,发展潜力巨大。

1) VR+军事

军事是虚拟现实技术应用最早、最多的一个重要领域,主要体现在虚拟战场、虚拟仿真演练等方面。

(1) 虚拟战场。

虚拟战场是采用虚拟现实技术真实再现战场的自然环境,演练者通过虚拟现实设备在虚拟环境中熟悉作战区域的环境特征,进行训练、研究、演练等各项军事活动,在视觉和听觉上产生"沉浸"于真实环境的感受和体验,训练其战斗技能、生存技能和坚忍的意志。

(2) 虚拟仿真演练。

传统的实兵演习周期长、耗费大。借助虚拟军事仿真演练系统,可以较小的代价、较短的时间实施大规模战区、战略级演习,而且仿真演练不受地域限制,可使众多军事单位参与到模拟作战中,并可通过多次演习或一次演习多种方案,发现、解决实战中可能出现的问题,还可评估武器系统的总体性能,启发新的作战思想。据统计,未参加实战的飞行员在首次执行任务时生还率只有 60%,而经过虚拟仿真演练后,生还率可提高到 90%以上。

军事仿真演练也是我国虚拟现实应用较早的领域。1996 年,在"863"计划的资助下,以北京航空航天大学为首的多家单位,持续开展了分布式虚拟环境(Distributed Virtual Environment Network,DVENET)的研发工作。

与常规的训练方式相比较,虚拟仿真演练具有环境逼真、沉浸感强、场景多变、训练针对性强、安全经济、可控制性强等特点。目前,虚拟战场和虚拟演习的产品很多,应用也较广泛,如国外的 MAK、STAGE、STK,国内的 JMASS(国防科大)、GENSIM(华讯方舟)、DWK (神州普惠)等,还有相当数量的用户单位自行开发的虚拟战场系统。MAK 公司的 VR-Forces 是一套计算机生成兵力软件开发工具包,包括 VR-Link、MAKRTI、MAKStealth、MAKDataLogger、MAKPlanViewDisplay、MAKGateway 等若干软件工具。用户可利用工具包提供的简洁易用的图形用户界面和丰富的面向对象的应用程序接口 API,直接构造虚拟战场。

2) VR+医疗

医疗领域对虚拟现实技术有着巨大的应用需求,为虚拟现实技术发展提供了强大的牵引力,同时也对虚拟现实研究提出了严峻挑战。由于人体结构复杂,对各种组织、器官建模需要的数据量庞大,而各种虚拟交互操作(如切割、缝合、摘除等)更需要大量的数据"真实"地反映相应组织和脏器的改变,因此构造实时、沉浸和交互的医疗虚拟现实系统具有很大的难度。越来越多的医疗领域的问题尝试与 VR 相结合,用于提高临床教学效果、创新治疗方法。目前虚拟现实已经在解剖教学、手术模拟、常见病的辅助治疗、精神治疗等方面有实际应用的案例。

（1）解剖教学。

解剖学是医学院学生的一门重要课程，比较理想的教学状态是每5～6名学生使用一具标本，但由于标本资源非常稀缺，加上标本属于易耗品，有的医学院校甚至几十名学生共用一具标本。甚至不少院校的解剖课是借助图谱和人体模型进行教学的，这种方式无法立体地展示人体结构，特别是神经系统的内部结构，很难用平面图的形式表现出来。借助VR和动态建模技术，可以虚拟人体的心脏、肺等器官，将人体结构清晰地展现出来，弥补人体标本不足问题，并可进一步多角度观察人体。例如：四川大学耗时5年的"VR解剖课"在2016年投入使用，给学生提供了更多实践操作的机会。2018年11月29日，台北医学大学与HTC旗下健康医疗事业部团队，跨界合作成立全球首间规模最大的VR解剖学教室。该教学软件除了可以单人自主学习之外，还可以多人连线同时进入同一个虚拟场景空间中，听老师讲说解剖构造，以颠覆性科技虚实整合原本的实体解剖课程，突破学生学习立体解剖空间的瓶颈。目前的技术还没有解决"触觉"的问题，现在对学生而言是以观察和学习为主。

（2）虚拟手术。

虚拟手术仿真系统是虚拟现实技术在医学领域的一个典型应用，是根据医学图像数据，使用计算机技术重构虚拟人体软组织模型，并模拟虚拟的医学环境，利用触觉交互设备与之进行交互的手术系统。与传统的手术教学相比，虚拟手术具有可指定性、无损伤性和可重复性等优点。

虚拟手术系统为医生提供一个虚拟的3D环境以及可交互操作平台，逼真地模拟临床手术的全过程。医生也可以体验和学习如何应付临床手术中的实际情况：把通过成像设备获取的病人图像导入仿真系统，对病变缺损部位进行较精确的前期测量和估算，从而预见手术的复杂性，对实际手术进行规划准备。使用虚拟手术系统可以节约培训医务人员的费用和时间，使非熟练人员进行手术的风险性大大降低。日本及欧美国家一直在虚拟手术仿真领域处于领先地位。例如，日本Jikei大学开发了提供感受功能的手术规划系统，能在虚拟空间中模拟用手术刀切割皮肤和器官。国外知名的研究机构如美国斯坦福大学、休斯敦国家医疗中心等都有非常成熟的虚拟手术器械技术和虚拟显微镜技术，目前很多公司也在着手开发成型的手术模拟系统。此外，一些研究机构和商业公司也开发了许多辅助软件产品，例如MIT的David T G等开发的3D Slicer，以及比利时Materialise公司开发的系列软件产品，它们将多种方式集中于一个系统环境中，可以实现配准、半自动分割、表面模型生成、三维可视化和定量分析，并且可以实现术前的手术计划和术间的手术导航，并在临床中得到了成功应用。

（3）疾病的辅助治疗。

借助VR技术，不仅可以帮助医生进行一些常见病的辅助治疗，例如：心脏病、胃病等。还可以帮助产妇缓解分娩的疼痛、减轻孩童打针的恐惧等。

心脏病是医疗界的难关。美国斯坦福大学在2017年4月公开了其正在开发的VR心脏病辅助治疗系统的消息。该系统不但可以清楚地看到患者心脏表面与内部以及心脏周围的血管运动，还可以清楚地分辨心脏出现的缺陷等隐性病灶，如图1.24所示。

患者也可以和医生互动，使用VR系统深入了解自己的心脏有什么毛病，使患者和医生的沟通更加一目了然，如图1.25所示。

图 1.24　使用 VR 系统观察患者心脏表面及周围的血管运动

图 1.25　医生使用 VR 系统和患者沟通心脏问题

　　分娩可以说是怀孕过程中最痛苦的阶段,它的疼痛不光是生出孩子那一瞬间,而是长达数小时乃至一两天的阵痛。使用 VR 技术向患者展示一些影像和游戏将用户的注意力从疼痛中吸引过来,从而可以减轻她们分娩的痛苦。洛杉矶的一家初创公司 AppliedVR 用互动游戏库专门为产妇打造了一个 VR 影像平台,产妇们能透过三星 Gear VR 头显看到遥远的水平线,能听到波浪与海鸟叫声交织,不管是画面还是声音都能很好地放松产妇的心情,如图 1.26 所示。

图 1.26　产妇通过三星 Gear VR 观看影像资料来缓解分娩疼痛

　　如今已经有大约 30 名产妇尝试利用 AppliedVR 来缓解疼痛,除了优美的景色之外,它还能让产妇提前看到孩子出生时的模拟场景,让她们心中充满希望。随着 VR 技术的发展,专业医疗人士将来也可进入佩戴 VR 眼镜病人的世界进行远程指导,例如当孕妇分娩时遇到麻烦,可戴上 VR 眼镜参考医疗专业人员提供的实时建议,即便是视力不好的人也能从这项技术中获益。

　　位于美国加州圣巴巴拉市的一家名为“山斯姆”的诊所,2017 年 1 月公开了其正在进行的将 VR 眼镜导入孩童打防疫针以减轻其疼痛与恐惧感的研究项目。2016 年 9 月至 11 月的调研过程中,在孩童接种疫苗时通过 VR 眼镜使其观看大海的景色,临床实测参与该项计划 75％的孩子们感到了疼痛的减轻，而 71％的孩子们则不像以前那么害怕打针了，如图 1.27 所示。

图 1.27　VR 技术缓解孩童打针的恐惧

（4）精神治疗。

牛津大学研究发现，在虚拟现实中让病人面对自己害怕的情景，可以帮助病人建立自信。浙江省戒毒所利用 VR 带来的沉浸感，采用递进的方式将戒毒影片分为诱发毒瘾、厌恶治疗、回归家庭三个阶段播放，借此让戒毒人员从依赖毒品转化为厌恶毒品。

3）VR＋教育

虚拟现实技术的交互性和沉浸感可在各个教育领域广泛应用，使教育技术的发展实现飞跃。艾瑞咨询的数据显示，2016 年在线教育市场规模超过 1560 亿元。教育紧随零售、金融、医疗之后，成为互联网市场背后的第四大支柱行业。据欧洲组织 Edtech Europe《2016教育科技趋势报告(2016 Edtech Trends)》统计，目前全球教育开支超过 5 万亿美元，是软件产业的 8 倍，是媒体娱乐产业的 3 倍。全球教育支出预计以每年 8％的速度增长(高于全球GDP 年增长的 4％)，到 2020 年达到 8.1 万亿美元。亚太地区增速最快，年增长率达到20％，2020 年将占据全球教育科技市场的 54％，而中国家庭的教育费用开支到 2020 年将超出现在的 6 倍。

目前，国外从事 VR 教育开发的企业有谷歌、Unimersiv、Cerevrum、Lingoland、Solirax等。Expedition 是谷歌为教育教学开发的虚拟现实平台，该平台通过与全世界的教师和内容提供者合作建立 100 个以上的虚拟现实场景，让学生得到完全沉浸式的体验，并且为学生创造了学习和考核的环境，这将代表未来的教育方向。Expedition 计划会选择世界范围内的国家，包括美国、澳大利亚、新西兰、英国、巴西、加拿大、新加坡和丹麦。谷歌团队会提供头盔及一切教师需要的虚拟现实体验设备，并帮助教师在课堂前学习该平台的使用。

国内，教育部和各类企业也开始探索如何将 VR 引入课堂教学。教育部印发的《2017年教育信息化工作要点》中强调要启动基于 VR 的实验实训平台建设，完成互联网＋智慧教育示范基地建设，因此国内教育市场潜力巨大。国内"VR＋教育"的企业(这里将部分涉足"增强现实＋教育"即"AR＋教育"的企业也列举在内，便于读者对整个教育产业有整体性的认识)主要可分为五类：专注教育细分领域的 VR 企业、VR 技术公司、教育公司/人才培训企业、科技/游戏公司和上市公司，各类代表企业和主要产品/业务如表 1.7 所示。

表 1.7 专注 VR＋教育细分领域的企业

企 业 类 型	代表企业及主要产品/业务
专注教育细分领域的 VR 企业	网龙华渔(101VR 教室)、北京微视酷(IES 沉浸式课堂)、黑晶科技(VR 超级教室)、北京智诚众信(VR 教育体验平台)、AR/VR 魔幻空间(儿童早教认知卡)、小小牛创意科技(AR 迷镜产品)、AR 超能学院(早教认知卡/鸦绘本/拼图)、AR 魔法学校(AR 涂涂乐)、小熊尼奥(AR 梦境盒子/口袋动物园)、映墨科技(龙星人)、大腿科技(VR 教育实验室)、微视威(飞行模拟视景仿真系统)
VR 技术公司	视＋(视＋教育)、幻宇科技(VR 一体机)、北京赛欧必佛(趣上课)、图兰卡实训(实训教育课程)、水晶石教育(可视化专业教育)、幻鲸数字科技(VR 教育系统)
教育/人才培训公司	新东方(VR 全景教学)、龙图教育(游戏开发人才培训)、加速想象力(教育内容开发＋人才培训)、VR Star(垂直人才培训)、威爱教育(HTC 认证 VR 培训)、水晶石教育(VR 互动展示专业)、微睿教育(中小学 VR 实验室)、巧克互动(VR 英语教育)、铅笔头教育(教育软件/早教玩具)、乐学家(VR 课堂)、亚泰盛世(虚拟实验室)
科技/游戏公司	百度(VR 智慧/实训课堂)、网易云科技(VR 游戏人才培养)、小霸王(VR 教育主机)、灵匙科技(AR 早教机)、火星时代(VR 游戏培训)、国泰安(VR 汽车教学实训课堂)
上市公司	立思辰(VR 实验室)、川大智胜(科普教育 VR 产品)、安妮股份(儿童 VR 教育产品)、城市传媒(VR 课件产品开发)、凤凰传媒(在线教育云平台)

　　整体来看,目前 VR 教育尚处于交叉布局的阶段,这些企业的业务在短时间内很难有突破性的进展,占位的意义远比实际盈利要大。从具体实施路径来讲,"VR＋教育"主要分为以下四种。

　　(1) 高成本、高风险的机械操作培训。

　　VR 技术最早应用于以飞行器为代表的军事模拟训练中,后来逐渐向民用扩张。VR 可以为某些特种培训解决高成本、高风险的现实问题,因此很受一些行业欢迎,包括赛车、滑雪、飞机驾驶、手术在内的诸多教学培训都已经开始尝试该技术。

　　(2) 现实中难以实现的场景式教学。

　　虚拟现实最大的特点就在于虚拟,即非现实性。应用于教育领域,"VR＋教育"就可以创造出许多以往难以实现的场景教学,比如地震、消防等灾害场景的模拟演习,或是史前时代、深海、太空等场景的科普教学,还包括平时难得一见的博物馆展览等,都具有天然的"VR 属性"。

　　(3) 以 3D 图像为基础的教学游戏。

　　受技术的限制,AR 内容目前还很难以视频的形式连续展现。单个的 3D 图像对成年人来说很难形成持续的吸引力,但这一点与早期教育的需求恰好非常一致。更具视觉冲击力的彩色 3D 图像,配合可互动的声音,能够不断重复出现,对于低龄儿童而言,能形成更具吸引力的认知产品。

　　(4) 在线教育的沉浸式升级版。

　　2017 年 4 月初微软 HoloLens 与 VR 教育平台 Likeliqe 合作,开发了交互式 3D 模型来为学生展示全新的视觉化学习方法,主要在 6～12 年级的学生中试行混合现实(MR)课程。学生们可以探索人体内部的构造,近距离研究器官、血管等 3D 模型。在中国,一些极具科技感的学校已经开始使用 VR 进行教学,不仅将 VR 应用在课堂当中,同时也将其应用在在线教育上,并且取得了不错的反馈。在国外,美国佛罗里达的一家为教育设备应用提供一体化解决方案的 Nearpod 获 2100 万美元的融资。从公开的资料看,这套解决方案与当下典型的在线教育模式十分类似,最大的区别就在于以 VR 作为媒介,使得授课场景更具有沉浸感。

与"互联网＋教育"相比,VR 还需要基础网络和终端以外的硬件配置,这个从无到有的过程还需要一段较长的时间。此外,当前 VR 硬件以及整体解决方案处于一个极不成熟的状态,不少涉足教育的公司都不得不分出一部分的精力解决技术问题,更是增加了额外的成本投入。与此同时,VR 的技术问题所带来的投资风险对教育,尤其是针对未成年人的教育,表现得尤为明显。且不说目前尚无明确风险评估的视网膜投影技术,单是作为一种迄今为止离人类眼球最近的显示设备,VR 眼镜的安全性恐怕会成为家长们最担心的问题,这无疑给 VR 的普及带来障碍。

4)VR ＋旅游

虚拟旅游是指利用虚拟现实技术,构建一个虚拟的或超现实的三维立体旅游环境。其优势在于:①将自然、人文景观全景式呈现,极强的沉浸感满足人们的猎奇需求,也可用于宣传、规划、景区保护等;②节约时间与空间成本,不需要费心规划旅游路线,随时随地体验旅游的感觉;③可突破时间或空间条件限制,体验深海、太空、时空穿越等难以到达的场景。

目前 VR 和旅游的结合主要是在旅游体验、穿越体验和星际旅行体验三个方面。

(1) VR ＋旅游体验。

周游世界是很多人的梦想,但没有充足的资金肯定是行不通的。幸运的是,可以在虚拟现实技术的帮助下,在有生之年观赏世界各地美景。游客不再满足和依赖旅行社给他们制定的出行计划,更多的是选择自由行旅行方式。而旅游路线和目的地的选择主要通过两种方式:一是景区网站的宣传和图片介绍,二是查看别人的攻略。这两种方式都不能直观全面地呈现景区的全貌,不能帮助游客规划适合自己的旅行路线,导致游客走马观花,增加了旅游者的机会成本。因此,利用 VR 技术来打造旅游目的地展示平台,用于旅游前的决策,实现虚拟现实旅游,在旅游市场有着广阔的应用前景。很多著名景点已经开始推出自己的虚拟现实旅游,例如:2017 年故宫推出的 VR 体验和 360°无死角体验阿拉斯加的 VR 全景,如图 1.28 所示。

图 1.28　虚拟现实旅游

在 YouTube 网页上,德国汉莎航空公司在北京、香港、迈阿密、纽约、旧金山和东京制作了多个 360°的定位视频。每个视频片长约 46min,用户可全方位观看这些景点,例如香港湾仔街市场或旧金山的伦巴德街。如果你使用头显观看将会更加身临其境,如图 1.29 所示。

Google 地图中的街景视图早就已经加入 VR 旅游功能,可实现 VR 观看的街景不少,而且 Google 街景视图应用程序和兼容的查看器(Google Cardboard、Mattel View-Master、Zeiss VR One GX)适用于 iOS 和 Android,感兴趣的朋友可以试试,如图 1.30 所示。

图 1.29　YouTube 网页上的虚拟现实旅游视频

图 1.30　Google Street View

(2) VR ＋穿越体验。

每个城市都有着历史的痕迹。现在,可以通过虚拟现实穿越到数百年前的标志性建筑面前,看看当年的今日到底是怎样一番景象。2017 年 4 月,主要做全息沟通管理的 Timescope 团队推出了最新的"自助性虚拟现实服务",其设备将会把用户传送至不同的时间或地点。比如可以参观 1682 年巴黎的塞纳河畔景观,如图 1.31 所示。

图 1.31　1682 年巴黎的塞纳河畔景观

为尽可能地复原当年的景象,Timescope 团队专门咨询了历史专家。通过在景点设置 Timescope 的设备,你可以看到一个与众不同的城市:挤满繁忙的河流,货船和拖网渔船,还有周边 17 世纪的建筑和街道。在 360°的视频格式下,观众还会看到街道车水马龙,听到商人的吆喝声,以及各种自然的生物。

目前,Timescope 已经在位于巴黎市中心的巴士底狱设置了第一台设备,游客通过该设备可以欣赏 1416 年和 1798 年的堡垒,观看每个景观收费 2 欧元。第二台设备设置在人来人往的戴高乐机场。第三台设备则设置在德阿科莱桥附近。Timescope 计划在诺曼底设置下一台设备,以后会在不同的地方推出 20 台设备,使旅客可以以第一人称视角,穿越历史,重游古老的巴黎。

（3）VR＋星际旅行。

大多数人可能一生中永远不会经历太空旅行，更不用说去火星。美国国家航空航天局（National Aeronautics and Space Administration，NASA）把数以千计的太空漫游图像制作成360°的视频，来告诉人们在火星上行走是什么样子，好奇的用户可以登录名为"Namib Dune"的网站观看，如图1.32所示。

5）VR＋房地产

VR在房地产领域的应用，主要体现在室内装潢设计和建筑结构设计的体验两个方面。对于房地产营销中心来说，提供了更丰富的看房体验。体验方式上，VR营造的是"沉浸感"，让用户参与其中，身临其境地从任意视角漫游观察和体验产品，能随意浏览不

图 1.32　NASA 的虚拟旅游

同房型和房屋的装修，还能看到小区楼盘的朝向、绿化景观和配套设施等。图1.33所示是蓝景科技制作的虚拟样板房的VR室内设计，使用者可以看到景深，360°的室内装潢设计方案，并可以在VR视频中对室内墙面颜色、地板材质、家居摆放、灯光效果、室外景观等进行观看。用户也可以到室外进行全景建筑漫游，查看建筑的配套景观和环境，如图1.34所示。

图 1.33　虚拟样板房 VR 室内设计

图 1.34　全景建筑漫游

6）VR＋航天航空

VR在航空航天领域的应用主要通过VR技术构建航空驾驶训练环境来训练驾驶人员、地勤人员、设备维护人员和空乘人员，或模拟太空空间站的环境，帮助太空探索人员进行太空探索的训练。

日本航空（JAL）在2016年就已经通过增强现实HoloLens眼镜来训练员工了，如图1.35所示。HoloLens可以训练飞机飞行维护员维护喷气发动机并且从各个角度了解发动机零件。对于驾驶室人员HoloLens可以帮助飞行员对各个按钮进行更进一步的了解，尤其是对于那些刚入职的新员工而言更为重要。

7）VR＋工业

虚拟现实技术是工业4.0的核心技术之一，多用于产品论证、设计、装配、人机工效和性能评价等方面。在辅助企业决策、优化产品设计、缩短产品开发周期、提高产品质量、降低生产成本、提升品牌影响力和赢得市场先机方面具有重要的应用价值。虚拟现实技术在飞机、汽车、船舶等大型装备的制造中已实现初步应用，主要在虚拟研发、虚拟装配和虚拟设备维

图 1.35 JAL 用 VR 技术训练飞行维护员维护和操控飞机

护方面。

(1) 虚拟研发。

在研发过程中,通过虚拟现实技术能展现产品的立体面貌,使研发人员全方位构思产品的外形、结构、模具及零部件配置使用方案。例如:中国东风日产导入虚拟现实技术,将造车方案的构想变成画面,加快了汽车的研发速度。中国一汽集团利用虚拟现实技术模拟车门等复杂覆盖件的冲压成型过程。美国波音公司将虚拟现实技术应用于波音 777 型和 787型飞机的设计上,通过虚拟现实的投射和动作捕捉技术,完成了对飞机外形、结构、性能的设计,所得的方案与实际飞机的偏差小于千分之一英寸。据统计,采用虚拟现实技术设计的波音 777 飞机,设计错误修改量减少了 90%,研发周期缩短了 50%,成本降低了 60%。中国江铃通过虚拟现实系统进行数据模型、汽车模型展示,缩短了汽车设计与开发的周期。美国福特将虚拟技术连接至设计系统,查看整体外观和内饰的设计。德国奔驰通过仿真空气动力实验优化汽车性能。加拿大航空电子设备在汽车的虚拟开发系统中进行仿真驾驶。

(2) 虚拟装配。

在装配环节中,使用虚拟现实技术主要应用于精密加工和大型装备产品制造领域,通过技术协同,实现加工系统间的精准配合。例如,中国一拖集团打造出虚拟装配车间,精准跟踪装配工件的生产工艺流程。美国克莱斯勒公司以虚拟现实技术展示元件在工厂中的精确位置并提示优化安装的方法。美国福特公司建立各部件的虚拟模型,从整个产品的装配性角度完成部件组装。中国神州普惠开发装配解决方案,在多通道大场景沉浸环境中利用沉浸外设进行交互实现产品虚拟装配。中国东软开发相关解决方案,在虚拟制造模式下,不建厂房不进设备,只负责整机组装调试。

(3) 虚拟设备维护。

在系统检修工作中,虚拟现实能实现从出厂前到销售后的全流程检测,突破时间、空间的限制。例如,国家电网利用虚拟现实技术对变电站进行智能巡检。中国曼恒数字的飞机发动机装配系统能让研发人员发现设计中的缺陷并及时调整。美国国家仪器在交互式开发环境中完成虚拟仪器的测试过程。法国雷诺在虚拟环境中进行动态碰撞测试汽车的安全性能。

2. toC 端内容制作场景

虚拟现实 toC 端的内容应用场景主要包括游戏、影视制作、VR 直播、交互式视频等。

1) VR 游戏的制作

技术上来说,VR 游戏只能以 VR 为目标进行原生开发,如果将传统游戏直接转制 VR

游戏,会导致糟糕的体验,很可能让用户对 VR 内容失去信心,进而影响整个行业的发展。真正的 VR 游戏从开始制作时就要选择平台。Facebook 和索尼等巨头搭建平台,并在资金和资源上积极扶持游戏公司定向开发 VR 游戏,以少数高质量作品来吸引消费者。

(1) VR 游戏市场。

① 国内游戏市场——大厂仍在观望,中小团队活跃。国内大部分游戏团队都刚组建不久,没有正式产品,只有 Demo,团队多在 10~20 人,融资处在天使或 A 轮。由于 VR 技术本身仍未成熟,且对用户的认知度仍旧存疑,导致开发 VR 游戏存在较大的风险。因此,大型游戏企业对于 VR 产业依旧观望居多,下定决心大力布局的企业并不多,如表 1.8 所示。

表 1.8   目前涉足 VR 游戏的国内厂商

国内 VR 游戏厂商	进 展 情 况
TVR 时光机	移动 VR 游戏 Finding 已经登录 Oculus Gear VR 平台,体感机战 VR 游戏 Mixip 与 Sony PS4 合作,代表作品 *Angry Banana*、《再现甲午》等
超凡视幻	主要产品有极速赛车、The One、Crazy Pistol、棒球运动、抓钱游戏等。其中,The One 是一款角色扮演的单机游戏,目前尚未正式发布
天舍文化	在 Chinajoy 上展示 3 个原创的 VR 游戏产品,VR 探索解密游戏 Weeping Doll、VR 沙漠过山车、VR 电影院,尚未正式发布
顽石互动	成立子公司魔视互动负责 VR 游戏研发,同时立项 6 款游戏,首款 VR 游戏《骷髅海》的试玩版 2015 年 11 月底推出
巨人游戏	公司研发耗时 6 年,投入近 2 亿元研发资金的《3D 征途》将开发 VR 版,会以 Oculus Rift 作为参照标准,以提高设备适应性

② 国外游戏市场——巨头涉水,重在设计。很多国外巨头公司如 UB、EA 等开始密切关注游戏市场。海外也有大量的独立开发者,但大部分是手游工作室,也包括电影行业的团队。游戏的内容、创业设计将成为最终区分游戏好坏的试金石。

(2) VR 游戏案例分析。

① PC 端游戏——交互性和沉浸感大大增强。依托强大的配件,用户在 PC 端 VR 游戏中的动作交互性进一步增强。VR 游戏中第一人称的角色及剧情、声光等氛围的营造使用户在游戏中的沉浸感大大增强,如图 1.36 所示。

科幻冒险类《孤声》	视觉探险类《寻找黎明》	赛车类《GT Sport》	清新卡通类《莫斯》

体现人类与机器人互帮互助合作的重要性,讲述人类与人工生命之间情感的科幻冒险类游戏	被送入太空的一位探索者,在飞船坠毁于未知星球上经历的各种奇幻场景和外星怪物,被评为最佳视觉类作品	游戏中的每辆车的外观、发动机声音和性能均严格按照法拉利、兰博基尼等实体车采集数据制作,号称"游戏中的汽车博物馆"	萌萌的非人类生物主角在"大作"级的VR游戏中独树一帜。游戏更像是玩家与奎尔的通力合作而非扮演奎尔

图 1.36   PC 端 VR 游戏

② 手机端 VR 游戏——配件缺少成为增强交互的瓶颈。手机端游戏多为体验类游戏,而手机端 VR 设备的显示和定位功能落后于 PC 端 VR 设备,配件缺少也成为其增强交互

的瓶颈。游戏厂商可通过游戏内容,交互形式的创新,突破硬件瓶颈,树立新标杆,例如 EVE-GUNJACK,如图1.37所示。

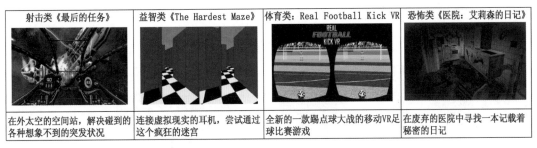

射击类《最后的任务》	益智类《The Hardest Maze》	体育类: Real Football Kick VR	恐怖类《医院: 艾莉森的日记》
在外太空的空间站,解决碰到的各种想象不到的突发状况	连接虚拟现实的耳机,尝试通过这个疯狂的迷宫	全新的一款踢点球大战的移动VR足球比赛游戏	在废弃的医院中寻找一本记载着秘密的日记

图 1.37　手机端 VR 游戏

2) 影视制作

VR影视方面,观看设备的问题已经基本解决,目前以价格较低的眼镜盒为主;同时有多家创业团队,正在研发VR观影软件,这有可能是最先普及的一类VR应用。目前VR影视业还需要解决片源问题。技术革新成为推动影视发展的重要动力。影视特别是电影一直都在应用最前沿的技术,从早期4∶3屏幕到16∶9宽屏,3D电影,IMAX,再到IMAX3D,利用先进技术追求极致的沉浸感是永恒的主题。VR影视是VR硬件设备分辨率、刷新率当前能够较好支持的应用领域,当前主流的头盔包括大朋VR,暴风墨镜,3Glasses都将影视作为主流功能。360°相机已经推出,VR影视内容拥有硬件基础。国内影视平台争相推出VR频道,抢占VR影视平台入口,如图1.38所示。目前优酷、爱奇艺、百度、暴风科技等都推出了VR内容平台,并推出VR影视内容,意在争抢VR内容平台入口。

图 1.38　国内主要的 VR 平台

（1）VR影视的硬件提供商。

VR影视硬件主要是虚拟现实360°相机，目前已经有诸多产品可选，如图1.39所示。目前主流VR相机包括诺基亚OZO，GoPro Omni相机，Facebook发布的Surround 360，以及国内厂商打造的Insta360。

诺基亚OZO	GoPro Omni相机	Surround 360	Insta360 4K

能360°全方位立体捕捉影像和声音，诺基亚在2017年11月突然宣布停止OZO虚拟现实相机和硬件的研发	2016年4月发布，由6个Hero4相机组成，可以拍摄360°全景视频	2016年4月，Facebook在F8开发者大会上发布该产品。该产品将成为一个开源项目，相关代码会登录GitHub平台	Insta360专注于全景影像的研究与VR相机的硬件研发

图1.39　VR影视之硬件提供商

（2）VR影视的技术提供商。

VR影视技术革新影视作品拍摄手法，以创新公司Visionary VR和8i为代表。Visionary VR成立于2014年，由VRLA联合创始人Jonnie Ross、Adam Levin、Cosmo Schart以及视觉特效大师Gil Baron、游戏设计师Luke Patterson联合创办，2016年3月完成600万美元的融资。8i成立于2014年5月，能够提供真正的、能交互的VR视频，目前8i已经获得1480万美元的融资，如图1.40所示。

技术型创新公司-Visionary VR	技术型创新公司-8i

在VR电影中，360°的视角可能使得观众没有去关注最重要的地方。所以Visionary提出，虚拟现实电影周边设定一个无形的框架，一旦观众的头穿过无形的界限，那么电影就停顿，让观众花时间探索周围的环境甚至开始进行互动	8i提供的创建、混合、体验全息影像的技术，可以将普通影像内容转换成逼真的3D全息影像。通过相机应用Holo，用户可以从数百张免费的3D全息图中选择并添加至自己的录制内容中。8i与索尼影业达成了合作关系，Holo用户能在《蜘蛛侠：英雄归来》首映之前使用蜘蛛侠的全息图

图1.40　VR影视的技术提供商

（3）VR影视之内容提供商。

随着技术的不断成熟，VR影视内容将有望迎来快速发展。《蝙蝠侠》VR、《驾驶俱乐部》VR、《生化危机7》VR等，如图1.41所示。

3）VR视频直播

VR视频直播则是通过佩戴VR设备，在同一时间通过不同网络系统观看直播内容，获

图 1.41　VR 影视内容:《蝙蝠侠》VR(左)和《生化危机 7》VR(右)

得如同现场般的沉浸感。VR 直播的核心是互动和社交。目前 VR 直播主要分为传统直播形式 VR 化和新兴网络直播模式两类。传统直播形式 VR 化是传统直播形式的 VR 端延伸,包括传统体育赛事、电视综艺节目、音乐演唱会等直播内容的 VR 化。美国 Next VR 为代表的 VR 直播平台已联手 NBA、NFL 进行多场体育赛事直播;国内包括《我是歌手》《谁是大歌神》等综艺节目都引入了 VR 直播;腾讯直播 Big Bang 演唱会也用上了 VR 技术,虽然清晰度不足,但燃起众多粉丝的热情。《今日美国报》《纽约时报》和 ABC News 等,在新闻报道或纪录片中,也运用 VR 技术制作了不少高质量内容,BBC 的研发部门正在突发新闻报道中使用 360°视频,这些都颇受好评。

新兴网络直播模式是互联网/移动直播模式的 VR 衍生,包括互联网演艺、游戏直播、移动短视频、移动社交视频等垂直领域直播,交互感强。互联网演艺主要是艺人演艺直播,主要代表是欢聚时代、天鸽互动、六间房。游戏直播是垂直细分领域直播,主要代表为斗鱼、熊猫、章鱼等。移动短视频受益于移动互联网碎片化时间,代表有美拍、秒拍等。移动社交视频是 PC 端直播的移动延伸,但商业模式更加多样化。

4)交互式视频

国外的 VR 视频多以硬件厂商的 Demo 为主,时间长度在几分钟到几十分钟。VR 视频内容集中于 Oculus、Google Cardboard 两个硬件平台,如图 1.42 所示。以 Oculus 平台为例:Oculus 成立的工作室 Story Studio 推出了《迷失》《斗牛士》《亨利》和《亲爱的安赫丽卡》等短视频;联合 NBA 球星詹姆斯发布 *Striving for Greatness*;其他的还有动画短片 *The Last Mountain*、新闻纪实 *Welcome to Aleppo* 等,这些视频可以在 Oculus Rift 以及三星 Gear VR 上观看。

图 1.42　国外的部分 VR 视频

与国外硬件厂商配合设备宣传推出的视频 Demo 不同,国内内容制作公司已经推出 VR 视频作品。目前国内在 VR 视频方面走在前面的有追光动画和兰亭数字,追光动画推出了《再见,表情》(见图1.43)和《小门神》两部预告VR视频,兰亭数字则拍摄了中国第一部VR电影《活到最后》(见图1.44)。

图1.43 追光动画《再见,表情》

图1.44 兰亭数字《活到最后》

总之,VR视频要替代传统视频成为主流,需要有优质内容,这依赖于技术和创作这两个条件。随着消费级头戴产品的推出及用户基数的增加,虚拟现实视频会成为和虚拟现实游戏规模相近的重要VR应用,并在未来几年内成为主流娱乐方式之一。

虚拟现实产品的内容不断"多样化"和"垂直商业化",在toB端和toC端不断获得新的应用,逐渐颠覆了这些行业的业务模式和交易方式。AR内容从toB端的医疗、商业、教育、旅游、服务、制造、房地产等应用领域,到toC端的游戏、影视制作、视频直播、交互式视频等应用领域,体现了"虚拟现实+"相融合的特点,各应用领域的代表性企业和单位如表1.9所示。

表1.9 各应用领域的代表性企业和单位

应用端	领域	代表企业/单位
toB端	医疗	Zsapce、IBM、Ngrain、Surgevry、Fearless、Echopixel、Hyve、DeepStream VR、Psious、飞利浦、斯坦福大学、AppliedVR、亮风台、医微讯、曼恒数字
	商业	Sixence、Immersv、Matterport、Zanadu、太阳花、部落视窗、阿里
	教育	谷歌、Unimersiv、Cerevrum、Lingoland、Solirax、VREducation、Zsapce、IBM、网龙华渔、微视酷、黑晶科技、映墨科技、小熊尼奥、视+、幻宇科技、图兰卡、新东方、邢帅教育、龙图教育、巧克互动、百度、网易云科技、立思辰、川大智胜、城市传媒、凤凰传媒
	旅游	谷歌、Timescope、NASA、Rapid VR、Ascape、Realities.io、Zanadu
	服务	IrisVR、Autodesk、SDK Lab、InsiteVR、云之梦
	制造	MakeVR、Visidraft、IBM、曼恒数字
	房地产	51VR、蓝景科技
	综合	黑晶科技、指挥家、昊威创视、追梦客
toC端	游戏	谷歌、索尼、EA、EPIC Games、Valve、Jaunt、Eyetouch、SEGA、Innerspace、Harmonix、Nintendo、Resolution、Survios、Niantic lab、Reload、CCP Games、黑晶科技、唯晶科技、Winking、天舍、铃空游戏、顽石互动、TVR时光机
	影视制作	米粒影业、Mili Pictures、追光动画、酷景传媒、兰亭数字、互动视界、清显科技、超次元(创幻科技)、山坡科技
	视频直播	迪士尼、Facebook、Next VR、HBO、追光动画、兰亭数字、腾讯、欢聚时代、天鸽互动、六间房、斗鱼、熊猫、章鱼
	社交应用	微软、Facebook、AltspaceVR、Improbable、Vtimel、VR Chat、Recroom

1.6.2 应用分发平台

应用分发平台为应用开发者提供 SDK,应用开发者通过下载的 SDK 将开发的内容通过分发平台上架发布。消费者通过应用分发平台为其提供的应用与服务付费,应用分发平台将用户的付费以分成的方式分享给应用开发者,如图 1.45 所示。因此,应用分发平台作为连接应用开发者和消费者的纽带,在前端聚集用户,在后端聚集内容开发者,具有重大的战略意义。

图 1.45 应用分发平台的价值

内容分发平台主要分为应用商店、网站服务、体验店和主题公园 4 类。

1. 应用商店类

国外的应用商店主要有 Oculus Platform、Steam VR、Viveport 等。国内主要有暴风魔镜 App、Dream VR 助手、奇境科技、的图网络、焰火科技、优尼博思等。

1) Oculus Platform 分发平台

作为三大家 VR 硬件厂商之一的 Oculus 一直致力于打造自己的应用分发环节。2015 年 6 月,在 Oculus 发布了自己的消费者版本硬件产品 Oculus Rift 之后,计划推出应用商店。对于自家的应用商店,Oculus 考虑了三个主要的问题:①事前审查,所有的虚拟现实应用在上传到 Oculus 商店前需要进行审查,确保内容安全;②舒适度评分,Oculus 将为应用商店内的每个应用环节进行舒适度打分。这与 PC 或智能手机的应用商店有了明显的区别。Oculus 利用舒适度评分(Comfort rating)来提示用户下载应用可能会带来的眩晕、呕吐等风险;③应用分成,Oculus 将同样采用苹果或谷歌在智能手机上的模式,与上传内容的开发者进行分成。

2) Steam VR 分发平台

Steam 是 Valve 公司创办的游戏下载平台。2013 年,Steam 平台的全球活跃用户数达到 1 亿人次。2015 年,Steam 平台同时在线用户数创纪录地达到 1300 万人次,该平台共推出 3050 款游戏,总收入达 35 亿美元,总下载量达到 1.67 亿次。2015 年末,Steam 平台引入了首款 VR 游戏《回到恐龙岛》,并免费开放供用户下载。2016 年 4 月,Steam 正式推出"VR 已到来"的主题推荐,Steam 平台上的 VR 游戏支持 Oculus Rift 和 HTC Vive 两款硬件。

至 2019 年,Steam 平台上约有 4 万款 VR 游戏可供用户下载。

3) Viveport 应用商店

HTC 在 2016 年 3 月发布了自己的应用商店 Viveport,界面如图 1.46 所示。HTC 表示,两个平台并不冲突,大多数应用会在两个平台同步推出,但 Viveport 平台更加全面,包含了媒体内容(视频)和垂直行业应用,而

图 1.46 Viveport 界面

Steam VR 则主打虚拟现实游戏内容。Viveport 也特别针对中国市场做了优化,商店内的虚拟现实应用可支持支付宝购买,同时也有完整的审核流程,包括舒适度审核、内容分级审核、技术审核等。在付费内容分成上,Viveport 同样采用了与开发者 3∶7 的常见分成比例。到 2016 年 5 月,开发者就可以开始从 Viveport 平台上提取自己的分成收入。

2. 网站服务类

目前,国内相关的 VR 垂直媒体主要有垂直聚焦类、孵化器类、爱好者社区、活动平台、购物平台等,各类代表企业如表 1.10 所示。

表 1.10　VR 垂直媒体种类及代表性企业

种　　类	代表性企业
垂直聚焦类	元代码、Yivian、顺网科技、赛欧必弗、幸福互动、PingWest 品玩、魔多科技、旮旯信息、智到科技、立体时代、仙颜信息
孵化器类	Strong VR、实创高科技、中数时代、英泰汇
爱好者社区	VRinChina
活动平台	VR Play
购物平台	Worldpay

未来足不出户,戴上一副 VR 眼镜就可以"真实"地逛国内外的商场、购物街、超市等,实现浏览、体验、下单支付等全套服务。国内外各大公司都在加速布局 VR+购物蓝图:阿里 2016 年 11 月上线的淘宝"BUY+",让用户有机会在家游美国 Target、梅西百货、Costoco、澳洲牧场、Chemist Warehouse、日本松本清和东京宅等 7 个商场。京东也相继推出"京东梦""天工计划",用户可以 360°观看这件商品。2017 年 5 月 23 日,京东联合 HTC Vive、小米 VR、英特尔举办了人工智能 3D 建模大赛决赛。

Worldpay 共调研了 8 个国家的 16 000 多名消费者,以了解他们对使用 AR/VR 的看法,包括当前的使用情况和未来的潜力,以及该技术的优势和障碍(图 1.47)。中国消费者在接受虚拟现实和增强现实技术方面走在世界前列。发现中国消费者对 AR/VR 技术十分着迷,其热衷程度远超世界其他地区。95%的中国受访者表示,过去三个月曾体验过 VR 或 AR 技术,这一比例是全球 VR 使用率的三倍以上。此外,有 84%的受访者认为 AR/VR 技术是未来购物的发展趋势,49%的中国消费者表示,AR/VR 环境下所呈现的产品或消费体验更容易让他们产生冲动,并进行购买。Worldpay 还推出了解决方案 Proof of Concept,它可使购物者在付款时无须离开虚拟世界,却同样享受虚拟环境下店内和在线支付时的便利性和安全性。

图 1.47　Worldpay 的 AR/VR 技术购物场景

3．体验店

线下体验场馆是用户接触 VR 技术很好的途径，但目前体验店还趋于小众，在价格、硬件、内容等方面还存在一些有待突破的瓶颈。

国外的 VR 体验店主要有 Zero Latency、Sandbox VR 和 Virtual Room；国内的 VR 体验店主要有造梦科技、RASS13 区、FAMIKU、乐客 VR 乐客、灵境、身临其境、南昌 VR 之星等。

现在很多 VR 场馆在硬件上投入了大量的资金，但体验内容大多偏模板化、互动性不多。像《绝地求生》战术竞技型射击类沙盒游戏很适合线下体验馆，不过该类游戏目前并不多。此外，价格也是很多人对 VR 体验馆望而却步的一大原因，比如 Zero Latency 体验半小时的价格为 43 美元，而北京连锁 VR 体验馆 RASS13 区的多人包厢（建议 1～2 人）票价为198 元，限时 30min，张艺谋投资的 SoReal 双人联机空间同样限时 30min，票价为 179 元。VR 体验馆票价昂贵的原因除了一些场地租金昂贵外，也因为其硬件设备成本较高，而且连续使用损耗很大，替换设备也会增加成本，尤其是这些 VR 厂商很少在亚洲设门店，换件不得不寄到海外原厂。虽然存在这些局限，但市场对 VR 体验馆的需求仍在增加，不少商场希望利用这项技术让更多消费者从线上回归线下。

2017 年 6 月，虚拟现实行业创业团队造梦科技宣布完成千万元 PreA 轮融资，用于进一步巩固国内最大线下 VR 游戏分发平台的优势。目前，造梦科技拥有线下合作体验馆近3000 家，稳定的活跃终端超过 5000 台，游戏月点击量超过 100 万次，市场份额在 60% 以上，市场体量和运营数据领先第二和第三名 5～10 倍以上，是国内最大的线下 VR 游戏分发平台，整体数据正全面追赶全球三大线上 VR 游戏平台（Steam、PSVR、Oculus）。

造梦科技的优势在于专注线下体验馆和线下 VR 游戏的分发。在游戏上，造梦科技和国内 200 多家 VR 游戏厂商达成战略合作，有知名的指挥家，曲奇科技，刃意科技等，目前已上线近 100 款国内 VR 游戏大作，并打造《义庄派对》《原罪》等线下爆款游戏。2017 年陆续上线 200 多款针对体验馆研发的优质 VR 游戏。造梦科技还和幻维世界、奥英科技、VRCORE、魔感互娱等知名 VR 游戏发行公司有着深入的合作，数款大作上线造梦平台，所以造梦科技在用户数和游戏数量、质量上都是国内行业内遥遥领先的。

4．主题公园

主题公园是为了满足旅游者多样化休闲娱乐需求和选择而建造的一种具有创意性游园线索和策划性活动方式的现代旅游目的地形态。国外知名的主题公园有美国的 The Void——号称世界上首家 VR 主题公园，位于美国犹他州，通过头显、适配计算机与可穿戴智能设备，再结合灯光、烟雾、气味等特效，在真实的空间给玩家打造一个虚拟的全触感空间。还有位于洛杉矶的 VR 主题公园 Two bit circus。Zero Latency 位于澳大利亚的墨尔本，与 The Void VR 主题公园类似，玩家需要背着装有 Alienware Alpha PC 的计算机背包进行操作，主打爆破僵尸的游戏。世界上第一座法拉利主题公园 Ferrari World Abu Dhabi位于阿联酋，给玩家独特的 VR 过山车体验。迪士尼 VR 主题公园早在二十世纪七八十年代就开始使用 VR 技术，给游客创造沉浸感的体验。迪拜 VR 主题公园 Hub Zero 是中东地区首次运用 VR 技术打造的大型室内主题公园。Viveland 是 HTC 与三创生活园区共同打造的台湾第一座 ViveVR 实境乐园，Viveland 集结超过 20 个 VR 体验，包括《珠穆朗玛峰VR》《水果忍者 VR》和《僵尸营》。此外，Viveland 还设置了四大主题体验馆：英雄防线、模拟赛车、命悬一线（高空体验）、4D 动感体验区。与其他 VR 主题体验按时计费的收费模式不同,Viveland采用了计时计次相结合的收费方式,体验不同的VR游戏收取的费用也略有不同。此外,韩国还有Monster VR、东大门Fanta VR和韩流主题公园。

　　游戏、影视与直播、主题公园将成为VR最早货币化的三大内容。其中,VR与游戏紧密相连,虚拟现实技术与游戏用户高度匹配,也是游戏产品最佳的展示途径。另外,用虚拟现实技术展示的影视内容、直播内容也将以高沉浸体验、高度的感染力,为观众提供更佳的观影感受。

1.6.3　盈利模式

　　从未来的商业模式来看,VR产业可能复制移动互联网产业,在前向收费业务、后向收费业务上获取货币化空间。其中,前向收费业务包括重度、中轻度VR游戏的付费下载、应用类付费;VR体验内容、视频服务、直播内容的订阅费、会员费收入;在后向收费业务上,广告将成为收入来源。除此之外,相较于纯线上的互联网与移动互联网产业,VR的线下主题公园、体验馆都将为产业提供新的商业模式。因此,VR产业盈利模式主要可分为广告模式、用户付费模式、按次付费或按App下载量付费三种。

1. 广告模式

　　用户可在VR平台上免费获取VR内容,广告主按照流量(Cost Per Mille,CPM,每千次展示费用)或者点击数量(Cost Per Click,CPC,每次点击费用)向VR平台付费,平台则按分成比例将所得收入分给VR内容提供商,如图1.48所示。

图1.48　VR广告盈利模式示意图

　　采用广告盈利模式的代表公司及案例如表1.11所示。

表1.11　VR广告盈利模式的代表公司及案例

时间	公司	播放平台	案　　例
2014.06	HBO	HBO	用VR展现《权利的游戏》里700英尺[①]城墙上风和震感
2015.06	漫威	Oculus Store	为推广《复仇者联盟:奥创世纪》,在Gear VR上推出一部VR短片 *Battle for Avengers Tower*
2015.07	耐克	Youtube	"内马尔效应"项目中,用虚拟现实打造以内马尔视角进行足球比赛的体验
2015.11	Northface	Google Play/iTunes	"The North Face:Llimb"项目中,Jaunt工作室为Northface打造了包括Yosmite国家公园和Moab沙漠在内的著名美国自然奇观VR体验之旅
2015.12	格瓦拉		集合电影与VR界大咖,致力于为每个参与者提供沉浸式的感官盛宴;现场提供9台VR头盔,集合几乎目前所有能看到的VR电影和短片,如《小门神》《星际穿越》

① 1英尺=0.3048m。

2. 用户付费模式

用户付费模式下,用户按时间(月/季度/年)付费以获取平台上相应的 VR 内容,然后用户就可以在平台上消费相应的 VR 游戏或视频,如图 1.49 所示。

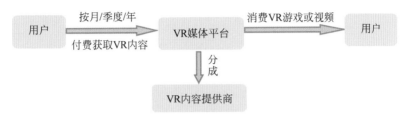

图 1.49 用户付费盈利模式示意图

采用用户付费盈利模式的品牌或公司及相应案例如表 1.12 所示。

表 1.12 用户付费盈利模式案例

品牌/公司	案 例
NextVR	积累更多内容之后,可能会对直播的部分新闻、体育赛事等 VR 视频内容设计付费订阅收看模式
Netflix	目前平台运行收费电影订阅模式,每月 8.99 美元可享用无线电影流媒体视频库,支持手机、平板、PC 等设备
爱奇艺	目前平台运行付费会员模式,但付费会员只占 2%,会员价格 5～20 元/月不等,可享受无广告、点播半价或免费看 VIP 电影不同等级服务

调研机构 Leichtman Research 在 2017 年 6 月发布的报告显示,视频流媒体服务 Netflix 在美国的订阅数首次超越了有线电视(Cable TV)用户数,Netflix 在 2017 年第一季度的订阅数达 5085 万,正式超过了 4861 万的美国有线电视用户订阅数。虽说这并不代表 Netflix 在美国订阅数超越了所有的传统电视收看用户数,因为卫星电视还有约 3319 万户,但这个成绩仍然是个重大里程碑。

3. 按次付费或按 App 下载量付费

用户按次付费或按 App 下载量付费以获取 VR 应用的使用权,平台将收入分成给 VR 内容提供商,如图 1.50 所示。

图 1.50 按次付费或按下载量付费盈利模式示意图

采用按次付费或按 App 下载量付费盈利模式的平台及案例如表 1.13 所示。

表 1.13 按次付费或按 App 下载量付费盈利模式案例

平 台	案 例	内 容
Google Play	用户可付费 2～5 美元下载 Google Cordbord 的 App 到手机,目前的 App 几乎都是免费的,做推广用	商店类应用 *Google shop at Currys VR Tour* 等,体验类应用 *Mercedes VR* 等,游戏类应用《3D 过山车 VR》等

续表

平　台	案　例	内　容
Oculus Store	用户可付费 2～5 美元下载 Gear VR、Oculus Rift 的 App 到手机,目前的 App 几乎都免费	游戏类应用居多,如太空游戏 *Eve Valkyrie*,冒险类游戏 *Chronos* 和 *Edge of Nowhere*
有梦助手 VR	用户可下载支持暴风魔镜、PlayGlass、DreamVR 等硬件设备的 App 到手机	电影 App 有梦影院,VR cinema,游戏 *Zomie Shooter VR*、*Roller Coaster VR* 等

1.7　VR 全产业链及巨头布局

1.7.1　VR 产业链全景图

1. VR 产业发展阶段

目前,从 VR 产业链细分图来看(见图 1.51):①硬件是基础,输出/输入产业链齐头并进,发展前期体验优良的设备供应商将在产业链布局中获得绝对优势;②内容是关键,游戏和 2B 应用拥有强变现能力,商业价值有望最先得到体现;③服务是目的,相关的创业者、消费者、研究者已经具备一定规模共同推动产业发展。

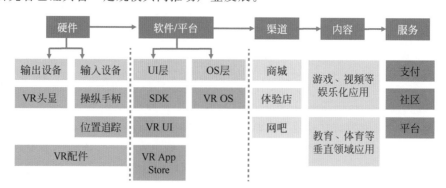

图 1.51　VR 产业链细分图

预计 VR 的产业发展路径与智能手机类似,大致分为三个阶段。

第一阶段:以技术革新为主要驱动力,以硬件产品的成熟与完善为标志,以第一代具有良好体验的硬件产品的出现为爆发点。

第二阶段:VR 将首先在大娱乐领域取得突破,游戏有望成为首先爆发的领域。

第三阶段:随着 AR 技术的不断完善,网络基础设施升级以及硬件设备完全成熟,VR 的应用领域会从大娱乐扩张至教育、体育等其他垂直领域。

目前,VR 的硬件技术已经准备充分。输入设备和输出设备领域都已经涌现出实力强劲的厂商。然而,VR 硬件的产业规模、价格和销量都低于智能手机,且带动的配件产业链也相对较短,更多的价值需通过内容和应用等产业链后端体现。

2. 产业链全景图

可从三个维度来详细分析 VR 产业链:上游(组件和硬件产品)、中游(软件和开发平台)和下游(内容开发和应用分发服务),如图 1.52 所示。

1) VR 产业链的上游

VR 产业链的上游主要由 VR 硬件产品生产商和相关组件生产商组成,主要功能是为

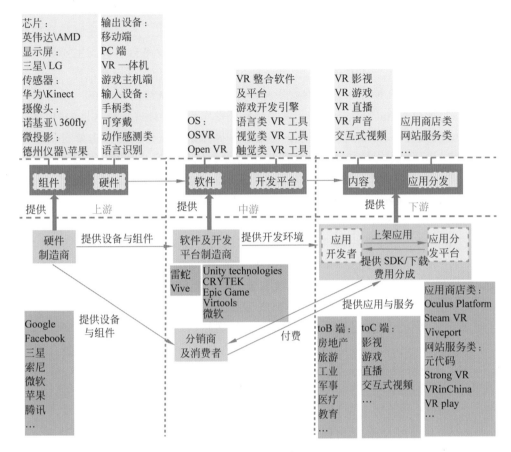

图 1.52 VR 产业链全景图

消费者及中游的软件及开发平台制造商提供 VR 设备与组件。

VR 硬件设备主要可分为输出设备和输入设备两种。输出设备包括 PC 端 VR 头盔(Oculus Rift、HTC Vive 等)、游戏主机端 VR 头盔(Sony PlayStation 等)、移动端 VR 头盔(Gear VR、Cardboard 等)和 VR 一体机(大朋 VR 等)四种。输入设备包括手柄类输入设备、可穿戴 VR 设备、语言识别设备、动作感测设备四种。手柄类输入设备包括传统游戏手柄:Xbox one(Oculus 适配)、PS4(PS VR 适配)和动作感应 VR 手柄(Oculus Touch、HTC Vive 手柄、Gear VR 无线手柄控制器 Rink 等)两类。可穿戴 VR 输入设备代表性产品有 5DT、Cyber Glove、Measurand、Niotom(诺亦腾)等。动作感测设备代表性产品有 Kinect、Leap Motion、Real Sense 等。语音识别设备代表性产品有科大讯飞、百度、云知声等。

VR 硬件设备组件包括显示屏、摄像头、传感器、微投影器件和芯片等。显示屏的主要制造商包括三星、LG、JDI 等,2017 年 6 月谷歌与夏普宣布联合生产 VR 液晶显示器。摄像头的主要制造商包括诺基亚、360fly 等。传感器是 VR 设备中的关键部件,主要制造商包括 Kinect、Vii(中颖电子)、华为等。微投影器件是 VR 设备中的光学设备,主要制造商包括德州仪器、苹果公司等。芯片是 VR 设备中保证计算能力的主要部件,主要制造商包括英伟达、AMD 等。

2) VR 产业链的中游

VR 产业链的中游主要由系统软件及开发平台制造商组成。系统软件制造商主要是为下游的系统研发者和内容开发者提供系统开发环境支持；开发平台制造商主要是为下游的内容提供商提供内容生产工具或平台。系统研发者则为消费者提供交互系统。

通过系统软件 VR 操作系统将游戏开发者、玩家与硬件制造商联系在一起。第三方开发者或公司可通过 Windows、Android 或 Linux 等操作系统设计或构建软件,并根据需求安装个性化的屏幕、镜头、眼球追踪、摄像头等组件。操作系统软件制造商主要有雷蛇开发的 OSVR 和 Vive 开发的 Open VR。软件开发平台分为虚拟现实整合软件及平台、游戏开发引擎、语言类虚拟现实工具、视觉类虚拟现实工具和触觉类虚拟现实工具 5 类。平台制造商主要包括 Unity technologies、Epic Game、CRYTEK、Virtools、微软等。

3) VR 产业链的下游

VR 产业链的下游主要由内容应用开发者和应用分发平台服务商组成。VR 内容开发者根据软件开发平台制造商提供的开发环境和工具,开发出 VR 体验的各项内容,主要包括 toB 端(房地产、旅游、工业、军事、医疗、教育等)和 toC 端(影视、游戏、直播、交互式视频等)。toB 端的发展快于 toC 端。分发平台服务商主要是为消费者提供内容获取渠道的企业,主要通过各类应用商店、网站服务、体验店等实现。目前比较火热的应用商店包括:Oculus Platform、Steam VR、Viveport、暴风魔镜 App、Dream VR 助手等。通过网站服务进行 VR 内容的分发也是重要的销售途径,代表性的企业主要有元代码、Strong VR、VRinChina、VR Play 等。

下游的内容应用开发者把开发的内容上传到应用分发平台后,消费者就可以通过平台支付应用或服务费用,然后就可以享受应用分发平台为消费者提供的内容和服务；开发平台同时为应用开发者提供内容下载的分成。

1.7.2　VR 巨头产业链布局

目前国内外科技巨头争相推出自己的 VR 设备、软件及内容,以期抢占产业链的有利布局,整个 VR 战场硝烟弥漫。

1. 国外 VR 巨头产业链布局

1) 小试牛刀,锋芒初露——Facebook 率先完成全产业链布局

Oculus VR,2012 年在美国加利福尼亚州成立,于 2014 年 3 月被 Facebook 以 20 亿美元现金及 Facebook 股票的价格收购。Oculus 在 2012 年洛杉矶举办的电子娱乐界一年一度的"奥林匹克盛会"——电子娱乐展览会(Electronic Entertainment Expo,E3)上推出概念产品后,又分别于 2013 年 3 月、2014 年 7 月推出 DK1、DK2 开发者版本,2014 年 10 月推出 Mobile SDK,同年 12 月收购手势识别公司 Nimble VR,在 2015 年 6 月发布 Oculus Rift 消费者版本 CV1,并于 2016 年 1 月开启预订。Oculus Rift 的 VR 头显设备涉及光学系统、仿真技术、人体工学、传感、人机交互等多种技术,需要配合计算机设备使用,而且 Oculus Rift 不只是一个硬件,而是包含有软件开发工具包(SDK)在内的一整套开发系统。通过收购 Oculus,Facebook 已经完成了对硬件(上游)、软件(中游)、内容(下游)的一系列收购,不仅完善了给用户提供更极致 VR 体验的硬件技术,还通过收购游戏、视频等内容开发公司,建设软件开发平台、软件商店等措施,初步完成了从硬件到内容的全产业链布局如图 1.53 所

示。Oculus 主要产品参数及产品优劣势如图 1.54 所示。

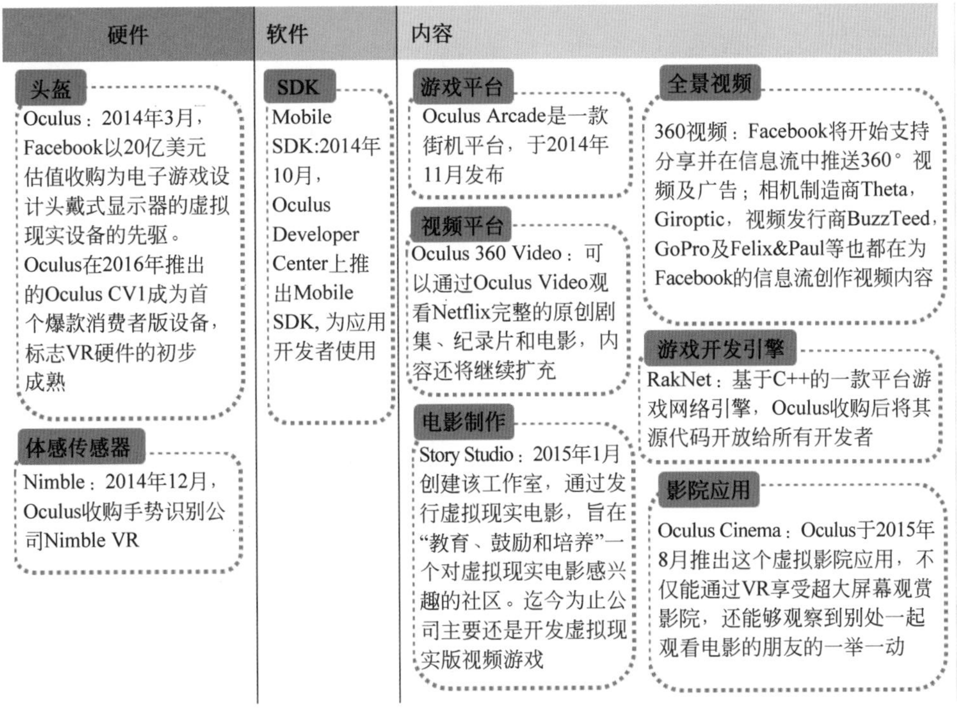

硬件	软件	内容	
头盔 Oculus：2014年3月，Facebook以20亿美元估值收购为电子游戏设计头戴式显示器的虚拟现实设备的先驱。Oculus在2016年推出的Oculus CV1成为首个爆款消费者版设备，标志VR硬件的初步成熟	**SDK** Mobile SDK:2014年10月，Oculus Developer Center上推出Mobile SDK，为应用开发者使用	**游戏平台** Oculus Arcade是一款街机平台，于2014年11月发布	**全景视频** 360视频：Facebook将开始支持分享并在信息流中推送360° 视频及广告；相机制造商Theta，Giroptic，视频发行商BuzzTeed，GoPro及Felix&Paul等也都在为Facebook的信息流创作视频内容
		视频平台 Oculus 360 Video：可以通过Oculus Video观看Netflix完整的原创剧集、纪录片和电影，内容还将继续扩充	
			游戏开发引擎 RakNet：基于C++的一款平台游戏网络引擎，Oculus收购后将其源代码开放给所有开发者
体感传感器 Nimble：2014年12月，Oculus收购手势识别公司Nimble VR		**电影制作** Story Studio：2015年1月创建该工作室，通过发行虚拟现实电影，旨在"教育、鼓励和培养"一个对虚拟现实电影感兴趣的社区。迄今为止公司主要还是开发虚拟现实版视频游戏	**影院应用** Oculus Cinema：Oculus于2015年8月推出这个虚拟影院应用，不仅能通过VR享受超大屏幕观赏影院，还能够观察到别处一起观看电影的朋友的一举一动

图 1.53　Facebook 从硬件到内容的全产业链布局示意图

主要参数		
	Oculus Rift DK2	Oculus Rift CV1
上市时间	2014年7月	2015年6月
价格	350美元	599美元
分辨率	1920×1080像素, OLED屏幕	2160×1200像素, OLED屏幕
帧速	75Hz	90Hz
可视角度	100°	110°
适配设备	NVDIA290以上GPU和高性能CPU	GeForce GTX970或AMD Radeon R9
交互方式	Oculus Touch/Xbox One游戏手柄	
内容来源	Oculus应用商店	
主打功能	游戏娱乐	
代表作品	太空游戏*Eve Valkyrie*、冒险类游戏*Chronos*和*Edge of Nowhere*	

优势和特色：
- 显示效果出众，沉浸感强
- 专有内容平台，来源多质量高
- 做工精湛
- Win10原生支持
- 先进的交互方案
- 专属Oculus SDK

劣势与短板：
- 设备笨重，必须用HDMI线连接
- 适配设备要求高，价格昂贵

图 1.54　Oculus 主要产品参数及产品优劣势

2) 初出茅庐,艳惊世界——Google 推出 Cardboard、Google Glasses

2013 年 Google Glass 问世,但由于价格贵、耗电量大、功能少、交互性差等原因,加之无声无息的拍摄功能,引发人们对隐私的担忧问题,Google Glass 最终没有走向大众市场。Google Glass 曾被《时代》杂志评为最具影响力的 50 款产品之一,它的诞生对后来的可穿戴、AR 产品和硬件创业者产生了深远的影响。2015 年,Google Glass 悄然停止销售。谷歌在 2014 年 7 月推出了一款低价纸板头戴手机盒子——Cardboard。这款 3D 眼镜搭载安卓平台设备的推出惊艳了全世界,也是 VR 走进可消费时代的标志。2017 年,Google Glass 重新回归市场,但只对企业出售。企业通过使用 Google Glass 进行免提计算或故障排除,企业报告称"生产速度更快,质量提高,成本降低"。2019 年 5 月 20 日,Google 发布了第二代企业版 Google Glass,该设备仍是针对商业用途,而不是一种广泛的消费产品。这款新产品配备了高通 2018 年发布的首款专门为 AR/VR/MR 等产品定制的专用芯片产品——骁龙 XR1 芯片。第二代 Google Glass 的体积比微软的 HoloLens 和 Magic Leap One 等产品更小,摄像头静态分辨率从之前的 500 万像素提高到了 800 万像素,还增加了 USB Type-C 接口;电池为 820mA·h,充电更快,续航更久。Google 官方将这款产品的售价定为 999 美元,远低于微软的 HoloLens2。

谷歌在 2014 年通过投资增强现实公司 Magic Leap 实现产业链软件层面的布局。同时在街景地图、全景相机、Youtube 全景视频平台等内容层面深耕,加速虚拟现实在用户中的普及。谷歌产业链布局如图 1.55 所示,Google 眼镜产品参数及产品优劣势如图 1.56 所示,Magic Leap 产品数据参数及优势与特色如图 1.57 所示。

硬件	软件	内容
头戴手机盒子 Cardboard:2014年7月18日上市,是谷歌推出的一款廉价3D眼镜。意在将智能手机变成一个虚拟现实的原型设备 **增强现实平板电脑** Google Project Tango:英特尔将其3D实感相机RealSense与谷歌的增强现实平板电脑Project Tango整合,可扫描并将真实世界中事物转变为虚拟事物	**Magic Leap** Magic Leap:一家研究增强现实技术的公司,2014年Google以5.42亿美元领投。与目前普遍的头戴设备不同的是,它是用一种专有技术来混合现实和虚拟,将内容投射到空间中,从而摒弃屏幕显示的束缚	**全景视频平台** Youtube360:Youtube在2015年2月正式支持360全景视频上传 **全景相机** Jump:Google在2015年的I/O大会上带来了由16台GoPro组成的全景相机,用以拍摄VR图像;未来,Youtube会加入Jump视频专区 **全景相机应用** 纸板相机(Cardboard Camera):2015年12月3日,谷歌针对安卓手机发布了这款免费应用,可以在拍摄全景照片的同时记录声音,并具有3D效果的相机

图 1.55　Google 产业链布局示意图

3) 珠联璧合,低价制胜——三星联手 Oculus 进军移动端设备

VR 设备之所以没有广泛的普及,最重要的一个原因就是价格太贵。虽然 Google 推出的 VR 设备 Cardboard 价格足够廉价,但体验效果也差强人意。三星则瞄准了移动端市场的空白,联手四大硬件厂商之一的 Oculus,推出头显设备——Gear VR。Gear VR 采用了三星 Note4 的屏幕、Oculus 的技术支持,价格不太贵,体验效果也足够好。三星在硬件层面的

Google眼镜主要参数	
上市时间	2013年4月(开发者版) 2014年5月(消费者版) 2015年1月停售
价格	1500美元(美国,已停售)
分辨率	菱镜投影640×360像素
重量	50kg
储存	16GB闪存
交互方式	语音控制和触摸控制(触摸板)
内容来源	由第三方开发者制作的安卓应用
主打功能	地图服务、摄像
代表作品	Google Now、Google Maps

优势与特色:
- 拥有独立的CPU和GPU
- 优秀的交互方案
- 配备摄像头
- 运用场景广泛

劣势与短板:
- 隐私问题
- 产品不成熟
- 价格昂贵

图 1.56　Google 眼镜产品参数及产品优劣势

Magic Leap主要参数	
产品类型	增强现实头盔
融资情况	2014年谷歌领投5.42亿美元,2015年11月再融资8.27亿美元
开发公司	Magic Leap
估值情况	45亿美元
交互方式	触觉手套
拥有专利	3D虚拟与增强现实系统、符合人体工程学的头戴式显示器、触觉手套、紧凑型成像系统、可让用户互动的"大型同步远程数字存在技术"

优势与特色:
- 全息技术,四维光场,将三维图像投射到人的视野中,还原真实物体发出的光线,沉浸感极强

图 1.57　Magic Leap 产品主要参数及优势与特色

布局可用"珠联璧合,低价制胜"来形容。

　　Gear VR 相对 Cardboard 来讲,高端了一点,但内容输出平台还是手机,严格来讲不算真正意义上的 VR 设备。而且,三星基本还是以做手机的思路来做 VR 眼镜,短期内只是VR 过渡期的一种硬件方案,如果没有强大的内容和生态,发展空间不大。

　　内容层面,三星通过与多家公司合作,丰富其产业链下游的 VR 游戏和视频内容。三星的合作伙伴 Oculus 已经同 21 世纪福克斯、狮门影业等公司建立了伙伴关系,三星又和漫威影业合作制作 360°虚拟现实电影《复仇者大厦之战》,未来预计将会有更多电影可以通过Gear VR 平台观看。三星还宣布已同微软进行合作,将把《我的世界》等游戏引入到 GearVR,通过 Gear VR 进行电影、视频游戏和流媒体服务的销售,加上便宜的 VR 设备,能够吸引到更多的普通消费者来尝试 VR,从而使更多人了解虚拟现实,让 VR 技术和设备得到更大程度的推广。三星在产业链的软件层面尚未布局,产业链布局如图 1.58 所示,Gear VR 产品参数及产品优劣势如图 1.59 所示。

硬件	软件	内容
头戴手机盒子 Gear VR：Oculus与三星合作推出Gear VR虚拟现实头盔,视觉体验接近Oculus Rift DK2的水准,售价仅为99美元		**全景视频平台** Milk VR：Oculus与三星合作推出Gear VR虚拟现实头盔,视觉体验接近Oculus Rift DK2的水准 **视频应用** VR cinema：是基于Gear VR的一款视频应用,未来将作为VR视频发布平台 **全景相机** Bublcam：一款可以拍摄全景图像的360°相机,而且已经完成了一轮350万美元的种子轮融资,主要由三星风险投资公司和J-Tech Capital出资

图 1.58　三星产业链布局示意图

三星Gear VR主要参数	
上市时间	2014年12月15日(开发者版) 2015年11月20日(消费者版) 2016年1月8日(CES新版)
价格	99美元(美国)
分辨率	2560×1440像素
可视角度	96°
适配设备	一代：Galaxy Note 4 二代：Galaxy S6 & Galaxy S6 Edge
交互方式	头部运动和触摸控制
主打功能	游戏娱乐
内容来源	Oculus应用商店,与Netflix,Vimeo,Hulu及21世纪福克斯、漫威等电影公司合作将电影引入Gear VR平台销售
代表作品	动作阶级游戏《环太平洋：贼鸥驾驶员》、第三人称角色扮演游戏*Herobound：First Steps*

优势与特色：
- 优秀的控制方案,系统流畅
- 设置简单,无线连接
- 内容质量高,画面细腻,沉浸感强
- 价格亲民
　(定位为入门级VR产品)

劣势与短板：
- 耗电量大,发热(第一代)
- 适配设备单一

图 1.59　Gear VR 产品参数及产品优劣势

4) 颠覆传统,出奇制胜——索尼依托 PS4 平台颠覆游戏体验

索尼是颠覆传统的电子产品行业,依托三大游戏主机平台成功转型虚拟现实行业的先驱。2014 年 3 月索尼发布 PlayStation 的 VR 模型 Project Morpheus,2015 年发布 PlayStation VR 头显,但该头显仅兼容 PS4,可以说是一款专门的游戏配件。2016 年 10 月正式推出 PlayStation VR 产品,实现其产业链硬件部分的布局。

游戏是虚拟现实的最佳运用场景之一,索尼依托游戏主机平台和头显的优势,着力发展游戏市场。索尼在 PlayStation VR 头显上市之际,同时推出 30 多款游戏,如《THE DEEP》《初音未来舞台》等,实现产业链内容层面的布局。相比 Oculus 等 VR 行业的先行者,索尼在 VR 游戏的拓展稍显缓慢,但依托 PS 平台优势,必将吸引更多的玩家。索尼产业链的布局如图 1.60 所示,索尼 Play Station VR 产品参数及产品优劣势如图 1.61 所示。

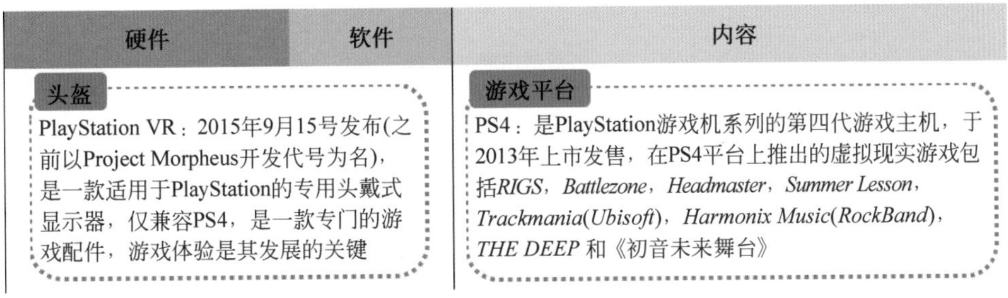

硬件	软件	内容

头盔

PlayStation VR:2015年9月15号发布(之前以Project Morpheus开发代号为名),是一款适用于PlayStation的专用头戴式显示器,仅兼容PS4,是一款专门的游戏配件,游戏体验是其发展的关键

游戏平台

PS4:是PlayStation游戏机系列的第四代游戏主机,于2013年上市发售,在PS4平台上推出的虚拟现实游戏包括*RIGS*、*Battlezone*、*Headmaster*、*Summer Lesson*、*Trackmania*(Ubisoft)、*Harmonix Music*(RockBand)、*THE DEEP* 和《初音未来舞台》

图 1.60 索尼产业链布局示意图

索尼Play Station VR主要参数	
上市时间	2016年10月,PSVR全新型号CUH-ZVR2于2017年10月14日在日本上市,与Playstation Camera捆绑发售,售价为44980日元(约2657元人民币)
价格	2999元(2017年10月中关村报价)
分辨率	5.7英寸,1920×1080像素RGB OLED屏幕 (单眼960×1080像素)
可视角度	100°
刷新率	120Hz, 90Hz
适配设备	Playstation 4
内容来源	Playstation Store
主打功能	游戏娱乐
代表作品	第一人称射击游戏 *The London Heist*、多人互动游戏 *The VR Room*、*Harmonix Music RockBand*,*THE DEEP* 和《初音未来舞台》

优势与特色:
- 内容质量高,沉浸感强,体验好
- 3D音效
- 可进行多人互动
- 图像处理技术过硬

劣势与短板:
- 仅兼容PS4
- 必须使用HDMI线连接,较为不便
- 内容较少,处于开发阶段

图 1.61 索尼 Play Station VR 产品参数及产品优劣势

5)稳扎稳打,占领风口——微软探索 VR 在家庭场景中的应用方向

微软在探索 VR 的路上可谓是稳扎稳打。微软与其他大多数企业的 VR 战略方向不同,不只是将视野停留在游戏、视频等内容层面,而是依托 Windows 系统在 PC 操作平台的霸主地位,将 VR 的想象空间延伸到计算机操作系统上,探索 VR 在日常计算机操作中的应用,以期在新一代操作平台上继续保持其霸主地位。

硬件层面,微软先后推出 HoloLens、HoloLens2 两款混合现实设备,成为硬件的最前沿产品。内容层面,微软依托 Xbox One 游戏平台,进军虚拟现实游戏。微软产业链的布局如图 1.62 所示,微软 HoloLens 产品参数及产品优劣势如图 1.63 所示。

硬件	软件	内容
头显设备 HoloLens全息眼镜:微软于2015年1月22日与Windows 10同时发布,该产品能追踪用户的声音、动作和周围环境,可用于火星探索、建筑设计、外科手术等领域。2019年2月25日发布第二代产品HoloLens2混合现实设备	**操作系统** Windows 10系统:Windows 10升级后,将提供对于像Microsoft HoloLens/HoloLens2、Oculus Rift这样的虚拟现实设备的原生支持	**游戏平台** Xbox One:美国微软公司第3代家用电子游戏机,于2013年5月21日发布,微软依托该平台进军VR游戏

图 1.62　微软产业链布局示意图

微软HoloLens主要参数	
上市时间	2016年8月2日(美国) 2016年12月(澳、法、德、英等国家) 2017年5月10日(中国)
价格	3000美元(2016年美国) 39188元(2017年中国商业套件) 23488元(2017年中国开发者版本)
可视角度	内置高端CPU和GPU,全息透视镜
帧速	60Hz
适配设备	Xbox One、Windows 10
内存	2GB RAM
内容来源	Xbox
主打功能	体验
代表作品	游戏《我的世界》《光晕》

优势与特色:
- 拥有独立的CPU和GPU
- 体感好,操作方便,无线连接
- 运用场景广泛
- Xbox One为进军VR游戏的平台依托 Windows 10结合可能再次颠覆个人计算机操作系统

劣势与短板:
- 概念研发阶段,还未投入消费市场
- 视域极小
- 内置CPU和GPU,辐射较大
- 内容较少,几乎没有国内应用

图 1.63　微软 HoloLens 产品参数及产品优劣势

6) 整装待发,另辟蹊径——苹果试水 VR 音乐

作为曾经的行业颠覆者,外界纷纷对苹果寄予重望:苹果在收购了一系列虚拟现实硬件技术公司之后,据说正在开发一种可以提供 VR 或 AR 体验的智能眼镜/头显。软件方面,苹果先后收购了 PrimeSense、Faceshift 和 Emotion 公司以掌握核心传感技术和面部表情动作捕捉技术。内容方面,苹果已经试水虚拟现实音乐视频,未来基于家庭客厅的虚拟现实电影产品可能也会是苹果的一大选择。苹果详细的产业链布局如图 1.64 所示。

此外,HTC 与游戏开发公司 Valve 联合开发的 HTC Vive 头盔沉浸感强,无眩晕感,可实现多人互动,由于其专有的内容平台 Steam VR 和开发工具,合作商众多。HTC Vive 产品参数及产品优劣势如图 1.65 所示。

硬件	软件	内容
苹果产品 2014年，苹果公司招聘时称它们将为未来的苹果产品打造VR游戏体验及影院级用户界面，要求应聘者在Oculus Rift和Leap Motion拥有丰富的经验。还在一则招聘VR程序员的公告中表示，应聘者要有参与开发游戏引擎经验，比如虚幻引擎和Unity引擎。此前多则报道称苹果公司将推出一款带有游戏功能的TV，或许下一次更新会为游戏迷带来惊喜	**3D传感技术** 2013年，苹果公司以3.6亿美元收购PrimeSense，是第一批引入3D传感技术的公司。该技术是Xbox动作感应设备Kinect最主要的驱动力 **面部表情动作捕捉系统** 2015年11月，外媒称苹果公司收购Faceshift公司。2016年1月又收购Emotient公司。两家公司都致力于开发面部表情动作捕捉系统	**音乐电影产品** • Apple Music与VR工作室已经联手打造了虚拟现实音乐视频，相信这仅仅只是一个开始，未来Apple Music与VR工作室还会有更多深度的合作 • 外界猜测，作为苹果娱乐的一部分，音乐已经先行，电影同样不会落后，未来基于家庭客厅的虚拟现实电影产品可能也会是苹果公司的一大选择

图 1.64　苹果产业链布局示意图

HTC Vive主要参数	
上市时间	2016年4月
价格	799美元
开发公司	HTC与游戏开发公司Valve联合开发
技术支持	Valve的Steam VR技术提供支持
分辨率	2160×1080像素OLED显示屏
帧速	90Hz
交互方式	VR游戏控制器
内容来源	Steam
主打功能	游戏娱乐、虚拟参观
代表作品	台北故宫博物院导览

优势与特色：
• 可识别混合设备，实现多人互动
• 内容质量高，沉浸感强
• 专有的内容平台Steam VR和开发工具，众多合作商
• 无眩晕感

劣势与短板：
• 内容较少，处在开发阶段
• 产品不成熟，使用不方便需有线连接

图 1.65　HTC Vive 产品参数及产品优劣势

2．国内 VR 巨头产业链布局

国内巨头主要包括百度、阿里、腾讯、华为等，VR 产业链的硬件、软件、内容和渠道的布局如表 1.14 所示。

表 1.14　国内大厂商的 VR 布局

	硬　件	软　件	渠　道	内　容
百度			①百度视频 VR 栏目；②VR 线下体验	①百度教育虚拟课堂；②爱奇艺推出 VR 频道、VR App

续表

	硬　件	软　件	渠　道	内　容
阿里	①成立 VR 实验室 GM Lab; ②投资 Magic Leap 等公司, 布局 AR	搭建 VR 基础平台和软件工具,帮助商家建设 VR 商店	①打造全球最大的 VR 设备销售平台、硬件孵化器; ②通过淘宝众筹等加速 VR 普及	①Buy+计划建立全球最大的 2D 商品库; ②优酷土豆上线 360°全景视频; ③提供 AR 内容
腾讯	开发 VR 头戴式显示设备,包括眼镜一体机等	①推出 VRSDK 1.0 版本; ②提供云计算服务方案	①建立开发者生态; ②建立付费渠道	①导入腾讯游戏和影视内容; ②和开发者合作推出内容; ③联合谷歌投资 Altspace,布局虚拟现实社交
华为	①布局 5G 实现毫秒级时延; ②全球首款 360°视觉/声场同步移动 VR 眼镜	提供全面云服务、云操作系统 Fusionsphere、大数据平台	打造开放平台,给开发者提供专业支持	①与暴风墨镜合作; ②与华策开发 VR 内容; ③提供 VR 电影,全景图片,全景浸游及 VR 游戏等

　　腾讯是一个游戏、社交平台,拥有数亿量级的用户以及完善的支付系统,腾讯进入 VR 行业将是对行业的推动和补充。腾讯现在做的是整合软、硬件资源,对未来的使用方向定位将是游戏、影视、社交、直播、地图等领域,未来将从账户系统、社交系统、分发平台、支付平台四个方面给予开发者支持。娱乐内容是 VR 的主要消费,擅长于娱乐产品的腾讯在 VR 行业比 BAT 另两家更有优势。除了积极投资行业全球领先的公司以外,腾讯自身也致力于 VR 硬件软件的研发(图 1.66)。

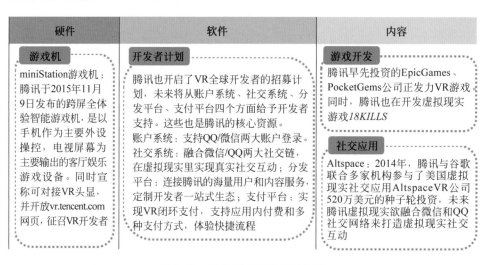

图 1.66　腾讯产业链布局示意图

　　作为"下一代计算平台"的虚拟现实技术,从产业生态来看与用户所熟悉的 PC、智能手机产业链有异曲同工之妙。从硬件、软件与开发平台和内容与应用分发三个方面对 PC、智能手机和 VR 产业链进行对比,如表 1.15 所示。

表 1.15　PC、智能手机与 VR 产业链对比

类别	硬　件	软件与开发平台	内容与应用分发
PC	联想、戴尔、惠普……	Windows、OSX Windows、Unix、Linux	办公、游戏、影视、社交…… 软件下载网站及客户端应用
Mobile	苹果、三星、华为、小米……	iOS、Android	社交、游戏、影视、通信…… AppStore、Google Play、第三方应用 分发平台
VR	输出设备：HTC Vive、Sony PlayStation、Gear VR、大朋…… 输入设备：HTC Vive 手柄、Niotom、Leap Motion、云知声	OSVR、Open VRVirtools、Unity 3D、VRML、Flash 3D、Haptics	影视、游戏、直播、声音、零售、房地产、医疗、教育…… 各类应用商店：Steam VR…… 网站服务：VRinChina 体验店

1.8　VR产品及发展

VR 行业的发展经历了从概念到现实的过程，行业准入门槛较高，行业被科技寡头所垄断。虚拟现实产业仍然存在"高端产业低端化"的问题，优质软硬件产品供给不足；主流生态参与度低，产、学、研协同程度不高，缺乏产业生态的领军企业；技术标准逐渐明朗，但关键核心技术积累不足，技术体系存在短板。这些问题的解决需要一个过程，认清问题的本质和原因，寻求长远发展的解决方案。本书从 VR 硬件、软件及平台、内容开发及服务三个方面对 VR 产业存在的问题、原因及关键技术指标进行分析，以期读者能更深入地了解 VR 产业的发展。

1.8.1　VR硬件产品发展及展望

1. VR普及要解决的难题

VR 要普及，在硬件方面待克服的难题主要包括眩晕感、便携性和交互性三个方面。

1）眩晕感

VR 设备目前最需解决的问题就是用户易产生眩晕的不适感，它被认为是 VR 走向主流的最大障碍，原因主要有以下两点。

（1）用户通过 VR 设备看到的画面与大脑感知的画面不一致而造成的"晕动症"。

例如，使用 VR 设备体验"虚拟过山车"游戏时，眼睛看到的画面在快速变化，而人的身体却是静止的。眼睛看到的画面与前庭系统检测到的不一致时，大脑所接收到的混乱信号就会导致眩晕。针对这种眩晕，目前主要有两种解决方案：第一，在 VR 内容中作适当的处理，降低晕动症的发生，当用户的视角需要在虚拟空间中移动时，在瞬移之前让画面变暗，位置移动完成后再将画面恢复到正常状态，这种方法可以极大程度地降低晕动症的发生，很长一段时间内将成为内容降低眩晕而常使用的方法；第二，通过其他硬件来弥补这种不一致情况，例如 HTC Vive 允许用户在 4.5m×4.5m 的范围内移动，HoloLens 和 Magic Leap 采用 Inside-Out 追踪方案让用户自由行走，以及类似于万向跑步机等辅助设备让用户的动作和头显中看到的动作保持一致。但这种方法在便携性上又有所降低。

（2）头显设备屏幕的硬件指标不够从而影响用户体验的舒适度。

这些硬件指标主要包括屏幕分辨率、刷新率、延迟时间、视场角等。

① 屏幕分辨率。分辨率决定了图像的精细程度。分辨率越高,图像就越清晰;当分辨率不够时,画面会出现颗粒感的情况。现在除高端 HMD 外,大部分 VR 设备的分辨率为1K,也就是类似于手机的 1080P 清晰度,1K 的清晰度能够满足智能手机或 VR 静态影视,但是不能满足 VR 动态游戏、娱乐等应用。屏幕的分辨率太低,会影响用户观看的清晰度,长时间的体验会让用户产生不适感。目前市场上主要的 VR 设备屏幕参数指标如表 1.16所示,画面清晰度均达到了较高水准,最高分辨率达到 3K(HTC Vive Pro)。但是一些中低端一体机在这方面需要继续提升。

表 1.16　VR 设备屏幕的参数指标

VR 设备	单眼分辨率/像素	组合分辨率/像素	屏　　幕	刷新率/Hz	视场角/°
HTC Vive	1080×1200	2160×1200	双 AMOLED	90	110
HTC Vive Pro	1440×1600	2880×1600	双 AMOLED	90	110
HTC Vive Focus 一体机	1440×1600	2880×1600	双 AMOLED	75	110
Oculus Rift	1080×1200	2160×1200	双 OLED	90	90
Oculus Go 一体机	1280×1440	2560×1440	LCD 液晶屏	60～70	103
PlayStation VR	960×1080	1920×1080	双 OLED	120	100

② 屏幕刷新率。刷新率与分辨率两者相互制约,只有在高分辨率下达到高刷新率才能满足 VR 的显像要求。刷新率就是屏幕每秒画面被刷新的次数。视频都是由一帧一帧静止的画面构成的,由于人的眼睛有视觉停留效应,因此多幅差别很小的画面快速播放可以带来动画的效果。当画面每秒被刷新的次数越多,每幅画面之间的间隔越小,整个视频看起来就越流畅、越自然,画面稳定性就越好。VR 设备要想实现真实的视觉画面,就必须提高画面的刷新率。理想的刷新率应在 90～120Hz 或以上,目前市场上的一体机均没有达到这一标准。屏幕刷新率的降低会增强画面显示上的延时,若画面延时较高,则可能会发生画面闪烁、重影、余晖等现象,这些也是造成眩晕感的主要原因。

从硬件上来说,屏幕刷新率与显示屏技术直接相关。不同显示屏技术的响应速度不同,VR 设备屏幕显示技术目前主要有 TFT-LCD 技术、OLED 技术和 AMOLED 技术三种。前两种技术的响应速度在毫秒级别,而 AMOLED 可以实现微秒级别响应速度,并且AMOLED 每个像素都是主动发光的,可以做到低余晖。目前 AMOLED 显示技术已经成熟,分辨率、眩晕控制、视点渲染、视角控制成为下一步突破方向。

目前绝大多数 VR 显示设备的屏幕都是由日韩面板厂商提供,随着中国面板厂商加快VR 市场布局,这种状况将发生改变。这些年,中国京东方、天马、维信诺、和辉等面板厂商已经在 AMOLED 生产线领域进行投资。

除显示屏技术外,画面刷新率还受制于处理器芯片的运算能力,故 CPU 和 GPU 技术的发展也至关重要,甚至需要专门针对 VR 相关设备定制芯片。例如,微软为旗下设备HoloLens 研发了全系处理单元(HPU),被称为是世界上首台独立的全息计算机设备。

③ 延迟时间。延迟时间是指从用户身体发生移动或发出指令到眼部观测到的画面发

生变化之间的时间。延迟时间越短,VR设备所展示的情景就越逼真,眩晕感越轻,延时过程如图1.67所示。目前全球最低延迟时间为Oculus Rift CV1所达到的19.3ms,整个VR工作过程的19.3ms中,屏幕显示延时13.3ms,占比达69%;信号转换及传递、VR处理图像各耗时3ms,各占比15.5%。尽管已经是目前的最高水平,但其延迟时间还需要进一步降低才能较为完美地解决眩晕的技术问题。

图1.67 延时过程示意图

④ 视场角。视场角,即FOV(Field angle of view),就是在显示系统中,显示器边缘与观察点(眼睛)连线的夹角。如图1.68所示,∠AOB就是水平视场角,∠BOC就是垂直视场角。也就是说:在头部保持静止且不翻白眼的范围内,往上看到的极限到往下看到的极限与眼睛连线之间的夹角就是垂直视场角,而往左看到的极限到往右看到的极限这个范围就是水平视场角。而VR头显的视场角通常指水平视场角。

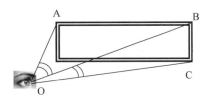

图1.68 视场角示意图

为了确保用户最佳的沉浸式体验,Digi-Capital(美国科技顾问公司)给出了视觉显示方面的最佳体验参数:2560×1440像素,136°的视场角和120Hz的刷新率。参考这些参数,目前达到要求的设备有:分辨率(2560×1440像素):Oculus CV1,FOVE,3Glasses D2,Deepoon M2,暴风魔王;视场角(136°):视场角最大的设备目前达到120°,产品包括乐相科技的大朋E2、Simlens VR;刷新率(120Hz):Sony Project Morpheus。

此外,软件内容的设计也会影响用户体验的舒适度。例如,三维数据精度较低,画面比例不协调,场景中物体大小与用户认知严重不符,甚至交互设计不合理等,都可能引起用户眩晕。因此,在虚拟现实内容设计上,也需要做更多的尝试和改进。

2) 便携性

VR设备的普及必须建立在便携性的基础上,影响便携性的主要因素有设备重量、体积以及设备搭建复杂度。

(1) 设备重量。

设备重量会直接影响VR设备的普及和体验。理想情况下,VR眼镜与普通眼镜重量相同时,才能给用户最好的体验。生活中普通眼镜的重量大约为20~60g,而目前大部分主流的VR眼镜距离理想的重量还有较大的差距(表1.17),由于技术限制,短期内很难让眼镜的重量最大限度地降低。相比较而言,目前AR眼镜的分体式设计方案值得参考学习,例如,Magic Leap是通过将计算处理单元(Lightpack)与显示部分(Lightwear)分离,有效地降低了眼镜的重量,比同类AR眼镜产品HoloLens的重量要轻219g。这种分体式设计方案,相信在未来几年会占据主流。

表 1.17 目前 AR/VR 设备的重量参数

种　　类	品　　牌	重量/g
VR 设备	HTC Vive Pro	468
	Oculus Rift	470
	Oculus Go 一体机	468
AR 设备	HoloLens	579
	Magic Leap (Lightwear)	360

(2) 设备体积。

一般情况下,设备的体积和重量呈正相关。体积越大,便携性越差。HTC Vive 虚拟现实设备除头显外,还有定位器、手柄控制器及计算机主机,携带较为困难。因此,对于大众消费者来说,VR 一体机的设备形态必然会是未来的主流设备,例如 Google 的 Daydream 系列,Oculus Go,HTC Vive Focus 等。

(3) 设备搭建的复杂度。

VR 硬件的普及不仅针对企业用户,还有大众消费者。对大众消费者来说,快速上手使用是选择 VR 设备的重要标准。例如,HTC Vive 和 Oculus Rift 的搭建过程比较烦琐,主要是由 Outside-In(由外向内)的定位方式产生的,像 HoloLens 这种 Inside-Out(由内向外)的定位方式才是更加符合大众市场需求的。

3) 交互性

交互性是虚拟现实最重要的特点之一。用户体验的便捷性,主要由交互方式决定。目前 VR 设备的交互方式主要有基于眼睛、声音、身体的三种交互。

(1) 基于眼睛的交互。

基于眼睛的交互主要指凝视输入(Gaze),是基于眼球追踪的输入方式,是一种自然化的交互方式,目前几乎所有的 VR 设备均支持这种输入方式。未来的 VR 设备必然需要支持眼球追踪来更加真实地模拟人眼的观看方式。

(2) 基于声音的交互。

基于声音的交互即语音输入,主要通过语音识别算法实现,随着人工智能的发展,也将会更加普及。

(3) 基于身体的交互。

基于身体的交互最常见的是手势输入。目前更普遍的方式是通过手柄控制器进行输入,例如 HTC Vive 的 6-Dof 控制器。更加精确的方式是数据手套,例如 5DT 数据手套。无论手柄,还是手套,都需用户额外佩戴。因此,将手势识别算法集成到头显上,通过头显上的摄像头进行手势的捕捉,将会是未来发展的方向。

交互技术会逐渐从视觉向触觉、听觉、动作等多通道交互发展,惯性动作捕捉、光学跟踪、语音识别、眼球跟踪、空间交互等多项技术将出现大规模应用。

综上所述,VR 设备整体会朝着体积小、重量轻、移动化的方向发展,这必然会带来无线数据传输、GPU 性能的考验。无线传输分为两种:一种是简单地将数据计算单元和头显之间的连线去掉,加入无线模组。例如 HTC Vive 与 TPCAST 合作研发的无线升级套件,可传输分辨率为 2K 的视频,传输延时在 2ms 内。从目前市场反馈来看,这种方式并没有获得较大的产品销售量,主要是其成本较高,并且视频分辨率和刷新率(90Hz)也有限。第二种无线传输方式是将所有的数据存储和计算交给服务端处理,头显只负责接收数据和渲染画面。这种传输方式随着 5G 技术的发展,必然会极大地推进 VR 的普及。2018 年 4 月,中国联通、中国移动、中国电信三大运营商在杭州、上海、广州、苏州和武汉开展 5 个 5G 试点城市。2018 年 8 月,4 座 5G 基站在北京建设完成。5G 可以直接传输 4K 高清信号,其画质清晰度是 4G 的 16 倍,为用户提高更逼真的 VR 沉浸感提供了良好的数据传输基础,移动便携的虚拟现实设备有望大范围普及,VR 硬件必然会伴随着 5G 时代的到来进入大众的视野。

2. 结论与展望

VR 硬件行业的发展经历了一个由概念产品逐步向消费级产品演进的过程。目前硬件产品存在的眩晕感、便携性和交互性难题,是影响 VR 普及的主要因素。出现这些难题的根本原因与屏幕刷新率、分辨率、延迟时间、视场角、重量、电池续航能力及数据传输能力等关键技术相关,如表 1.18 所示。

表 1.18 VR 硬件难题、根本原因及技术标准

VR 硬件难题	根 本 原 因	主 要 措 施	技 术 标 准
用户眩晕感	刷新率低	增加芯片数量,提高计算能力	刷新率达到 100~120Hz 或以上
	延迟时间长	提升显示技术和数据传输能力	延迟时间在 19.3ms 或以内
	分辨率不够	改进显示屏材质	分辨率达到 2560×1440 像素或以上
	视场角不足	改进算法	视场角 136°
便携性不足	产品体积/重量大	提升芯片性能和存储容量	轻量化约 45g 以内
	有多余的线缆	提高存储能力、设备无线化	无线化
	电池续航能力不足	提升电池性能或快充技术	12 小时以上
交互性薄弱	数据传输速率过低	无线协议升级	传输速率达到 6Gb/s 以上

这些关键技术的改进又存在着矛盾和瓶颈,不是短时间能迅速解决的问题。首先,高刷新率和分辨率的需求与设备便携化的目标相矛盾。例如,要达到良好的沉浸效果,VR 设备最佳的刷新率要达到 90~120Hz 或以上,视频分辨率达到 2560×1440 像素(2K)或以上。目前通常采用增加芯片数量,使用 OLED 或 AMOLED 材质的显示屏来提高这些指标。而分辨率和刷新率越高,占用的内存就越大,势必会增加 VR 设备的重量和体积。再者,性能提升会带来产品价格上涨,势必影响 VR 设备的普及化。据 2016—2017 年中国 VR 头显设备按价格区间销量占比来看,1000~2000 元的市场增长最快,其次是 2000~5000 元的市场。500 元以下的产品会越来越缺少市场,500~1000 元的市场空间也呈现走低趋势。在性能接近的情况下,消费者更多地会考虑价格因素。而 VR 一体机正是牺牲一部分性能,在便携性和价格上进行妥协后迅速获得销量猛涨。因此,一体机设备将会结合自身优势带动整个 VR 头显设备市场的发展。最后,VR 硬件的普及与优质内容的支撑是相辅相成的。目前 VR 硬件中的内容相对匮乏,优质内容少。在主流的三个 VR 平台中,应用数量均非常少,而这些内容中又以游戏应用占多数(表 1.19)。只有 VR 内容在数量和质量上不断提升,才能促进消费者去购买 VR 硬件。

表 1.19　VR 内容平台上的数据

平　　台	总应用数量	游　　戏	其　　他
Viveport	1293	765	528
SteamVR	3714	2955	759
GooglePlay	600	161	439

总之,硬件技术的成熟度、价格及内容均与 VR 硬件的普及有很大关系,三者密不可分,相互依赖和促进。单纯某个指标的提高并不足以满足消费者,而且产品性能的迭代和形态变革需要较长的时间,生产工艺目前也不能满足大幅降价的需求,只有这三个方向共同提高,才能在未来构建出新的 VR 生态。未来虚拟现实产品供给将更加多元化,头戴式、一体机、移动端等各类产品层出不穷,未来裸眼 3D、光场显示将逐渐进入人们视野。虚拟现实传统硬件厂商和创新企业也将陆续推出新产品,硬件市场将会进入一个百花齐放的竞争红海。

1.8.2　VR 软件及技术开发平台发展及展望

未来基础平台会逐步开放,开源平台、资源共享平台将是未来的发展方向。谷歌、歌尔、HTC、Valve、北大等企业和高校已建立或正在建设开源平台。开放电路板和传感器等硬件的工具包,将逐渐提高产品质量、丰富产品形态,有助于整体 VR 行业的技术提升和产业发展。英伟达、微软、Crytek、布朗大学等研究团队相继公开 VR 相关产品的代码,VR 内容开发更加开放化。多家科研机构也启动了建设资源共享平台的计划,以汇总业界需求,展示成功案例及发布 VR 产业最新动态,为专业 VR 企业提供全面及时的产品、技术、系统工具等展示平台;为非 VR 专业的需求方提供产品技术方案和专业咨询服务。

VR 产品硬件和软件的结合会更加紧密,虚拟现实产业生态不断优化。HTC、三星、Oculus、大朋、Pico 等虚拟现实硬件企业搭建基础平台,开发软件开发工具包,促进了生态打造。3D 引擎方面加速研发,Unreal、Unity、Crytek、Cocos 几大游戏引擎厂商纷纷投入该领域,给了开发者更多的选择。国内厂商也已入局 VR 引擎,为开发者提供了新的选择。

随着虚拟现实产业生态的完善,建立相关的行业标准已成为共识。Khronos Group 发布的规范 VR 硬件和软件通信方式的标准,已得到龙头企业的认可。在行业标准确立之前,软硬件一体化趋势将进一步加强。

1.8.3　内容开发与服务发展及展望

目前虚拟现实产业的用户内容体验不佳,缺乏优秀的内容资源,内容供应不能满足行业需求。随着虚拟现实在医疗、制作、交通等领域的快速铺开,toB 端虚拟现实产品的产能在未来将进一步释放,市场规模会不断增大,成为拉动市场增长的主力。而 toC 端,内容制作主要聚焦在游戏、视频两大领域。与传统视频内容相比,VR 视频需要通过缝合素材、剪辑段落、应用视觉效果、同步音频、渲染等步骤才能进行发布,随着技术成熟度的上升,VR 视频内容不断增多。当前全球公开发行的 180°、360°VR 视频内容已超过 100 万部。在主流分发平台中,应用还是以游戏为主。2017 年,Steam、Gear VR、Viveport 等平台上的应用数已超过 3250 个(不重复计算),为 2016 年的 2 倍。

随着虚拟现实内容的丰富和虚拟社区交互体验感的增强,主要依托购买硬件设备的营收模式将得以转变,虚拟市场、虚拟购物、虚拟展示将逐渐被用户使用。VR 内容以沉浸式的多维信息呈现方式,改变了人与人、人与物、人与环境的交互方式,未来虚拟现实应用场景更加丰富,将在文物古迹复原、文物和艺术品展示、工业外观设计、虚拟战场环境、军事训练等领域取得重要应用。这些应用场景主要可以概括为实物虚化和虚物实化两类,具体内容如表 1.20 所示。

表 1.20　VR 技术及应用场景

技术及场景	人 与 人	人 与 物	人 与 环 境
实物虚化	• 虚拟课堂 • 虚拟社交 • 虚拟会议	• 虚拟试衣 • 虚拟市场 • 虚拟购物 • 虚拟看房 • 虚拟文物/艺术品展示	• 虚拟景点旅游 • 虚拟体育锻炼 • 虚拟展厅/主题公园 • 文物古迹复原
虚物实化	• 虚拟手术 • 虚拟聊天 • 虚拟时空穿越	• 虚拟军事训练 • 虚拟手术导航 • 虚拟工业设计	• 虚拟治疗 • 虚拟战场 • 虚拟游戏 • 虚拟电影 • 虚拟登陆火星/月球

1. 实物虚化

通过现实场景虚拟化,可以降低空间对人们行为的限制,为人们的生活和工作带来便利:足不出户,可以饱览故宫美景;不用去迪士尼,也能感受游乐设施的刺激;不用去学校,也能身处教室般的授课场景;不用坐飞机,也能与美国的同事进行面对面的会议交流。图 1.69 所示的是通过 VR 看到的圆明园场景。

2. 虚物实化

虚拟现实还可以通过对视觉、听觉、触觉、嗅觉等方面的模拟,可以给人们带来更强的沉浸感:军人可以在 VR 设备上进行射击模拟,在体验射击的真实感的同时,也能达到军事训练的效果;医生通过对虚拟患者和器官进行手术,在熟练操作的同时,也可以对病理进行深入研究;科学家们戴上 VR 设备,会仿佛身处火星的红土地上。图 1.70 所示的是用户在体验 VR 游戏带来的沉浸感。

图 1.69　实物虚化的代表 VR 中的圆明园场景

图 1.70　虚物实化的代表 VR 游戏

综上所述,VR产品的发展经历了一个由概念产品逐步向消费级产品演进的过程,主要体现在"技术化""便携化""移动化""无线化"上。"技术化"指技术的进步使VR产品视域狭窄等问题得到了一定程度的改善,并带动产品价格逐步平稳降低;"便携化"指硬件等技术的发展使得VR设备在体积上不断缩小、功能上更加完善,更加方便穿戴,从而刺激更多的用户在日常生活和工作中使用VR产品;"移动化"指VR的应用使得VR设备能够像佩戴眼镜一样随时随地使用,移动化的发展需更多地依赖一个快速、低延时的网络;"无线化"指VR体验不再受VR设备适配线的困扰,真正实现"沉浸式"体验。

随着VR硬件产品的完善、软件及技术开发平台的发展和行业应用内容的丰富,虚拟现实技术最终势必会突破物理空间、时间和资源/能力的限制,重构未来行业的发展模式。VR技术将会突破物理空间的限制,在影视传媒、教育、办公、旅游、酒店、交通、房地产等行业进行在线赛事直播/演出、无差别远程教育、社交/会议、旅游、看房、看酒店等的虚拟化,从而实现社交互动零距离。VR技术将会突破时间的限制,在医疗、建筑设计、家居等行业可以进行场景重现、心理治疗、虚拟家居、可视化建筑设计等,实现对过去或未来时间的反复推演。VR技术将会突破资源/能力的限制,在危险或资源不足时进行虚拟研究,实现军事、消防、核电站、飞机驾驶、手术等模拟预演、虚拟购物等。未来,VR平台将会提供超大的应用场景,人们可以在VR世界享受购物、旅游、社交、房产、教育、医疗、娱乐等全方位的生活体验,并可以进行线上支付、线下体验的全新生活方式。VR平台产生的大数据平台,使得企业和商家站在云端,分析用户行为,提前预测市场趋势。

课外阅读——虚拟现实和他的葫芦七兄弟

随着虚拟现实技术(葫芦爷爷)如火如荼地发展,虚拟现实领域悄悄酝酿出了七个葫芦兄弟,今天我们一起来听听他们的故事,认识一下他们吧。

葫芦爷爷——VR

VR算是这块地头的爷爷了,之后的相关概念,大都是基于VR衍生出来的。

虚拟现实的概念,官方一点的说法是——虚拟现实(Virtual Reality,VR),指利用计算机技术模拟产生一个为用户提供视觉、听觉、触觉等感官模拟的三维空间虚拟世界,用户借助特殊的输入/输出设备,与虚拟世界进行自然的交互。

用大白话来表达(这么一大段,其实有用的也就一个词)即——体验虚拟世界,也就是说VR是一种用于体验三维虚拟世界的技术。如果从组成上来看,VR是以PC等外设为基础设备,通过多种传感器来对你的眼、手、头部的跟踪,通过三维计算机图形技术、广角立体显示技术等来模拟人类的视觉、听觉等感官体验所需的环境。其实,说白了,也就是你戴上VR设备所看到的、听到的及感受到的一切都是假的,都是虚拟的。所谓创造一个完美的世界给你,也就是这个意思了。

葫芦大哥——AR

官方说法——增强现实(Augmented Reality,AR)是一种实时地计算摄影机影像的位置及角度并加上相应图像、视频、3D模型的技术,这种技术可以通过全息投影,在镜片的显示屏幕中将虚拟世界与现实世界叠加,操作者可以通过设备互动。

AR是虚拟现实的进一步发展,算是葫芦七兄弟的老大哥,也是近两年特别引起大家关注和疯狂追捧的焦点技术。AR 技术上的难点比 VR 要多一些,对硬件的处理要求也更高。通俗点讲,就是通过 VR 技术看到的世界全是假的,而通过 AR 技术看到的世界是半真半假的。用一个不太恰当的比喻,如果将这两个技术比喻成为你的女朋友,AR 可能是整过容的;VR 就可能只是个机器人了。

对 AR 详细的介绍,可翻阅本书第 2 章,这里不再赘述。另外,科幻电影中常出现 AR 技术的应用,《钢铁侠》《最终幻想 7》和《少数派报告》电影中均有很炫酷、很带感的应用 AR 技术的场面,堪称是 AR 技术教材级电影了,大家有时间的话可以翻出来欣赏一下。

说到欣赏电影,就不得不提一下现在典型的 VR 设备,主要有 HTC Vive、Oculus Rift、三星 Gear VR 等;国内有之前很火的暴风魔镜、大朋等。目前,这些设备主要还是以 VR 头显、手机 VR 头显及 VR 盒子三种形式为主。价位方面也是千差万别,不过即使是高端设备,可能目前也存在眩晕感等问题有待解决,所以,大家如果想体验的话可以去体验店试一下,至于入手的话,还是要等技术更新。

葫芦二哥——MR

混合现实技术(Mixed Reality,MR)是指结合真实环境和虚拟世界,创造了新的环境和可视化的三维世界,在这个世界中物理实体和数字对象共存、并实时相互作用,是虚拟现实技术的进一步发展。MR 也是虚拟现实的进一步发展,其实也就是 VR 和 AR 两者的结合,用一个简单公式表示的话,就是 MR=VR+AR。

MR 和 AR 很相似,是虚拟世界与真实世界的一个混合,并且环境中同时存在虚拟信息和真实物体。因此,在区分这两者上,还是需要一定理解的。从目前业界的产品来看,很多 MR 产品与 AR 产品很像,不过从用户体验上,还是可以区分 AR 产品和 MR 产品的,最明显的就是看虚拟物体的相对位置是会随设备的移动而改变。以头戴设备举例来说,如果你戴着设备坐在沙发上,看到你面前的桌子(真实物体)上有一个苹果;如果你转动头部(设备也跟着转动),苹果相对桌子的位置会因为你的头部转动而改变,那你戴的设备就是 MR 设备;如果相对桌子的位置不改变的话,就是 AR 设备。此外,也可以通过虚拟物体的辨识度来区分 MR 产品和 AR 产品,其中,在相同的硬件设备的基础上,AR 产品产生的虚拟物体更容易让人看出是假的。

目前主流的 MR 设备,国外有微软的 HoloLens、HoloLens2,国内的有影创 Action One、影创 New Air2 等,至于用户体验的话,就见仁见智了。

葫芦三哥——CR

影像现实(Cinematic Reality,CR),这是 Magic Leap 提出的一个概念,从字面上就可看出,要使虚拟场景达到影像与现实无法区分的生动和逼真。主要是通过光波传导棱镜的设计,多角度将画面直接呈现到视网膜上,以尝试解决视野太窄及眩晕等问题。Magic Leap 还曾根据此概念提出"CR+社交"的解决方案,貌似到目前,还没有发布相关产品。不过这个方案还是很有意思的,之后应该会有相类似的应用产品。

在产品使用及用户体验上,CR 与 MR 还是很相像的;至于技术上,之后的发展也会多元归一。由此看来,这一概念的提出,只是一种吸引顾客的聪明的营销手段,甚至之后相关发言人也默认可以将 CR 归到 MR 中。不过这一概念还是可以给我们一些对整个行业的全新理解。

葫芦四弟——XR

其中"X"表示一个未知变量。这个厉害了,给个公式自己体会吧,XR=VR+AR+MR。

XR有一个比较大的特征,就是将会摆脱线控,很有可能实现从PC端到移动端的跨越,这就有点酝酿下一个移动终端变革的意思了。另外,这很可能是未来这一项技术得到普及的关键,不过也正是XR的野心,使得其对性能要求更高,需要更低的功耗、更小的尺寸、更强的扩展性。Unity在2017年的游戏开发者大会(GDC)上,就曾发布了XR Foundation Toolkit(XRFT),该软件被定义为:XR开发人员的框架,同时允许任何人投身到XR开发中。在上海2017世界移动大会(MWCS)上,高通再次提起XR,并提出XR的实现需要相关生态的完备,包括硬件和软件两方面,考虑到硬件的高性能需求问题,预计需要直接从最新的骁龙835起步。另外,XR几乎可以应用到任何领域中,而不再像是VR刚刚提出时,很长一段时间被误解为是做游戏机的。

至于相关设备的话,还在研发过程中,现在并没有类似产品发布,毕竟各项要求太高,相关厂商也只能是加快脚步,继续发力了。

葫芦五弟——ER

扩展现实(Expander Reality,ER),简单来讲就是:人联网+物联网+遥距操作,是VR与物联网的整合。

当虚拟现实进一步扩展为ER,人们可以去任何地方打交道,用"人替"完成需要人操作的工作。这种虚拟的远距离操作目前在医疗领域或许已经实现了。一种名为达芬奇手术机器人系统的手术平台,医生可以在远处或者在近处,用主从机器人,对真实的病人进行手术。

从VR到ER,人们的生活将发生颠覆性的改变(畅想一下嘿嘿):到时候ER可能会代替所有的屏幕——计算机屏幕,手机屏幕,所有要用眼睛看的地方,需要用屏幕放映的都不存在了。开会、探亲、谈恋爱,都不用飞机票了,甚至国界都不知道怎么定义了。

葫芦六弟——AV

这里提到的AV是Augmented Virtuality,增强虚拟,这其实只是在AR和VR之间的一个过渡性概念,也是将真实环境中的特性加持在虚拟环境中的一项技术。不过由于现在也没有什么具体应用场景和产品方案的相关研究,这里也只是提一句,大家知道有这么个概念就好了。

葫芦七弟——HR

全息现实(Holographic Reality,HR),也称全息投影、全息3D,是利用干涉和衍射原理记录并再现物体真实的三维图像的技术。全息投影技术的出现将打破虚拟世界与现实世界的阻隔,让观众不再置身于舞台之外,体验前所未有的视觉冲击。

很多朋友会把混合现实和全息技术搞混,事实上两者是完全不同的。全息投影可以让用户不借助任何设备,看到逼真的虚拟图像,甚至可以操作。微软的HoloLens虽然仍是一种头戴型显示设备,镜片为半透明,但是能够让用户在看到现实场景的同时看到叠加的3D图像。由于采用Windows 10核心,可以让开发者更方便地开发全息应用。比如戴上HoloLens后,女儿可以将父亲的画面投射在墙壁上,而父亲则通过平板绘制指示,指导女儿如何更换水管。而这些虚拟的指示图标,也会生动地映射在眼前。

一些简单的全息投影应用已经席卷全球,并因为奇幻的效果成为展会和时尚界的新宠。3D全息显示技术将成为显示领域的下一个技术热点。2006年,IO2 Technology推出了世界首款交互式3D显示器,这款称为HelioDisplay的显示器能够通过激光在空气中进行3D图像显示,用户还能通过手指与这款显示器达到交互应用控制。菲利普、苹果、索尼也都推出了不需借助眼镜就能看到三维立体画面的显示器。另外,全息技术在虚拟购物、旅行、教育、游戏等领域,拥有比虚拟现实更好的使用体验。虚拟现实的终极形式,则是完全不需佩戴任何设备。所以从这个角度来说,全息技术是虚拟现实的终极进化版本,将数字技术完全三维化。

国外著名的全息技术公司当属 Magic Leap。国内的全息技术公司主要有启迪数字天下、深圳优立全息、一起智能、魔眼科技、黑弓 Blackbow、深圳盟云全息、上海幻维数码、数字王国、猫头鹰视界 Owlii、微美云息 WIMI、康得新等,有兴趣的读者可以自行检索查询。

资料来源: https://news. hiavr. com/news/detail/39487. html? type=1
https://baijiahao. baidu. com/s? id=16177412175056695816&wfr=spider&for=pc
http://www. sohu. com/a/113161585_384562

习题 1

一、填空题

1. 从虚拟现实的定义看出,要获得一个虚拟的"真实在场"状态,要具备以下四个要素:_____、_____、_____ 和_____。

2. 虚拟现实具有三个基本特性:_____、_____ 和_____,简称"3I 特性"。其中_____是虚拟现实技术最重要的特性。

3. 请将以下人机交互示意图上空白部分填充完整。

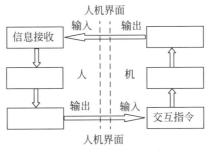

4. 按照连接运算平台的种类,可将 VR 输出设备划分为_____、_____、_____ 和_____。

5. VR 输入设备主要有_____、_____、_____ 三类输入设备。

6. _____是 VR 实现效果的关键技术,主要是通过_____强大的图形数据计算能力,将环境建模的虚拟世界分解成用户可感知的视觉、听觉、触觉和嗅觉信息。

7. 要得完美的沉浸式体验,显示设备必须要考虑到屏幕分辨率、视场角、刷新率、延迟时间等几项指标。为了确保用户的体验,Digi-Capital(美国科技顾问公司)给出了视觉显示方面的最佳体验参数:像素_____,视场角_____ 和刷新率_____。

8. _____是虚拟现实听觉表现的核心技术。听觉表现的主要设备是_____ 和_____。

9. _____是一种监测装置,能够实现对信息的接收、转化、输出,是虚拟现实输入设备的核心。

10. 虚拟现实输入方式主要有两种:强调身体的沉浸感,主要任务是检测有关对象的位置和方位,并将位置和方位信息报告给虚拟现实系统的方式是_____;强调功能性,主要靠动作跟踪和按键控制来进行交互的方式是_____。

11. VR体验的最大特点在于沉浸感,主要受_____、_____、_____和_____等几个指标的影响。

12. VR硬件设备组件包括_____、_____、_____、_____和_____等。

13. _____为应用开发者提供SDK,应用开发者通过下载的SDK将开发的内容通过分发平台上架发布。

14. VR内容分发平台主要分为_____、_____两类。

二、单项选择题

1. (   )是人机交互的最核心需求,人机交互功能是决定系统"友好性"的一个重要因素。

    A. 价格亲民   B. 用户体验(User Experience,UE或UX)

    C. 系统性能   D. 应用创新

2. 以下交互方式不属于新的下一代人机交互方式的是(   )。

    A. 手势交互   B. 眼球追踪   C. 语音交互   D. 鼠标键盘交互

3. 传统游戏手柄以按钮、摇杆、触板进行操作,以下不属于手柄类VR输入设备的是(   )。

    A. Oculus适配的Xbox one   B. 与PS VR搭配的PS4

    C. Cyber Glove   D. HTC Vive

4. 在动作感测的捕捉方式下,VR的输入通常是利用外设摄像头、红外光采集图像,建立手势模型,实现对用户动作的捕捉。目前在这个领域的三款代表性产品不包括(   )。

    A. HTC Vive   B. Leap Motion   C. Real Sense   D. Kinect

5. 以下不是虚拟现实工作机制的三个主要环节的是(   )。

    A. 信息处理   B. 信息收集   C. 信息输入   D. 信息输出

6. 在虚拟现实领域,(   )是信息输出技术环节最重要最成熟的一项技术,主要路径包括平面显示技术和视网膜投影技术两种。

    A. 视觉表现技术   B. 触觉表现技术

    C. 嗅觉表现技术   D. 听觉表现技术

7. 能够模拟大屏显示器效果,可以显示人眼感觉到的任何物体,功率低,体积小,特别适合于增强现实领域的VR视觉表现技术的是(   )。

    A. LCD显示技术   B. 视网膜投影技术

    C. OLED显示技术   D. 平面显示技术

8. (   )属于原生的VR操作系统。

    A. Open VR标准   B. 雷蛇的OSVR

    C. Android生态   D. iOS生态系统

9. 既是游戏开发引擎,又是触觉类虚拟现实工具的是(   )。

    A. Unity 3D、Unreal

    B. Flash 3D、VGS

    C. HLSL、VRML、X3D

    D. Virtools、Nibiru、Quest3D、Web Max、Converse3D、Shi Va3D、TechViz

10. 下列哪种不属于 VR 盈利模式？（　　　）

    A. 广告模式　　　　　　　　　　　B. 用户付费模式

    C. 按次付费或 App 下载付费　　　　D. 购买 VR 设备

三、简答题

1. 简述人机交互的简单过程。

2. 传统的人机交互方式向下一代人机交互方式革新的根本原因有哪些？

3. 简述虚拟现实输入设备的种类。

4. VR 产业链包括哪几部分？

5. 虚拟现实开发平台可分为哪 5 类？

6. 为什么说 VR 游戏有望成为 VR 应用第一个爆发的领域？

7. VR 在硬件方面尚待克服的难题有哪些？

8. 传统的人机交互方式和下一代人机交互方式，在内容、方式和效果上都有哪些不同？

第2章

增强现实概述

本章学习目标

- 了解增强现实的概念及特点。
- 掌握增强现实技术的分类及原理。
- 熟练掌握 AR 产业链的组成。
- 了解国内外大厂 AR 产业链的布局。
- 深刻理解 AR 普及要解决的问题和技术指标。

本章首先介绍增强现实的概念,再介绍增强现实技术的特点、发展、技术分类及原理,然后分别重点介绍 AR 产业链的组成,包括硬件技术产业链、软件技术平台、内容开发和服务平台,最后对目前 AR 存在的问题进行技术分析与展望。

人类进入信息时代以来,计算平台在不断演变。PC 和智能手机两大计算平台造就了互联网史上的两个黄金时代。智能手机经过近 10 年的发展,产业已成熟,行业增长和性能提升空间非常有限,用户期待越来越少。而增强现实拥有手势识别、眼球追踪等自然的人机交互方式,且能给用户带来颠覆式的场景体验,将会成为新一代计算平台。

2.1 增强现实的概念

增强现实(Augmented Reality,AR)技术,是指将计算机生成的虚拟物体或信息叠加到真实场景中,从而达到超越现实的感官体验。真实的环境和虚拟的信息被实时叠加到同一个画面或空间中同时存在(图 2.1),体验者既能看到真实世界,又能通过设备与虚拟世界互动,如图 2.2 所示。

图 2.1 增强现实场景

图 2.2 用户通过 AR 设备与虚拟世界互动

2.2 增强现实技术

2.2.1 增强现实技术的特点

增强现实是虚拟现实技术(Virtual Reality,VR)的一个重要分支,也是近年来的研究热点。VR强调的是虚拟世界给人的沉浸感,强调人能以自然方式与虚拟世界中的对象进行交互操作,AR则强调在真实场景中融入计算机生成的虚拟信息的效果,它并不隔断观察者与真实世界之间的联系。虚实结合、实时交互、三维注册是增强现实技术的三大特点。

1. 虚实结合

虚拟物体与真实世界的结合,使用户感知的混合世界里,虚拟物体出现的时间或位置与真实世界对应的事物相一致。

2. 实时交互

系统能根据用户当前的位置或状态,及时调整与之相关的虚拟世界,并将虚拟世界与真实世界结合。真实与虚拟之间的影响或相互作用是实时完成的,例如视线上的相互阻挡,形状上的相互挤压等。

3. 三维注册

三维注册要求对合成到真实场景中的虚拟信息和物体准确定位并进行真实感实时绘制,使虚拟物体在合成场景具有真实的存在感和位置感。

AR和VR在侧重点、技术、设备、交互方面的区别如表2.1所示。

表2.1 AR与VR的区别

区别	VR	AR
侧重点	强调用户在虚拟环境中视觉、听觉、触觉等感官的完全浸没,强调将用户的感官与现实世界绝缘而沉浸在一个完全由计算机所控制的信息空间之中	不隔离周围的现实环境,强调用户在现实世界的存在性,并努力维持其感官效果的不变性。AR系统致力于将计算机产生的虚拟环境与真实环境融为一体,从而增强用户对真实环境的理解
技术	利用计算机技术构造虚拟的环境,使感官感受到它的"真实性"	强调复原人类视觉功能,可自动识别跟踪物体,并对周围真实场景进行3D建模
设备	需借助设备将用户视觉与现实环境隔离,一般采用浸没式头盔显示器,如Oculus Rift	需要借助设备能够将虚拟环境与真实环境融合,一般采用AR眼镜,如HoloLens
交互	VR是纯虚拟场景,常使用位置跟踪器、数据手套、动作捕捉系统等设备实现用户与虚拟场景的互动	AR是虚实的结合,常采用手势交互、语音交互、眼球追踪、位置追踪甚至脑电波交互等设备实现用户与虚拟场景的互动

以上区别决定了AR技术的市场潜力更加广阔。据Digi-Capital预测,2020年VR市场规模可达300亿美元,AR市场规模将更高,可达1200亿美元。VR产业的发展经历了一个从概念到现实的过程,在硬件、软件及平台、内容及服务等方面取得了一定的进展。相较于虚拟现实,增强现实仍需要5~10年的技术酝酿,才能成为主流。

2.2.2 增强现实技术的发展

AR技术的发展大致可分为萌芽期、成长期和成熟期三个阶段。

1. 萌芽期(1990—2012)

在萌芽期,AR 从概念到理论完全成型。AR 的定义被认可,一些早期的 AR 技术应用诞生,如美国空军研发的 WPAFB 系统、加藤弘一教授开发的第一个 AR 开源框架:ARToolKit 等。这个阶段,AR 处于由理论向技术落地阶段过渡。

2. 成长期(2013—2020)

这个阶段,AR 开始迅速成长,无论硬件还是软件层面都在经历不断地更新蜕变。硬件层面,谷歌发布的 AR 眼镜 Google Glasses,向世界证明 AR 走向市场的可能性;2015 年微软发布的 HoloLens 头显设备,则是 AR 技术和算法的集大成者。软件层面,ARKit 和 ARCore 两大移动端 SDK 的发布,为 AR 移动端的爆发扫清了障碍,AR 发展史中的主要事件如图 2.3 所示。

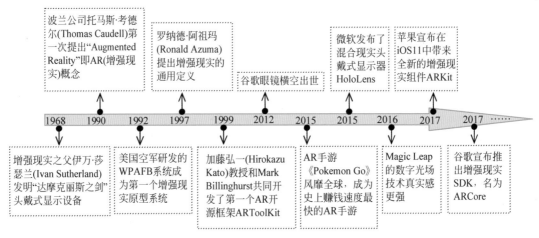

图 2.3 AR 的发展史

3. 成熟期(2021—2030)

这个阶段,AR 软件算法层面已完全成熟。以苹果为首的国外大厂推出较为成熟的消费级 AR 眼镜产品,使整个 AR 进入新的时代。随着 AR Cloud、深度学习、高速移动网络技术的发展和感应器、电池、处理器等元件的轻量化,搭载 AR 技术的手机和独立智能眼镜得以量产普及。这个阶段,真正的 AR 技术平台也开始普及,各种应用开始由手机移动平台向 AR 平台迁移或拓展。AR 形态开始发生改变,更多的 AR 应用将随着 3D 全息、物联网、人工智能等技术的发展,融合在人们生活中的每个角落。

AR 的三个发展阶段总结如表 2.2 所示。

表 2.2 AR 的三个发展阶段

时　代	萌　芽　期	成　长　期	成　熟　期
年代	1990—2012	2013—2020	2021—2030
产品	ARToolKit	Google Glass、HoloLens、ARKit、ARCore	苹果 AR 眼镜、光场智能眼镜、汽车 AR 辅助
关键词	技术理论、手机 AR 雏形	手机 3DSensing、AR 应用、AR 商用	智能 AR 眼镜、全息 3D、沉浸计算平台

2.2.3 增强现实技术的分类

从技术手段和表现形式上，可将增强现实技术分为基于计算机视觉的 AR（Vision based AR）、基于地理位置信息的 AR（LBS based AR）和基于光场技术的 AR 三类。

1. 基于计算机视觉的 AR

Vision based AR，是利用计算机视觉方法建立现实世界与屏幕之间的映射关系，使绘制的 3D 模型如同依附在现实物体上一般展现在屏幕上。从实现手段上可以分为两类。

1）基于标识物的 AR（Marker-Based AR）

（1）确定一个现实场景中的平面。把事先制作好的 Marker（可以是绘制着一定规格形状的二维码或模板卡片），放到现实中的一个位置上，通过摄像头对 Marker 进行识别和形态评估，并确定其位置。

（2）建立模板坐标系和屏幕坐标系的映射关系。将模板坐标系（以 Marker 为中心原点的坐标系）旋转平移到摄像机坐标系，再从摄像机坐标系映射到屏幕坐标系。根据这个变换在屏幕上画出的图形就可以达到该图形依附在 Marker 上的效果。

2）无标识物的 AR（Marker-Less AR）

Marker-Less AR 的基本原理与 Marker based AR 相同，不过它可以用任何具有足够特征点的物体（例如：书的封面，桌子）作为平面基准，而不需要事先制作特殊的模板，摆脱了模板对 AR 应用的束缚。它是通过一系列算法对模板物体提取特征点，并记录或学习这些特征点。当摄像头扫描周围场景，会提取周围场景的特征点并与记录的模板物体的特征点进行比对，如果扫描到的特征点和模板特征点匹配数量超过阈值，则认为扫描到该模板，然后根据对应的特征点坐标估计摄像机外参矩阵，再根据外参矩阵进行图形绘制。

2. 基于地理位置信息的 AR

基于地理位置信息的 AR（Location-Based Service based AR，LBS based AR），是指通过 GPS 获取用户的地理位置信息，然后从某数据源（例如 Google）获取该位置附近物体（如周围的餐馆、银行、学校等）的 POI 信息（Point Of Information，每个 POI 包含四方面信息：名称、类别、经度纬度、附近的酒店饭店商铺等信息，也称为"导航地图信息"），再通过移动设备的电子指南针和加速度传感器获取用户手持设备的方向和倾斜角度，通过这些信息在现实场景中的平面基准上建立目标物体，如图 2.4 所示。

这种 AR 技术利用设备的 GPS 功能及传感器来实现，摆脱了应用对二维码或模板卡片 Marker 的依赖，用户体验和性能都比基于计算机视觉的 AR 更好，也可以更好地应用到移动设备上。

图 2.4 基于地理位置信息的 AR

3. 基于光场技术的 AR

基于光场技术的 AR 是指利用光场（Lightfield）技术描述空间中任意点在任意时间的光线强度、方向及波长。光场成像技术不需要任何显示屏，可分为全息技术和视网膜投影技术两类。

1) 全息技术

全息技术是利用干涉和衍射原理记录并再现真实物体的三维图像技术。该技术是在镜片的显示屏幕中将虚拟世界与现实世界叠加。使用该类技术的典型代表是 Magic Leap。用户通过 Magic Leap One 可看见虚拟物品存在于现实世界当中：当鲸鱼游过的一瞬间，它皮肤上每一个细胞向四面八方发出的光，叠加起来形成了一个光场。通过完整记录这条鲸鱼的光场，使用光场技术在任何地点都可以完全还原这条鲸鱼发出的所有光线，如图 2.5 所示。

图 2.5　Magic Leap 场景

2) 视网膜投影技术

视网膜投影技术较全息技术更为先进，直接在视网膜上扫描，使人感觉到一幅逼真的外部图像。使用该技术的典型代表是日本激光半导体厂商 QD Laser 的 AR 眼镜 RETISSA Display(2018 年 10 月开始销售，价格约为 4 万元，见图 2.6)和加拿大初创公司 North 的 AR 眼镜 North Focals(目前基本款售价为 599 美元，见图 2.7)。视网膜投影技术目前还不成熟，成本较高。但随着技术的不断进步，成本有望逐步下降，低延时、便携、显示效果好的优势将更多地发挥出来，代表未来的发展方向。

图 2.6　RETISSA Display

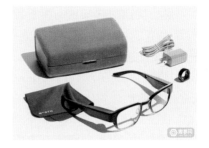

图 2.7　North Focals

2.2.4　增强现实技术原理

增强现实技术的目的在于达到真实的体验和自然的交互，主要过程如下：①虚拟场景经过 3D 建模与渲染，存储在虚拟对象数据库中；②周围的现实场景通过图像输入设备记录在相应的计算与存储设备中；③用户借助交互设备与物理环境中的虚拟对象进行交互，同时 AR 设备利用跟踪定位技术实时检测用户的位置，视域方向、手势及运动情况，帮助系统向用户提供合适的虚拟对象；④依托虚实融合技术对现实世界和虚拟世界进行精确配准，实现遮挡、阴影和光照的一致性，同时支持自然的交互；⑤计算与存储设备将精准匹配的图像、动作等信息经由一定的显示设备处理后显示出来，如图 2.8 所示。总之，虚拟现实技术体系主要由 3D 建模、用户交互、追踪定位和系统显示四大类技术相配合，共同呈现给用户一个"虚实结合"的增强现实世界。

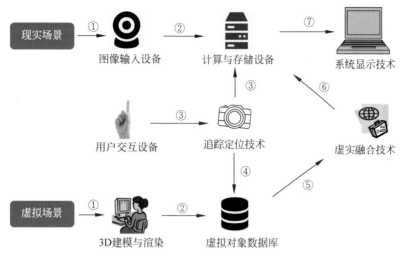

图 2.8　增强现实系统原理图

2.3　增强现实硬件技术产业

AR 硬件产业可分为上、中、下游三个部分,上游主要指 AR 零部件及生产商,包括芯片、传感器、光学器件、显示设备、内存、触觉、摄像头、电池等。中游主要指 AR 模组及生产商,包括 3D Sensing(摄像头模组＋传感器模组)、处理器模组和成像模组三类。下游主要指 AR 整机产品及厂商,主要包括 AR 眼镜、车载 HUD 和手机三类,如图 2.9 所示。

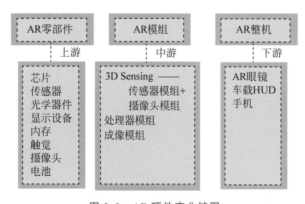

图 2.9　AR 硬件产业链图

2.3.1　增强现实硬件技术产业上游——零部件

1. 芯片

AR 需要将虚拟世界与现实世界的数据结合显现,因此,AR 对芯片运算能力、图像处理能力等指标的要求比 VR 要高。数据运算能力、传输速度、屏幕刷新率成为 AR 硬件技术的重要瓶颈。图形处理器(Graphic Processing Unit,GPU),又称视觉处理器、显示芯片,是在个人计算机、工作站、游戏机和移动设备(如平板电脑、智能手机等)上专门进行图像运算工作的微处理器,是 AR 运算能力和流畅度的核心保证。国外从事 AR 芯片的厂商主要有

Intel、高通、AMD、英伟达、TI、微软等。高通推出一款专用于 AR/VR 设备的新系列处理器,命名为 XR1,XR1 的芯片包含 CPU 和 GPU 部分。国内全志科技、瑞芯微在视频处理芯片技术上领先,中颖电子正在布局 AMOLED 驱动芯片,华为推出的 AI 芯片可以应用于智能手机、可穿戴设备、智能家居、车联网及 AR 等全场景智能生活体验。

2. 传感器

传感器相当于 AR 的五官,是实现人机交互的核心。AR 要实现"虚实结合",技术实现难度远远大于 VR。除了要解决显示技术(全息投影、透明显示等)外,还要对人输入的信息和周围的现实世界进行感知,才能知道虚拟世界的图像应当叠加到现实世界的哪个具体位置。因此,激光雷达是 AR 位置传感器的核心基础器件,摄像头是捕捉动作,实现深度传感的基础,它们在 AR 中都扮演着重要角色。

目前,虚拟现实巨头在加紧发展终端设备的同时,也积极布局传感技术,以期待在增强现实产业链上占据关键环节。从各大巨头的布局来看,微软掌握了深度传感器 Kinect;苹果收购了深度传感器 Prime Sense,并且在软件上收购了 FaceShift 和 Metaio,可配合 Prime Sense 进行传感技术深度布局;索尼收购了比利时传感器技术公司 Softkinetic Systems SA,拥有全世界较小并带精细化手势识别功能的 3D 深度摄像头;谷歌收购了 Lumedyne Technologies,掌握了光学加速度计、振动能量采集器、基于时域相应的惯性传感器等传感技术,此外,谷歌的无人驾驶系统整合了声呐系统和雷达系统,将传感器应用发挥到了极致。美国 3D 传感技术公司 Occipital 在 2018 年公布了一款新的深度传感器 Structure Core,适用于 Android、Windows、Linux、macOS 等几种操作系统,可应用在 AR、无人机、机器人等任何设备上,该传感器号称可媲美 HoloLens 的传感器模组。此外,国外知名的传感器厂商还有 Leap、德州仪器(TI)等。国内厂商也在积极切入增强现实传感器领域。中国科学院宁波材料所所属二级先进制造所的计算机视觉实验室利用全景成像技术成功研制了虚拟现实视觉传感器。国内厂商还有数码视讯、奥飞娱乐等。

3. 光学器件

光学器件是整个 AR 产品的技术壁垒,AR 光学器件主要有 DOE 衍射光学器件、红外窄带干涉滤色片、光学镜头、WLO 晶圆级光学透镜和光导透明全息透镜等。作为整个 AR 硬件产业的上游,光学器件对下游厂商和 AR 应用的落地起着决定性的作用。只有他们推出成熟的解决方案,下游企业才能基于此进行开发和整合,推动产业链的成熟和发展。

衍射光学元件(Diffractive Optical Elements,DOE)的作用就是利用光的衍射原理,将激光器的点光源转换为散斑图案。WLO 晶圆级光学透镜是在整片玻璃晶元上,用半导体工艺批量复制加工镜头,多个镜头晶元压合在一起,然后切割成单颗镜头,具有尺寸小、高度低、一致性好等特点。目前 3D 摄像头产品多采用成熟的若干个普通光学镜头的组合,光学透镜间的位置精度达到纳米级。国外的光学镜头供应商主要有美国的 DigiLens、以色列的 Lumus 等,国内主要有耐德佳、舜宇光学、上海理鑫、灵犀微光、京东方等公司。耐德佳主要从事 AR 及 VR 智能眼镜光学模组的设计、研发、生产及技术支持,在 AR 智能眼镜光学模组设计研发方面有数十项专利及国际一流的研究论文,并拥有多项美国专利,掌握着光学模组研发的核心关键技术,是国际一流的增强现实光学模组供应商,为国内多家增强现实智能眼镜公司提供光学模组,包括中兴、联想、亮风台、牛视科技、嗨镜等。舜宇光学是中国领先的综合光学产品制造商和光学影像系统解决方案提供商,其核心光电技术的研究和应用处于国内行业领先水平。上海理鑫光学科技在光学设计、增强现实等光电显示设备开发领域具有国际领先水平,主要产品包括车载光学模组优化设计、光波导增强现实眼镜核心元器件、虚拟现实头盔显示器、自由曲面光学镜片、自由曲面光束整形核心器件等。此外,国内的水晶光电、珑景光电、欧菲光学、道明光学、歌尔声学等企业,及武汉光电基地、西安光机所等科研单位,现在也都将目光瞄准 AR 光学器件领域。

红外窄带滤色片主要采用干涉原理,由几十层光学镀膜构成,技术难度较高,比传统截止型滤色片的价值大。全球主要滤色片供应商有 VIAVI、布勒莱宝光学(Buhler)、美题隆精密光学(Materion)、波长科技(Wavelength)等公司,而国内水晶光电在该领域具有国际竞争力。

4. 显示设备

目前,增强现实头戴式设备最大的阻碍是显示技术。主流的 AR 显示技术主要指光学式 AR(光学透视式增强现实显示装置)和光场显示技术。

光学式 AR 是把光学融合器放置在用户眼前,该融合器是部分透光的,用来直接获取真实环境的信息,同时部分是反射的,用来由投影仪将虚拟物体投射到融合器上再反射到用户眼里。光学式 AR 对真实场景几乎完整无损地呈现给用户。微投影器件是光学式 AR 的核心,承担了将虚拟物体叠加到真实环境显示的功能,在 AR 头盔、车载 HUD 等方面具有极大的应用价值。微投影技术主要分为液晶显示投影技术(Liquid Crystal Display,LCD)、数字光处理投影技术(Digital Light Procession,DLP)和硅基液晶投影技术(Liquid Crystal on Silicon,LCoS)三种技术路径。

LCD 投影机利用金属卤素灯或冷光源(UHP)提供外光源,将液晶板作为光的控制层,通过控制系统产生的电信号控制相应像素的液晶,液晶透明度的变化控制了通过液晶的光的强度,产生具有不同灰度层次及颜色的信号,显示输出图像。

DLP 技术由德州仪器(TI)公司研发,采用微镜反射投影技术,在投影效果上,亮度和对比度明显提高,体积和重量明显减小。DLP 技术的核心是 DMD 数字微镜设备芯片,其主要特性是投影效果佳,延迟少,适合于无屏电视显示领域(微投影)和可穿戴显示(沉浸式)领域。而 DMD 芯片被 TI 垄断生产,因此要生产制造 DLP 微投影器件离不开 TI 的支持。TI 向微投影市场推出了 DLP Pico 0.47 英寸 TRP 全高清 1080p 芯片组,尺寸更小,适用于微投产品和 AR 应用。使用 DLP 技术的代表产品为谷歌的 Google Glass 和微软的 HoloLens。

LCoS 属于新型的反射式微型 LCD 投影技术(体积比 LCD 投影小得多),功耗低、生产难度低,更适用于移动应用。它是在液晶 LCD 的基础上改造发展起来的,采用反射式投射,减少了液晶面板中的晶体管电路层阻挡的部分光线,因此光利用效率可达 40% 以上,远高于 LCD 投影的 3%,可以大幅节省耗电。此外,LCoS 投影还可以利用 CMOS 制作技术来生产,无须额外的投资,可随半导体制程快速地微细化,逐步提高解析度。因此,DLP 投影和 LCoS 投影非常适合增强现实所需的低功耗、微型化的要求。LCoS 的芯片商相对来说就比较多,国外主要有 3M、美光等。美国 3M 公司在 2008 年发布全球首款光学引擎,成为 LCoS 技术的一面旗帜。此外,3M 公司在液晶偏振光控制上长期处于领先地位,并开发出了偏振控元器件(Polarizing Beam Splitter,PBS),可以使同性能的 LCoS 光引擎体积减小 30% 以上,对比度大幅提高,工艺复杂性大大降低。美国美光半导体公司通过收购

Displaytech 获取 FLCoS 微型显示投影技术。FLCoS 微型显示技术的优势在于转换速度快,最高速度比传统的 LCoS 技术快 100 倍。2009 年,美光推出了单芯片微型显示屏,该微型显示屏采用 FLCoS 技术,是一种尺寸为 VGA 四分之一的宽屏(WQVGA)微型显示解决方案,具有功耗低、图像质量好、尺寸小的特点,支持头戴式显示器产品和嵌入式手机投影仪等应用,实现便携式视频与图像投影功能。国内厂商晶景光电、长江力伟在 LCoS 技术布局上走在前列。晶景光电(水晶光电)致力于投影光学系统设计与制造,同时掌握 DLP 和 LCoS 两大技术,与奇景光电(谷歌入股)曾展开合作,有望成为谷歌 AR 产品的首选供应商。长江力伟建立了从 LCoS 芯片开发设计、LCoS 显示屏生产、光学集成到应用方案开发的完整产品线,获得发明、PCT 等专利近百件,但尚未形成规模化的市场应用,业绩持续亏损。

光场显示(Light Field)技术是指通过改变纤维在三维空间中的形状,特别是纤维端口处的切方向,控制激光射出的方向,将图像直接投射到视网膜的一种技术。光场显示需要计算整个四维光场,其计算复杂度提高几个数量级,这是技术瓶颈之一。同时,精确地调控机械部件,使得每一个纤维都稳定自然地颤动,并且颤动的模式要和数据传输同步,并且这种颤动不能受外界噪声的影响,这也是技术难点。但目前此技术还在实验室阶段,Magic Leap 也只有 Demo,没有对应产品。光场显示技术若可以克服眩晕等问题,将会带来行业质的飞跃。

5. 触觉

人的感觉器官是外部世界与大脑进行数据交流的通道,主要有视、听、嗅、味、触、力、身体和前庭 8 种感觉。在虚拟世界中,所有感官交互依赖于特定的传感装置和交互设备。人类感受的信息 70% 以上来源于视觉,目前人们对视觉的研究比较深入,与针对其他感官的研究相比,已经趋近成熟。现有的视觉感知交互设备主要是摄像头。听觉是人类感知世界的第二大通道。目前人们对听觉的研究也较深入,听觉感知交互设备主要是耳机、喇叭等。嗅觉和味觉都是由化学成分刺激人的鼻腔和口腔的感觉细胞产生的。目前支持嗅觉的增强现实系统并不多,这些产品多是通过内置加热装置、冷冻装置、喷雾装置、气味生成装置等相关设备,实现近似嗅觉效果,但离自然真实的嗅觉效果还相差很远。目前,支持味觉的系统尚未开发成功。

触觉主要指人体表面的神经末梢感受到的温度、软硬度、纹理或压力信息等。目前对触觉的研究还非常有限,在 AR 系统中主要是通过触觉和力觉传感器来实现。触觉传感器就像人的手一样重要,不仅可以读取如位置、温度和形状等物理特征,也可以感觉硬度、压力来执行各种操作。迄今为止,触觉感知机理、触觉传感材料、触觉信息获取、触觉图像识别、传感器实用化等都已成为国内外科研团队的研究热点。经过国内外科研人员的不懈努力,很多新型的触觉传感器及触觉信号处理方法被研制出来。2008 年,日本京都大学的研究团队设计了一种压电三维力触觉传感器,将其安装在机器人灵巧手指端,应用于外科手术。2009 年,德国菲劳恩霍夫制造技术和应用材料研究院的科研人员研制出拥有新型触觉系统的章鱼水下机器人,可精确地感知障碍物状况,完成海底环境的勘测工作。2017 年,美国卡内基梅隆大学的计算机团队研发出一款结合视觉和触觉的新一代工业机器人"Baxter",能够实现抓取动作,通过触觉感知物体是否滑动来控制握力,从而完成一系列抓取动作,例如剥香蕉皮等。2018 年 4 月,德国哈索·普拉特纳研究所(HPI)人机交互实验室研究人员在视频中通过 HoloLens 头显展示了一套适用于 AR 头显的可穿戴触觉技术的解决方案。该方案是通过使用电肌肉刺激设备(EMS)来完成的。该设备小巧轻便,便于携带,不需要调整肩带或多种尺寸的变形。该系统目前处于原型阶段,可在 GitHub 网站上体验。不管 AR 可穿戴设备未来朝哪个方向发展,无论如何都不会脱离轻便、实用这两个层面。

6. 摄像头

目前 AR 产品中用到的摄像头种类繁多,根据数目可将摄像头分为单目摄像头、双目摄像头和多目摄像头。根据光波可分为红外摄像头、可见光摄像头。RGBD 深度相机是近几年兴起的新技术,从功能上讲就是在 RGB 普通摄像头的功能上添加了一个深度测量,实现这个功能的技术方案可分为:RGB 双目、结构光、飞行时间技术(Time of Flight,TOF)和激光雷达。国外主要的摄像头供应商有美国的苹果、英特尔、微软、Stereolabs,以色列的 Mantis Vision,德国的 PMD 等;国内主要厂商有奥比中光、关东辰美、舜宇光学、联创电子、旭业、川禾田等公司。

以微软 HoloLens 为例,HoloLens 通过激光雷达、光学摄像头、深度摄像头、惯性传感器等各种传感器获取应用场所的视觉信息、深度信息、自身的加速度和角速度等现实数据,然后通过算法确定用户位置和路面位置,从而进行地图的构建,并将处理的虚拟数据与探测的现实数据实时结合,形成动态"虚实结合"的画面。

7. 电池/存储

硬件性能对体验效果至关重要,运算指标、显示、存储和电池是首要提升点。目前运算、显示、存储性能的提升较快,预期未来 3~5 年可达到基础规格要求。电池技术的突破一直是行业难点,在寻求更好的电池解决方案的同时,需要改进算法来降低电池模块压力。以 HoloLens 为例,存储使用的是 2GB RAM、专用显存 114MB、共享系统内存 980MB。根据莫尼塔研究报告预估,这些指标仍需 3 倍左右的提升,存储匹配时间需要 2~3 年。而 HoloLens 的待机时长为 2~3 小时,仍需要 4 倍左右的提升。但目前电池方面提升困难,即使得益于锂电池技术的应用,近 10 年也只能提升 1 倍,目前技术水平下每年大概只有 5% 的性能提升。国外代表企业有三星、LG、Sanyo、Sony、东芝等;国内代表企业有欣旺达、中航锂电、德赛电池等。

2.3.2 增强现实硬件技术产业中游——模组

1. 3D Sensing(摄像头模组+传感器模组)

3D Sensing 是 AR 功能的技术核心,市场主流的 AR 硬件产品都需要 3D Sensing 的硬件搭载。普通的 2D 摄像头只能将人眼看到的图像以平面的方式呈现出来。3D Sensing 是由多个摄像头+深度传感器组成的,它不仅在色彩和分辨率上比 2D 摄像头有所提升,在观测距离、效果、抗干扰及夜视等方面也优于 2D 摄像头,还可以实时采集物体的三维位置及尺寸信息,以动态方式展现更立体的图片。3D Sensing 可应用在人脸识别和手势识别等领域。苹果 iPhone X 就搭载了 3 个与 3D Sensing 相关的传感器:点阵投影器、泛光感应元件和红外镜头。

1)主流方案及技术对比

3D Sensing 目前市场上有三种主流方案,按成熟度从高到低依次为结构光、TOF 和双目成像。三种方案的优缺点及技术对比参数如表 2.3 所示。其中最成熟的结构光方案已大量应用于工业 3D 视觉领域,而 TOF 方案已出现在 Google 的 Project Tango 方案中。双目成像由于算法开发难度高,在不在乎功耗的机器人、自动驾驶等新兴领域应用较多。结构光是通过激光的折射及算法计算出物体的位置和深度信息,进而复原整个三维空间。TOF 是一种光雷达系统,可从发射极向对象发射光脉冲,接收器则可通过计算光脉冲从发射器到对象,再返回到接收器的运行时间来确定被测量对象的距离。双目成像是使用两个或两个以上的摄像头同时采集图像,通过比对这些不同摄像头在同一时刻获得的图像的差别,使用算法来计算深度信息,从而多角度三维成像。三种方案各有不同的特点,应用领域也有所不同,如表 2.3 所示。TOF 方案与结构光方案使用便捷、成本较低,更具前景,尤其是 TOF 方案更加适合消费电子产品后置远距离摄像,可应用于 AR、体感交互等方面。结构光方案在精度方面超越了另外两种方案,更加适合消费电子产品前置近距离摄像,非常适合智能终端,可应用于人脸识别、手势识别等方面。

表 2.3　三种 3D Sensing 优缺点及技术对比参数

项　目	结　构　光	TOF	双目成像
基础原理	激光散斑编码	反射时差	双目匹配,三角测量
分辨率	中	低	高
识别距离	极短(mm)至中等(4～6m),与照明强度成正比	短距离(不足 1m)至长距离(10m),与光源功率成正比	中等,依据两台摄像机之间的距离
识别精度	高	中	中
抗光照	低	中	高
硬件成本	中	高	低
算法开发难度	中	低	高
功耗	中	中	低
优点	技术成熟、模组体积小、平面信息分辨率高、功耗较低	抗干扰性好,识别距离远	强光环境抗感染性好,功耗低
缺点	技术复杂,产品成本高、容易受光照影响,识别距离近	平面分辨率低,功耗较大	昏暗环境,特征不明显不适合,技术不成熟,软件算法复杂
应用领域	游戏体感交互、工业机器视觉检测、电子产品前置摄像头	医疗检测、机器人视觉、电子产品后置摄像头、体感交互	自动驾驶等
案例	Kinect 一代、iPhoneX	HoloLens	Leap Motion One
代表厂商	Intel、谷歌、苹果、Mantis、Himax、奥比中光、图漾科技、华捷艾米	微软、谷歌、英飞凌、TI、STM、舜宇光学、海康威视、乐行天下	微软、Intel、Leap Motion、图漾纵目、凌云光技术、西纬科技、弼智仿生

2) 结构及原理

3D Sensing 主要由发射端与接收端构成。3D Sensing 主要的硬件包括四部分:红外光发射器(IR LD 或 Vcsel)、红外光摄像头(IR CIS 或者其他光电二极管)与可见光摄像头(Vis CIS)、图像处理芯片、窄带滤色片。另外,结构光方案还需要在发射端添加光学棱镜与光栅,双目立体成像则要多一颗 IR CIS 等。不同的解决方案有着不同的器件结构,但核心零部件基本一致。这里以结构光为例,解释 3D Sensing 的结构及原理。结构光产品方案主要由四部分组成：TX 发射部分（IR Projector，主要为红外光发射器 IRLD）、RX 接收部分（IRCamera，主要为红外光图像传感器 IRCIS）、RGB 可见光图像传感器（VisCIS）、专用数据处理芯片（ProcessorChip），如图 2.10 所示。

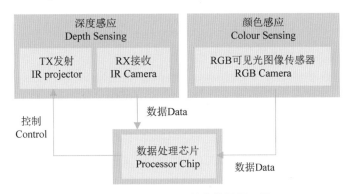

图 2.10　3D Sensing 的结构及原理图

红外光发射部分是整个 3D 视觉重要的组件之一，提供最核心的近红外光源，其发射图像的质量对整个识别效果至关重要。

RX 红外接收部分主要为一颗红外摄像头，用于接收被物体反射的红外光，采集空间信息。该红外摄像头主要包括三部分：红外 CMOS 传感器、光学镜头、红外窄带干涉滤色片。红外 CMOS 图像传感器（IRCIS），用来接收被手部或脸部反射的红外光，在技术上这是一个比较成熟的器件。海外领跑厂商有意法半导体、奇景光电、三星电子、富士通、东芝等公司。

红外摄像头对光学镜头的要求不如可见光摄像头的要求高，对光线的通光亮、畸变矫正等指标容忍度高。国外厂商主要有苹果、英特尔、微软等，国内有舜宇光学、联创电子、旭业等公司。

3）3D Sensing 产业链

目前，3D Sensing 产业链被分为上、中、下游三部分。上游包括红外传感器、红外激光光源、光学组件、光学镜头、CMOS 图像传感器；中游包括传感器模组、摄像头模组、光源代工、光源检测、图像算法；下游包括终端厂商以及应用，如图 2.11 所示。3D Sensing 产业链关键部件是红外线传感器、红外激光光源和光学组件。红外线传感器的相关厂商有 STM、AMS、Heptagon、Infineon、TI、索尼、豪威等；红外激光光源的相关厂商有 Finisar、Lumentum、II-VI、光迅科技等；光学组件的相关厂商为福晶科技；而提供综合技术方案的相关厂商有 STM、微软、英特尔，德州仪器、英飞凌等。

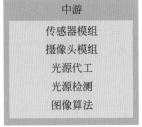

图 2.11　3D Sensing 产业链图

全球移动终端3D Sensing模组市场的市场规模将从2017年的15亿美元成长到2020年的140亿美元,未来三年的年复合成长率将达到209%;到2025年3D Sensing、IR CIS相关供应链市场规模年复合成长率将达24%。

2. 处理器模组

AR的实现涉及一系列计算,探测真实物体,计算物体的空间位置和方向,计算虚拟物体叠加的位置,渲染虚拟物体等,对处理计算的要求极高。为避免眩晕和实现实时显示,其对计算过程时间也有较高要求(一般不超过20ms)。传统CPU芯片无法放入大量的计算核心以实现大规模的并行计算,性能不足以支持AR操作的流畅执行,需要专用AI芯片;GPU芯片在AI领域的处理能力远大于CPU,但功耗太高且基于batch算法模式导致延时过大,不适用于AR应用。

根据应用端不同,AI芯片可分为应用云端(服务器端)和应用终端(移动端)两类。用于云端的AI芯片要求较高且芯片功耗大,为提升性能还需支持多块芯片组成一个计算阵列的结构。用于终端的AI芯片注重低功耗,保证高计算能效,可采用定点数运算和网络压缩的方法实现,一般这类处理单元被称为神经网络处理单元(Neural-network Processing Unit,NPU)。目前市场上移动端处理器主要有高通骁龙系列、三星Exynos 9系列等,但仅有华为的麒麟970和苹果A11搭载了NPU,这两款凭借AI芯片强大的计算能力,为AR在移动端的应用打下了基础。相对各自的上一代产品而言,华为麒麟970在处理AI任务时能效提升50倍、性能提升25倍,苹果A11性能和速度提升25%,能效提升70%,整体提升70%。未来几年内装载NPU的芯片将会成为趋势,这将加速AR的普及化。

3. 成像模组

AR图像成像要经过:光→镜头→传感器→数字化CV算法→LCD/LED显示器这个过程,最终通过LCD/LED显示器看到AR内容。因此,成像模组的组成可分为四大部分:镜头、传感器、数字化CV算法及LCD/LED显示器。成像模组根据AR光学技术出现的时期可分为离轴光学、棱镜光学、曲面棱镜、光波导和光场技术五代,各代光学成像技术在原理、厚度、视场角、优缺点、技术壁垒等方面的对比如表2.4所示。

表 2.4　五代光学成像技术对比

光学方案	离轴光学	棱镜光学	曲面棱镜	光波导	光场技术
原理	AR界的"古董"技术,自由曲面设计加上偏振分光器简化而成	棱镜把显示器产生的光从眼镜框反射入眼,也让现实世界的光透进来	经过精密计算把偏振分光器表面和分光膜层做成弯曲,最大程度利用每个分光效果	利用光线在镜片内的全反射,实现光线横向传输的同时减少对镜片厚度的要求,再根据光线选择处理手段(偏振分光膜和光栅)	通过改变纤维在三维空间中的形状,控制激光射出方向,直接投射到视网膜
厚度	头盔式	大于10mm	大于8mm	超薄	超薄

续表

光学方案	离轴光学	棱镜光学	曲面棱镜	光波导	光场技术
视场角	可以很大	15°	30°	30°~60°	未知
优点	视场角可做到很大（例如Meta2的视场角达90°）	易产生叠加感（第一代商用AR眼镜Google Glass）	成像质量清晰，能扩大显示范围和视场角而不产生体积的夸大	传播距离短/简洁轻巧	成像质量高、允许用户自由对焦
缺点	体积较大，无法多任务处理	光能利用率低，画面暗，镜片厚，成本高，合格率低	体积较大	光波导全息存在色散和图像模糊，成本高	功耗较高、成本昂贵
技术壁垒	很低	中等	较高	高	超高
代表公司	Meta	Google	亮风台	微软、Lumus	Magic Leap

2.3.3 增强现实硬件技术产业下游——整机分析

1. AR眼镜

从2015年HoloLens的发布，市场普遍对AR眼镜期待比较高。微软2019年2月推出的HoloLens2已搭载现有技术的最高水平，从体验评价来看，大多表示分辨率、识别准确度、视场角等方面基本接近技术标准，但舒适度、电池续航等仍与技术标准存在较大差距。

AR眼镜大致上可以分为三大类：单目式AR智能眼镜，双目式AR智能眼镜，头箍双目式AR智能眼镜。从形态上，又可以分为分体式设计和一体式设计，各类眼镜的优缺点对比如表2.5所示。

表 2.5 AR眼镜分类及优缺点对比表

分 类		优 点	缺 点	代表产品
分体式	单目式		不便携	联想Newglass、K-glass
	双目式	看得清，可视面积相对大，受位移影响小	无法戴得稳和久，移动性较差	Epson BT-200、Sony Smartglass、Atheer
	头箍双目式		不便携	Epson BT-2000
一体式	单目式	轻便、结构稳定、持久佩戴、移动方便	棱镜聚焦困难，视场角小，受晃动影响大，对视力产生一定影响	Google Glass、Vuzix M2000、奥图科技、众景视界、Realmax、蓝斯特EPW、枭龙科技、Recon Jet等
	双目式	镜腿环绕式设计，轻便的同时保证了稳定性、戴得久、高清晰度、大视场角		RealX 2、0glass、Eyephone-B、行云时空、影创air、灵犀微光、ODG等
	头箍双目式	优越的人机交互、较强的产品设计感、戴得稳，看得清	较重，戴不久	HoloLens、HoloLens2、易瞳科技、DAQRI、Meta2、影创Halomini、蚁视MIX等

　　AR智能设备的硬件佩戴体验方向应该以"戴得久、戴得稳、看得清"为原则。作为2012年推出的一体式单目AR眼镜的"鼻祖",Google Glass属于戴得稳、戴得久,但看不清的典型代表。由于尺寸限制,Google Glass的棱镜用眼聚焦较吃力,需要多次调整并固定在一处,且因为棱镜小、视场角小,受晃动影响大,即使是很轻微的晃动也会导致很难自然看清。而且这类眼镜的最大问题是:长期佩戴使用单眼聚焦,对视力将产生一定影响。分体式双目AR眼镜Epson BT-200是看得清了(可视面积相对大,受位移影响小),但基于传统眼镜式设计导致鼻梁成为主要受力点,无法戴得稳和戴得久,移动性也较差。HoloLens作为微软的黑科技,在人机交互技术上令人惊艳,产品外观比Epson BT-2000更具未来感。二者都属于头箍双目式AR眼镜,拥有很好的固定效果,戴得稳,看得清。但它致命的缺陷是戴不久,Epson BT-2000机身重量约300g,加上主机和电池重量500g,总重量达800g;HoloLens一体机设计重量近600g。可以说重量是头箍双目式眼镜最大的一个短板,长时间佩戴容易出现压迫感甚至头昏脑涨,舒适佩戴时间不超过20min。RealX 2是Kingsee青橙视界推出的一体式双目AR眼镜,镜腿处采取了环绕式设计,保证轻便的同时,将眼镜升级为接近头箍式的固定效果,保证了佩戴的稳定性。而且RealX一体机150g左右的重量被鼻梁、太阳穴、耳朵、后脑处等多个受力点分散,可以戴得久。RealX拥有36°的视场角(2019年2月发布的HoloLens2视场角达到52°),1024×768像素的分辨率与80%的透光率也基本实现了"看得清"。国内头显厂商蚁视计划推出的MIX据说有96°视场角,外形比HoloLens更小,单眼分辨率为1200×1200像素,刷新率为90Hz,同时还有内外追踪和6Dof追踪,兼容SteamVR。因此,"戴得稳、戴得久、看得清"这三者是一款AR眼镜落地的基础,三者不是"或"的关系,而是"和"的关系。否则,智能眼镜的运算、显示、识别、交互、内容等做得再好,在toB或toC端的应用都非常困难。

　　AR眼镜涉及的关键技术包括显示技术、光学技术、输入和交互技术、识别和跟踪定位技术等。

　　1) 显示技术

　　要成为颠覆性的下一代计算平台,必须在最重要的显示方式上有革命性的创新。AR最大的突破就是全空间显示屏的创新性。AR显示屏不再是固定空间中的固定显示屏,整个空间都将成为使用者的3D显示屏。显示屏的参数有尺寸和分辨率。人们通常要求显示器的屏幕尺寸越大越好(例如50英寸、60英寸等),越清晰越好(例如分辨率2K、4K等),还有色彩饱和度、对比度等指标。对全空间显示屏来讲,还有一个重要的技术指标叫视场角(Field Angle of View,FOV),是指以光学仪器的镜头为顶点,被测目标的物象可通过镜头最大范围的两条边缘所构成的夹角。FOV的大小决定了光学仪器的视野范围,FOV越大,视野就越大,光学倍率就越小。通俗地说,目标物体超过了视场角就不会出现在镜头里。在显示系统中,FOV是显示器边缘与观察点(眼睛)连线的夹角,就像屏幕尺寸一样,希望越大越好。另一个非常重要的参数是亮度。VR头盔是将人的视线与现实世界完全隔离,而AR眼镜的显示效果会受到现实世界光线的影响,所以对亮度的要求就要比VR头盔高得多。因此,AR眼镜在显示性能方面有五个重要的参数,即视场角(FOV)、分辨率、亮度、色彩饱和度和对比度。当单眼显示器分辨率为某一定值时,分辨率R与视场角FOV相互制约。

2）光学技术

目前 AR 眼镜主要采取的光学透视式方案，具体分为光源、出瞳和光波导分类。这三种分类可以任意组合，目前很多 AR 眼镜采取的都是组合方案。

AR 眼镜的光学透视式方案按光源可分为非立体光、立体光和光场显示三种。非立体光的 AR 眼镜无立体效果显示，图像悬浮于人眼上方，画面大小固定，代表产品是 Google Glass。立体光的 AR 眼镜大部分都是双目眼镜，双目视差呈现出图像的立体信息，代表产品是 HoloLens。光场显示技术主要包括光纤数字光场技术、微透镜阵列技术、光场立体视镜技术和空间光调制技术四种。光纤数字光场技术是通过 12 层平面波导使光纤投影系统射入的光束按规律射入人眼的球面波前，从而在对应焦距的位置成像。这种方法可以把眼镜做得非常轻薄，视野较大，显示效果最好。但实现技术难度大，计算要求高，价格昂贵。采用该技术的企业代表是 Magic Leap。微透镜阵列技术是采用数十组微透镜阵列将分解的影像重新还原，不同距离的图像会被相应的透镜产生出对应的景深图像，从而产生"距离"感。这种技术实现难度相对较小，成本相对较低，但视界受限，图像显示效果较差。采用该技术的企业代表是 Nvidia。光场立体视镜技术是通过多块不同距离的屏幕显示不同距离的内容，所有屏幕堆叠在一起构成一幅完整的画面，从而产生一定的景深信息。这种技术实现难度最低，成本较低，但体积难以控制，复杂图像显示效果不佳。采用该技术的企业代表是斯坦福大学研究所。空间光调制技术是由排列成一维或二维阵列的独立单元接收信号来提供不同的景深信息，从而投影完整的图像。这种技术实现难度适中，视界较大，体积较小，显示效果好，但分辨率略差于光纤数字光场技术。采用该技术的企业代表是影创科技。

AR 眼镜按出瞳可分为半反半透式、自由曲面棱镜式和光栅三种。半反半透式 AR 眼镜的代表是 Google Glass，可视角在 $25°\sim28°$ 之间，对眼睛对焦要求较高，画面容易模糊。自由曲面棱镜式 AR 眼镜的代表是亮风台，使用耐德佳的光学方案，对焦范围大，但比较笨重。光栅式 AR 眼镜的代表是 HoloLens、0glass，这种方案的优势在于成像效果好，比较轻便，但良品率不高。

光波导技术是在人眼之前加入一层透明的、薄的、可以显示所需的图像和符号的光学波导设备，使得 AR 眼镜轻薄，外观自然流畅，佩戴舒适，成为主流发展方向。随着 SBG 和 SRB 技术的成熟，有望成为显示标准，在商业、专业和消费级市场广泛采用。AR 眼镜按光波导技术的实现方式可分为表面浮雕光栅（SRG）和布拉格光栅（SBG）两种。HoloLens 和 Vuzix 就是采用 SRG 从波导设备中提取图像，但视野较小，随着产品尺寸的缩小和复杂度增加，量产难度加大。与 SRG 相比，SBG 视角更宽，更轻薄、更高效。透明波导显示技术开发商 DigiLens 正在开发一种可为 AR 头显带来 $150°$ 视场的波导显示技术，该技术的 IP 光核采用特殊全息曝光技术制作，一旦做好，良率很高，影创科技在研发类似方案。AR 眼镜按色彩丰富程度分单色和多色光波导，单色光波导技术实现难度相对较低。HoloLens 使用的是三片单色光波导；Sony 用的是单色光波导。单色光波导技术实现难度大，代表企业是以色列的 AR 眼镜光学方案厂商 Lumus 和北京灵犀微光。综上所述，光场显示技术难度很大，目前仍处于实验阶段，技术难点主要在硅光波导材料，5 年内可能都难以量产。

3）输入和交互技术

与虚拟世界进行自然的交互是 AR 眼镜的一个高级目标。交互技术有语音、手势、表情、眼球、脑电波等方式。语音交互技术包括语音识别和语音合成技术。语音识别可以解放双手,让用户利用更自然的语音交流方式和系统交互。语音合成是指将文本信息转变为语音数据,并以语音方式播放。在 AR 眼镜中,如果将语音合成和语音识别技术结合起来,可以实现真正的人机自然交流。手势交互是一种较为简单、方便的交互方式,是将虚拟世界中常用的指令定义为一系列手势集合,系统通过跟踪用户手的位置及手指夹角判断用户的输入指令。这种交互方式最大的优势是用户可以自始至终采用同一种输入设备(通常是数据手套)与虚拟世界进行交互,将注意力集中于虚拟世界,而降低对输入设备的额外关注。例如:美国 Leap Motion 的手部动作追踪,德国 Gestigon 的手势控制,中国 Ximmerse 动捕/立体视觉一体设备 X-Hawk,美国 SIXENSE 的无线动作控制器 STEM 系统等。要让计算机看懂人的表情不是一件很容易的事情,迄今为止,计算机的表情识别能力还与人们的期望相差较远。目前计算机面部表情识别技术通常包括三个步骤:人脸图像的检测与定位、表情特性提取、表情分类。眼球追踪技术是将视线的移动作为人机交互方式,这种方式不但可以弥补头部跟踪技术的不足,还可以简化传统交互的步骤,使交互更直接。代表厂商:德国老牌眼球追踪企业 SMI(与高通、英伟达等合作),瑞典老牌眼球追踪企业 Tobii(与华为、宏碁等合作),美国 Eonite 的 Inside-out 追踪技术等。Bendlabs 和德国德累斯顿亥姆霍兹研究中心(Helmholtz -Zentrum Dresden-Rossendorf)还有类似电子皮肤的交互系统,可超高还原度地追踪人在现实世界的交互行为,并延展到虚拟世界中。

4) 识别和跟踪定位技术

AR 眼镜中关键的一个技术环节就是物体的检测识别和跟踪定位技术,即主要解决"是什么"和"在哪里"的问题,也就是要理解场景中存在什么样的对象和目标,对场景结构进行分析,实现跟踪定位和场景的重构。物体的检测和识别主要是将要检测的物体图像类型、特征信息与表示物体信息的知识模型库进行对比,通过相关算法实现对物体的分析识别过程。常见的识别任务有人脸、行人、车辆、手势、生物、情感、自然场景识别等。检测识别技术的难点在于技术的碎片化,不同对象特征的提取和处理需一一对应,且受环境噪声、光照等因素影响大。

物体的跟踪定位技术主要分为基于硬件和基于视觉这两种跟踪定位技术。基于硬件的跟踪定位技术主要是通过声、光、电、机械等原理的传感器对摄像机进行跟踪定位,可分为由内而外和由外而内(需基站,更精确)两种路径。由内而外的硬件跟踪定位技术不需要基站,一般采用惯性跟踪器。由外而内的硬件跟踪定位技术需要基站,但定位更精确,跟踪器可采用电磁式、超声波、光学、机械式或 GPS。这种方法不需要复杂的算法就可较快地获取位置信息。但使用的设备往往比较昂贵,且易受到周围环境的干扰。基于视觉的跟踪定位技术主要有基于模板匹配的方式和 SLAM 方法两种,其中 SLAM 是主流技术。这种方法不需要预存场景就可以跟踪较大的范围,适用面广,跟踪的同时也可以完成对场景结构的重建。但计算速度慢、数据量大、算法复杂,对系统的要求也较高。代表产品是 HoloLens 和 Magic Leap。国内亮风台在研发当中。为了弥补不同跟踪技术的缺点,许多研究者采用硬件和视觉混合跟踪的方法来取长补短,以满足增强现实系统高精度跟踪定位的要求。

2. 车载 HUD

平视显示系统(Head Up Display,HUD)是一套将重要信息投射在驾驶员视野前方风挡玻璃上的显示技术。HUD平视显示系统可以避免驾驶员频繁低头观察仪表,从而将更多的精力集中在前方,提高了行车安全系数。

早期的HUD系统为了克服显示亮度、图像畸变、复杂环境下可视性以及可靠性等问题,往往生产成本都很高,因此仅用在军事领域。如今许多大众化车型的车载HUD会采用结构较简单的独立反射板来实现,如奔驰、宝马、标致等。

将AR技术与HUD技术相结合可以将真实路面场景与投影信息实时融合交互,如路人识别、前车测距、交通灯识别提示等信息,在陌生环境和低能见度环境下也能轻松掌握行驶路线,提高安全系数。Navdy是美国最早研发车载HUD平视显示器的公司。国内生产车载HUD的公司有深圳优助的圆盾智能SDYUANDUN、北京乐驾的车萝卜Carrobot、凌度Azdmoe、深圳十八月科技的HUD PLAY、华阳ADAYO、北京小禾哈德HUD、深圳前海智云谷的CarPro HUD、深圳可可卓科Cocoecar等。

3. 手机

AR硬件产品中,AR眼镜更贴合用户视觉距离,交互更好,但由于成本较高,市场普及程度较低;而AR手机凭借其使用便捷和良好的交互性,普及程度较高。而目前智能手机越来越同质化,手机厂商在硬件上很难再互相拉开较大差距,要再吸引消费者注意力,就要为自己的手机打上别具一格的标签。当下,AR正在成为手机厂商的新鲜"血液"。

通过谷歌的AR平台Tango,联想在2014年发布了第一款搭载Tango技术的消费机手机——联想Project Tango。作为全球首款AR手机,以三颗摄像头成就了3D空间感知技术的消费级AR手机。在AR技术上,Tango手机使用的是最简单粗暴的方式:以"堆硬件"的方式来实现AR技术需要的各个条件。Tango手机比普通手机新增了一颗鱼眼镜头和一颗红外传感器,这两个元件就是实现Tango三个核心技术(运动追踪、深度感知和区域学习)的关键。2017年谷歌为Tango增强现实平台添加了联想Phab2 Pro智能手机,支持AR。它的体积非常大,像一台小型的平板电脑,内置了谷歌的Tango AR项目,但由于当时的AR技术不是很成熟,并没有成为一款畅销产品。但它的出现至少表明了AR是智能手机新功能的未来发展方向之一。同年华硕发布了ZenFone AR手机,搭载三重镜头系统、8GB内存和128GB机身,运行基于Android 7.0的ZenUI 3.0。现在第三款支持AR的手机即将诞生,华为作为安卓平台最大的终端供应商之一和谷歌Daydream View头显的代工厂,正在计划开发一部支持Tango技术的智能手机。相较于出货量较低的华硕和联想,华为的加入将对两者造成不少冲击。

苹果公司已收购了PrimeSense、RealFace在内的多家AR技术公司,iPhone 8就融合了AR技术,用户可以通过相机进行AR体验。和谷歌堆硬件的做法完全不一样,苹果公司的AR平台(ARKit)很神奇的地方在于,可以让所有搭载iOS 11的设备具备AR能力,甚至是单摄手机都可以具备。

2.4 增强现实技术软件平台分析

AR软件平台可分为系统平台和开发平台两类。系统平台指操作系统(Operating System,OS);开发平台主要包括3D建模平台、内容开发引擎、SLAM、AR SDK和AR Cloud。

2.4.1 增强现实操作系统

AR 是下一代人机交互平台,为了实现更加自然的交互方式,应该有能力跨越从短期使用到佩戴一整天的鸿沟。目前的操作系统虽然不能让 AR 的价值完全发挥,但这类操作系统应该是未来 AR 操作系统的雏形。例如微软的 Holo UI,似乎比其他 UI 更接近真正的增强现实,但这种"以任务为中心"的模型不适用于 AR 眼镜。一开始,AR 眼镜仅被用于单一的任务,比如在工厂进行培训或设备监控。大多数设备上的体验都不是作为独立的任务来完成整个展示,而是作为应用程序或标签显示在周围:例如视频在墙上播放,菜谱在厨房台面上显示下一步的准备工作,恒温器在门边盘旋等。随着 AR 应用的发展,AR 操作系统的"主屏幕"应该是基于环境的,它可以通过眼球、脑电波等方式更自然地与世界互动,而不是等待用户选择一个单一的任务。

目前针对 AR 的操作系统主要有微软 Synaptics、谷歌的 Fuchsia 和 Magic Leap 的 Lumin OS。

1. 微软 Synaptics

Synaptics 公司在 2018 年 7 月声称微软正在和 AMD 共同开发"高度安全生物指纹识别认证的"下一代操作系统。这一套生物识别方案包括 FS7600 指纹识别传感器、Windows Hello 在内的人脸识别以及 AMD 处理器集成的安全组件等,还支持 AMD 的下一代 Ryzen 移动平台处理器。该套操作系统主要使用 Synaptics 的 FS7600 Match-in-Sensor(一种完全隔离的指纹传感器技术),这意味着指纹存储和匹配在系统的独立区域中,从而在身份验证过程添加了新的安全层。

微软在 AI/CV 领域积累多年,识别、跟踪、建模等 AR 底层技术方面有沉淀,其发布的 HoloLens2 是目前发布的最佳性能头戴式设备硬件,运行 Windows 系统,有助于把既有的 Windows 应用和用户群移植到 HoloLens2 上,打造移动级消费产品的操作平台。

2. 谷歌 Fuchsia

这个叫作"Fuchsia"的移动终端操作系统,第一次出现在大众的视野是 2017 年 8 月在谷歌的 Git 的代码库中,当时还只是一个命令行。它是 Google 努力打造的继 Android 和 Chrome OS 之后的第三款操作系统。并不基于 Linux 系统,而是使用全新的、由谷歌开发的微内核,称作"Magenta"。Fuchsia 系统将支持 32 位和 64 位的 ARM CPU,同时也支持 64 位 PC,采用 Flutter 引擎+Dart 语言的 UI 开发框架,还支持 Swift 语言。该系统与 Android 相比,对存储器和内存等的硬件要求大幅降低。Fuchsia 的硬实时和基于物理的三维渲染特性是针对混合现实设计的。

3. Magic Leap Lumin OS

Lumin OS 是使用 AR 眼镜 Magic Leap One 开发的操作系统。该系统分为横向和沉浸式两种不同的视觉模式。前者用于在房间中显示二维元素。沉浸式模式将三维物体直接投射到 AR 眼镜的使用者所在的房间中。Lumin OS 不依赖虚拟指针或手持指针,允许用户通过手指作为空中指针来输入命令,也可以使用语音旁白来处理文本输入,还可以使用智能手机键盘输入文本,甚至可以使用蓝牙键盘。Lumin OS 还将采用"强制转换"选项,允许用户与他人共享屏幕内容。

运行在 AR 操作系统上的软件可以分为两大类:应用程序和标签。应用程序由用户启动,可以在3D空间定位,支持多任务切换,并且将一直保持开启状态直到被关闭。例如:给工人工作参考的应用程序,可以打开并放置在正在处理的对象旁边。标签更像是自动的应用程序,它们不断地寻找特定的环境或对象,可以为其赋予增强的信息,甚至通过可视化来改变世界。例如:一个建筑物管理器启用一个标记,当它们进入一个房间时,它会高亮显示任何有报告错误的设备。

2.4.2 增强现实软件开发平台

1. 三维建模平台

虚拟场景的建模是增强现实技术的核心内容。由于增强现实中的场景是动态的,并且能产生复杂的行为与用户交互,因此AR建模方式除了包括静态的几何建模、3D扫描建模、图像采集建模外,还有动态的运动建模、物理建模等方式。

1)基于几何造型的建模

该技术需要专业设计人员掌握相关三维软件创建出物体的三维模型,对设计人员要求高,但建模效率不高。

2)3D扫描建模

该建模方式精度高,但模型需进行后期的专业处理,而且扫描仪所占空间大,影响其应用范围。

3)图像采集建模

图像采集建模是目前最具颠覆性的建模技术之一,主要通过摄像头或不同角度的照片,再通过运动中恢复结构法(Structure From Motion,SFM)或多视图立体匹配法(Multi-View Stereo,MVS)处理建立模型。

4)动态光场采集建模

这种建模方法是最前沿的建模技术,通过摄像机矩阵或深度传感器采集动态光场信息后进行处理,实时建立对象模型。采集精度高无须二次加工处理,可直接应用在影视加工和3D引擎中。但这种方式存在两个问题:首先,采集硬件特别是摄像机矩阵架设方案限制了使用场景;其次,要采集的信息量非常大,需要优化算法和提升运算能力。

5)运动建模

几何建模只是反映虚拟对象的静态特性,AR中还要表现虚拟对象在现实世界中的动态特性,例如:位置变化、旋转、碰撞、伸缩、手抓握、表面变形等方面的属性就属于运动建模问题。运动建模中常需要对不同对象之间运动的位置做碰撞检测,碰撞检测的计算非常费时,需要从省时和精确的角度研究碰撞检测算法。

6)物理建模

物理建模是虚拟现实中比较高层次的建模,需解决系统与用户交互时的运动方式和响应方式,包括设计数学模型、创建物理效果和实时碰撞检测。它需要物理学和计算机图形学的配合,涉及对象的物理特性(包括重力、惯性、表面硬度、柔软度和变形模式等)、物理效果(如用户用虚拟手握住一个球,若已建立了该球的物理模型,用户就能真实地感觉到该球的重量、硬软程度、粗糙程度等)和实时碰撞检测(用户的虚拟手运动到什么位置时应该与球的物理模型发生碰撞行为)。

各建模方式在特点、主要产品、成熟度和适用场景方面的对比如表2.6所示。

表2.6 三维建模方式比较

建模方式	特　　点	主　要　产　品	成熟度	适用场景
几何建模	自由度高;需人工完成;周期长成本高;需简易建模工具或分享平台	Mudbox、Verto、Poly、FormZ、Paint3D、StudioVR、Sketchup、Sketchfab、Gravity Sketch、Tinkercad、Solidworks、Rhino 3D	高	虚拟内容建模
3D扫描建模	扫描3D信息和色彩;设备昂贵;后期需人工辅助	MakerBot、ZCorporation、Polhemus、itSeez3D、3D Camega、Matterport、Agisoft PhotoScan	中	3D打印机
图像采集建模	提取特征的要求高;需大量的运算资源	Pix4Dmapper、Autodesk 123D Catch、PhotoModeler、Visual SFM	中	商用与人脸
动态光场采集	精度高;无须人工二次处理;数据量巨大;对算法要求和摄像机摆放要求高	Lytro、Otoy、8i、微软 Holographic Video、叠镜、Owlii	低	电视影视人物到实物3D均可实现
运动建模	碰撞检测的计算费时	Blender、Pro/E	中	角色运动建模
物理建模	需物理学和计算机图形学的配合	Blender、CATIA、Maya、3D Max	中	动画电影/视频/游戏/交互式/App 等

三维建模的难点在于如何根据用户需求,快速生成高品质、定制化的三维模型。建模软件作为构建虚拟世界的基本工具,需要专业技能人才能使用。因此,如何降低软件使用门槛,提升软件建模效率是下一代软件的核心竞争力。

2. 内容开发引擎

内容开发引擎是构建虚拟世界非常重要的中间件,可以极大提升开发的效率,特别是跨平台开发。AR内容开发引擎主要指3D引擎,一般具备数据管理、图形渲染、交互编辑、平台发布等功能。主流的3D引擎包括Unity 3D、Unreal、微软、英伟达、AMD、Metal(Apple GPU-accelerated 3D Graphics Engine)、Amazon Lumberyard、Autodesk Stingray、RE' FLEKT、WakingApp等。

Unity 3D是由Unity Technologies开发的一个让开发者轻松创建三维视频游戏、建筑可视化、实时三维动画等类型互动内容的多平台的综合性游戏开发工具,是一个全面整合的专业游戏引擎。其编辑器运行在Windows和Mac OS X下,可发布游戏至Windows、Mac、Wii、iPhone、WebGL(需要 HTML5)、Windows phone 8 和 Android 平台。也可以利用Unity Web Player插件发布网页游戏,支持Mac和Windows的网页浏览。目前在支持Windows头显设备(包括HoloLens)的"全息"应用程序中,有91%都是使用了Unity 3D游戏引擎开发的。虚幻引擎(Unreal Engine,Unreal)由Epic开发,是目前世界知名授权最广的游戏引擎之一,占有全球商用游戏引擎80%的市场份额。

随着应用领域越来越广泛,3D引擎会向两个极端发展:一端是专业化、功能更强大、高度集成化的内容引擎(重度游戏,影视等应用);另一端是面向初/中级开发人群的更轻量化、制作门槛更低的入门级引擎,功能和操作更简易,可视化的界面无须编程,可以快速制作独立App,甚至生成网络页面,大大降低了AR内容制作的难度,适合社交、营销、轻量级游戏等简易AR应用场景。

3. SLAM

SLAM 是指同步定位与地图构建(Simultaneous Localization And Mapping,SLAM),通过机器人在未知环境的运动中观测地图特征(如墙角,柱子等)定位自身位置和姿态,再根据自身位置增量式构建地图,从而达到同时定位和地图构建的目的。

目前的 SLAM 根据硬件设备的不同主要有两种:基于激光雷达和基于视觉的 SLAM。激光雷达是精确场景使用最多的 SLAM 传感器,它能以很高的精度测出机器人周围障碍点的角度和距离,但价格非常昂贵。常见的激光雷达有:SICK、Velodyne 及国产的 rplidar 等,都可用来做 SLAM。基于视觉的 SLAM(Visual SLAM,VSLAM)主要通过摄像头采集来的数据进行同步定位与地图构建。相比于激光雷达,摄像头的价格要低得多,但有些工业摄像头价格也很高。此外,视觉传感器采集的图像信息要比激光雷达得到的信息丰富,所以更加利于后期的处理。VSLAM 按照视觉传感器主要可以分为单目摄像头、双目摄像头和深度摄像头。几种 SLAM 的软硬件及市场对比如表 2.7 所示。

表 2.7　几种 SLAM 的软硬件及市场对比表

建模方式	特　点	主要产品	成　熟　度
激光雷达	国外成熟商用,国内有小批量产品	相对成熟可商用	进口产品目前好几万(应有降价空间,国产价位会降到几百元)
单目摄像头	极其简单	可应付简单场景,需要计算量	应用有限,自动驾驶公司用得较多
双目摄像头	相对容易	可用于设定场景和目的,计算量大	常见演示和开发者版本,创业公司尝试使用,成熟的方案较缺乏
深度主动式(ToF)	难度高,当前成熟可选硬件少	难度大,商用版本未成熟	始见演示,逐步成熟,前景最好

目前 SLAM 在 AR 商用领域属于起步阶段,特别是 toC 领域的重点在于培养用户习惯,挖掘用户的行为特点。2017 年 Apple ARKit 和 Google ARCore 都主打了单目摄像头＋惯性单元(IMU)的解决方案,可降低用户获取成本,快速将 AR 应用普及,并鼓励原有生态开发者开发更多的 AR 相关内容。未来,各大厂商会升级自己的解决方案,双目摄像头＋IMU 以及单目摄像头＋ToF 是未来的发展方向,前者对 SLAM 算法要求更高,后者对硬件制造和设计的要求更高。

综合来看,未来 SLAM 的发展趋势:①解决动态场景的还原和追踪问题;②语义地图与 SLAM 进行结合;③多机器人的协作;④双目摄像头＋IMU 以及单目摄像头＋ToF 是未来的发展方向;⑤VSLAM 和激光雷达组合,弥补各自所存在的问题;⑥硬件更加轻量化,让 SLAM 能在嵌入式和移动端更好地运行。SLAM 未来技术发展和可用领域拥有极大技术发展空间潜力;语义地图是 SLAM 未来的重点发展趋势,需要人工智能等技术的跟进发展;建模软件、动态光场采集和直接交互等技术具有发展前景;快速建模方案、SLAM 技术和 3D 引擎竞争较为激烈。

4. AR SDK

软件开发工具包(Software Development Kit,SDK)是软件工程师为特定的软件包、软件框架、硬件平台、操作系统等建立应用软件时的开发工具的总称,是连接硬件与内容的重要底层基础软件。一个好的 SDK 必须具有占用内存小、支持机型广、稳定性高等特点。基础软件工具包 SDK 的发布是几年来增强现实应用大力发展的主要原因之一。从 1998 年 Daqri 公司发布最早的较成熟工具包 ARTool Kit,到现在已经有近百家公司提供了自己的 SDK。国外的 SDK 厂商主要有微软、索尼、BlippAR、苹果、博世 BOSCH、Total Immersion、美国的 Occipital、日本的 Kudan、美国 PTC 的 Vuforia、奥地利的 Wikitude、美国 ARTOOLKIT、芬兰 Augumenta、英国 AURASMA 等。国外主流的 SDK 是 Vuforia(2015 年 10 月 PTC 从高通收购 Vuforia)和 Metaio。Vuforia 被认为是全球使用最广泛的 AR 平台之一,并且得到了全球生态系统的支持,拥有 325 000 多名注册开发人员,现今市面上已经有基于 Vuforia 开发的 400 多款应用程序。使用 Vuforia,开发人员可以轻松地为任何应用程序添加先进的计算机视觉功能,使其能够识别图像和对象,或重建现实世界中的环境。无论是用于构建企业应用程序以便提供详细步骤的说明和培训,还是用于创建交互式的营销活动或产品可视化,以及实现购物体验,Vuforia 都具有满足这些需求的所有功能和性能。但 Vuforia 方案需要跟 Unity 绑定,会导致文件体量大,当到达一定使用规模时需付费,持续服务也得不到保证,云端识别价格高。而 Metaio 被苹果收购,不对外。因此开发者开始迁移,寻找更优 SDK。ARKit 是苹果 2017 年发布的用于开发 iOS 平台的 AR SDK。2017 年 Google 发布了基于 Android 平台的 AR SDK:ARCore。目前版本的 ARKit 和 ARCore 主要支持的功能:①运动定位,可以让手机了解并跟踪其在现实世界中的位置。②环境感知,平面和边界的判断,可以让手机检测到类似地板或桌面平面大小和位置。③光照效果,可以让手机感知真实世界环境中的光照条件,对照调整虚拟物体的亮度、阴影和材质,让它看起来更融合环境,并可以让虚拟物体根据光照条件变化进行互动。④实物测量,精度较高。

　　ARKit 和 ARCore 的发布可以说是 AR 行业的两剂强心针。他们均是针对移动设备上的单目+惯性测量单元(Inertial Measure Unit,IMU)的增强现实 SDK,也就是 VIO 的 SLAM 方案。Intel、Darqi 等都推出了自己的 SDK 开发包,走在算法研究前列。在行业竞争格局还没有建立的情况下,SDK 厂商在增强现实领域也有发展潜力,特别是同时推出硬件和 SDK 的公司。国内 SDK 的代表厂商有百度、视+(视辰)、亮风台、塔普智能、0glass、腾讯等。国内 AR SDK 以其价格优势、服务能力迎来历史机遇。

5. AR Cloud

　　视觉 SLAM 生成的地图多是点云地图,即一些点组成的抽象合集,还不能做机器人的路径规划,需要进一步探索和研究。SLAM 提供的点云信息越多,对环境认知越好,相比点云地图,语义地图能更好地表达物理世界的特性。语义指机器对周围环境内容的理解,比如认识环境中的物体、人及它们的关系等。语义和 SLAM 两者相辅相成,语义信息可以帮助 SLAM 提高建图和定位精度,特别对于复杂的动态场景。

　　虽然对基础环境有了一定的认识,若要进一步支持虚拟世界和现实世界的融合,还需要:①获得绝对位置。与 GPS 只有粗略的位置相比较,虚拟与现实的融合则需要精确到点的位置,这样才能允许多人同时编辑分享在物理空间中叠加的虚拟内容,如同在现实中协同一样。②融合层。理解物理世界对应物体和其对应的虚拟信息,并在融合层展示。③保持同步。将所有在融合层发生的变化记录并在云端同步。而 AR Cloud 的诞生则可以解决此类问题。AR Cloud 是一个持续的点云地图与真实世界坐标的结合,如同网络搜索引擎可以索引所有的虚拟信息,AR Cloud 索引了增强世界的所有信息,是一个 1:1 让机器或设备可以理解的世界模型。目前,AR Cloud 的研发还处于早期阶段,Google、Apple 和微软有类似的研发项目,但还没有更多公开信息。

2.5 增强现实技术内容开发及服务平台分析

2.5.1 增强现实技术内容开发平台

1. 内容开发及分类

如果说软硬件是 AR 的皮肉,那么内容就是 AR 的灵魂。AR 的应用领域极其广阔,在 toB 端和 toC 端,均将成为未来物联网时代的重要操控中心。toB 端和 toC 端的主要应用领域和特点如表 2.8 所示。

表 2.8 toB 端和 toC 端的应用领域及特点

应用端	领 域	特 点
toB 端	军事、工业、医疗、设计、培训、商业、教育、旅游等	生产力工具,大大提升培训和生产效率,改善现有生产流程
toC 端	娱乐、游戏、影视、视频、直播等	线上线下融合,可以衍生出丰富的玩法和商业模式

2. toB 端内容应用领域

任何一个平台的爆发与发展都离不开内容与应用的驱动。2016—2017 年,AR 的 toB 端应用从军用到工业、教育、商业、培训等,需求旺盛明显高于 toC 端。对 toB 端客户而言,AR 带来的价值远远高于其成本。AR 可用于抢险救灾、医疗救护、手术导航、工程培训、工业维修装配、电力巡检、物流仓储、教育培训等场景,大大提升实时指导和生产、培训的效率;用于驾驶、军事训练、执法安防、高危工作等场景,可减少危险系统,提高安全性;用于水下救援、产品展示营销、产品设计、太空探索、水利水电勘察等场景,可将许多不可见和不可知领域的工作可视化,突破人类能力的限制。AR 在 toB 端的主要应用场景及实例如表 2.9 所示。

表 2.9 toB 端应用场景及实例

特 点	应用场景	实 例
效率性(实时指导、培训需求)	抢险救灾、医疗救护、手术导航、工程培训、工业维修装配、电力巡检、物流仓储、教育培训等	波音使用 AR 技术使组装机翼的时间加快了 30%,且精准度高达 90%;空客利用 AR 技术使组装机身支架时间由 300h 降低至 60h,同时错误率降低了 40%;蒂森克虏伯通过 HoloLens 用于电梯的安装和检修,仅需 20min 就能解决以往需要 2h 才能解决的问题;德国使用 Scopis"全息导航平台"进行脊柱手术;Knapp、SAP 和 Ubimax 共同研发的视觉拣货系统,其持续的拣货验证功能可减少 40% 的错误;小熊尼奥《AR 地球仪》进行 3D 展示、地理知识学习
安全性(减少危险系数)	驾驶、军事训练、执法安防、高危工作等	英国国防公司利用增强现实技术建立可穿戴式驾驶舱,用于飞机作战;美国海军陆战队军校采用增强现实团队训练系统训练学员;别克 HUD 平视系统向驾驶员直观显示 PD 行人识别/保护、ACC 自适应巡航等安全提示信息;丰田使用英伟达的自动驾驶汽车仿真平台 Drive Constellation 进行自动驾驶技术的研发
突破限制(不可见和不可知领域的工作可视化)	水下救援、产品展示营销、产品设计、太空探索、水利水电勘察等	沃尔沃利用 HoloLens 展示汽车内的各零部件和功能;微软与 NASA 合作"Sidekick"的项目为宇航员提供动画全息图像和虚拟助手,缩短训练时间;IKEA Now AR 将家具摆放在家里实验是否合适;优衣库 Magic Mirror 能够识别顾客身材和所选衣物;阿里试妆台抓取脸部特征,显示试妆效果等

目前,toB端应用案例中,手术导航是热点之一。一般手术过程中,医生需要通过核磁共振、CT等数据来判断手术位置、角度和深度,不仅增加了患者和医生受辐射照射的危险,还延长了医生判断的时间。使用 AR 技术,可以将 3DX 射线和光学成像技术结合到一起,为外科医生提供"患者全面的增强现实视图"。虽然传统的 CT 及 MRI、心电图等技术已经比较成熟,但像心脏、脑科、寄主、神经等高风险手术,在治疗过程中使用 AR,可以更加直观准确地提高手术成功率。

德国柏林的一家手术导航系统供应商 Scopis 推出了一个"全息导航平台"(Holographic Navigation Platform),它可以应用在脊柱手术(Spine)、神经手术(Neuro)和耳鼻喉科(ENT)手术中,如图 2.12 所示。该平台相当于把手术导航系统整合到了HoloLens 中,让 MR 图像覆盖在患者身上。外科医生戴上 HoloLens,该平台会在患者身上显示手术螺钉的正确安装位置,帮助医生快速找到这个位置。通过显示精确的角度来支持实时校准。利用手势单独调出脊柱图,有利于医生查看和分析。也可放大缩小全息界面,让一些重要的信息停留在视野范围内,如图 2.13 所示。

图 2.12　使用 Scopis"全息导航平台"进行手术　　图 2.13　手术过程中使用 Scopis 查看重要信息

该"全息导航平台"的 3D 跟踪功能增加了全息图像覆盖的精度,就算移动患者的位置也不会造成精度缺失,它会跟着患者一起移动。截至目前,在全球 50 多个国家,外科医生借助 Scopis 的解决方案完成了 10 000 多场手术。

飞利浦在 2017 年 3 月宣布成功开发出第一个结合 AR 技术的医疗影像处理系统(见图 2.14),并已成功应用这个系统为患者进行脊椎手术。该系统可以让医生事先了解患者的身体 3D 结构,规划手术进行方式及植入物的位置;并在手术中使用 AR 自动导航系统,将植入物精准引导至医生想要的位置直接置入,医生不需要大面积切开患者背部,以肉眼确认脊椎位置,可大幅减少手术时间。在完成手术后,直接在手术房利用该仪器设备确认植入物的放置是否正确,不需要另外将患者送到他处做 CT 扫描,这些过程医生都不会暴露于辐射下,也可以确保患者仅受到最低剂量的辐射,如图 2.15 所示。目前飞利浦公司已与国外医院合作将此技术应用于真实人体脊椎手术,并证明使用 AR 技术相较没有使用 AR 技术进行手术,可以显著提升整体手术的精准度(约 19%)。该公司表示,这项新技术将在部分地区的医院开始使用,下一步目标开发则会放在肿瘤手术上。

3. toC 端内容应用领域

AR 在 toC 端的应用注重消费者的需求和体验,不同的应用场景会产生不同的用户需求。能解决用户需求问题时,AR 才会产生应用价值。目前 AR 在 toC 端的硬件尚未成熟,亟待关键零部件性能的优化以提升用户体验效果。AR 在 toC 端的应用场景主要是在游戏、

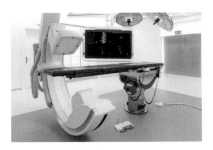

图 2.14 飞利浦的 AR 医疗影像处理系统

图 2.15 利用 AR 自动导航系统进行手术

娱乐、影视/视频、直播等领域,如表 2.10 所示,此外,在社交、动漫、记忆场景保持等也有应用。*Pokenmon Go* 等爆款 AR 游戏的出现,极大地启发和教育了市场,借助新技术,企业可以突破现有流量瓶颈,实现线上线下无缝融合,实现场景式营销。许多企业也正在使用 AR 场景营销解决方案,帮助企业突破固有的商业模式,增加品牌形象、催生新的产品形态。

表 2.10 toC 端应用场景及实例

应用场景	实 例
娱乐	上海禾念信息有限公司制作的虚拟歌手洛天依,多次与薛之谦、周华健、萧敬腾、世界钢琴大师郎朗等众多明星同台举办全息演唱会;加拿大太阳马戏团利用 HoloLens 模拟搭建的舞台和虚拟演员;传奇影业(Legendary)使用 HoloLens,通过微软 Actiongram 应用将兽人带到现场,并与魔兽演员罗伯特·卡辛斯基(Robert Kazinsky)碰拳互动
游戏	Niantic Labs 与任天堂共同发布基于 LBS 的 AR 游戏 *Pokemon Go*;亮风台与大疆共同开发无人机 AR 游戏;法国开发商 Asobo Studio 制作的 HoloLesns 解谜类游戏 *Fragment*
影视/视频	世界上第一个规模最大、最像电影的增强现实体验中心在西班牙马德里建立;Meta 实现人像全息 3D 视频通话;众景视界已与优酷、斗鱼、羚羊云在运动视频商达成合作
赛事直播	微软与移动应用开发商 Taqtile Mobility 合作制作了一个增强现实 Demo,使用 HoloLens 进行高尔夫巡回赛的展示

2.5.2 增强现实技术产品分发及服务平台

1. 产品分发及服务平台

AR 设备目前的分发渠道主要有各生产商官网、AR 设备代理商、内容制作商和第三方服务商。目前生产商官网和设备代理商是 AR 设备销售的主要渠道。据市场研究公司 IDC 统计数据显示,2018 年第四季度,全球可穿戴设备市场增长了 31.4%,销量达到 5930 万的新高。因此,AR 硬件分发及服务平台在 AR 产业链中占据重要地位。目前中国 AR 设备代理商主要有西安象呈、上海金家藩、广州口可、上海曼恒、北京市中视典、网龙、深圳丝路、瑞立视、北京迪生、深圳国泰安、北京久新、北京知感等十几家企业。随着 AR 产业的不断成熟,销售渠道也会越来越完善。

2. 内容分发及服务平台

内容及应用分发渠道主要有应用分发渠道、垂直媒体、线上渠道和线下渠道四类。应用分发渠道的代表是苹果、腾讯、华为。垂直媒体的代表是 ARinChina、智东西、雷锋网、网易科技等。线上渠道的代表是苏宁易购、淘宝网、京东、点名时间等。线下渠道的代表是国美、苏宁等。

2.6　增强现实技术全产业链分析

AR产业链相对完整,总体上可分为上、中、下游三部分,上游为AR硬件产业,中游为软件和平台开发商,下游为内容提供商及渠道商。

AR硬件产业主要包括关键零部件、整机(包括AR眼镜、车载HUD和手机)和人机交互设备(包括手势识别、位置追踪和虚拟投影)三个部分。随着规模经济和模块化生产趋势的发展,AR零部件的生产日益精细化和专业化。AR零部件主要分光学、投影、显示、芯片、传感器和电池等零部件。光学零部件主要有Lumus、耐德佳、水晶光电、苏大维格、灵犀微光等。投影零部件相对较少,主要有长江通信、利达光电、奇景光电。显示零部件主要是京东方、康得新、Samsung、歌尔声学、深天马A。芯片主要有高通、Intel、AMD、微软、TI等知名企业产品。电池主要有Sanyo、三星、LG、东芝、中航锂电等。AR硬件中目前普及度较高的是AR头戴式显示器,国外品牌主要有Magic leap、Meta、Hololens、DAQRI、爱普生、Lumus、Vuzix、Sony、Recon、Google Glass等。国内AR眼镜主要有影创科技、塔普智能、亮风台、奥图科技、0glass、枭龙科技、灵犀微光等。AR交互设备主要包括手势识别、位置追踪和虚拟投影设备。手势识别设备国外主要是微软、苹果、Leap和Sony。国内有凌感科技(uSens)、锋时互动、极鱼科技、英梅吉科技(IMG科技)等。位置追踪设备主要代表有Avegant、HTC、七鑫易维、Flex、富士康、和硕联合等。虚拟投影设备主要代表有Magic Leap、QD Laser和North。

AR软件产业主要包括操作系统和软件开发平台。目前涉足AR操作系统的企业主要有微软、谷歌和Magic Leap。AR软件平台主要包括3D建模平台、内容开发引擎和图像识别SDK等。国外软件平台主要有Vuforia、Kudan、Metaio、AxstAR、D Fusion、RoxAR、ARToolkit等。国内软件平台相对国外数量较少,主要有视＋(视辰)、亮风台、塔普智能、0glass。AR交互设备中使用的手势识别和跟踪定位等交互技术,尚未形成统一的技术基准,这在某种程度上制约了AR内容的开发。在2017年前,AR软件应用基本上都是围绕安卓系统在开发,喜欢后发制人的苹果在2017年6月的WWDC开发者大会上推出ARKit,使大多数iOS用户也能得到AR体验的享受。

AR内容及应用将成为AR产业的发力点,主要包括行业内容应用(toB)和个人消费市场应用(toC)。AR在行业应用领域方面较广泛,包括工程培训、安装检修、物流仓储、产品营销、自动驾驶、太空探索、商业应用、工业应用等方面。例如商业应用方面有阿里、幻眼科技、云角信息、触角无限、投石科技等。工业应用方面有0glass、塔普智能、影创科技、亮风台等。AR在个人消费市场上主要突显在商业营销、教育、游戏和社交方面。例如教育方面主要有央数文化、新锐天地、喵呜科技。游戏应用国外主要是任天堂、谷歌,国内是创幻科技、腾讯、蓝港互动、亮风台、百度等。渠道商主要有硬件、应用分发、垂直媒体、线上和线下渠道商等。其中硬件渠道商与第1章提到的VR硬件代理商基本相同,这里不再赘述。应用分发渠道商的主要代表是苹果、腾讯、华为等,垂直媒体企业主要包括ARinChina、智东西、雷锋网、网易科技等,线上渠道商的代表有苏宁易购、淘宝网、京东、点名时间等,线下渠道商的代表当推国美和苏宁,如图2.16所示。

从产业链可看出:苹果、微软、谷歌等巨头已经在产业链中强势布局。三星、HTC、索尼、英特尔、高通等厂商在AR领域的投入也是未来主导行业发展速度的主要因素之一,初

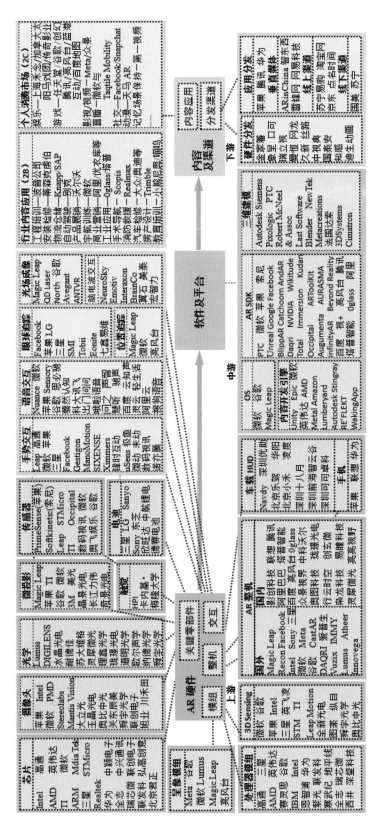

图2.16 增强现实全产业链图

创团队和高校实验室等在研发上的能力也不容小觑。AR产业链中有一部分是建立在PC与智能手机的基础上,尤其是智能手机产业大爆发,大大降低了零部件的成本。而且智能手机本身就是AR实现的解决方案之一,可作为现阶段AR应用的硬件载体,这使得AR产业发展已具备较高的起点。目前AR硬件及解决方案仍处于开发阶段,AR软件平台的国外主流厂商也几易其主,且性价比和本地化服务欠缺,这给国内的厂商留出了极好的窗口期。AR产业空间巨大,将大大超过VR,成为下一代计算中心。爆发节奏上,软件和应用先于硬件,toB硬件先于toC硬件,智能手机的AR应用先于AR眼镜,其中商业领域空间最大。真正的消费级AR眼镜要到2020年左右出现。目前在toC端的AR内容和应用以及toB端的AR眼镜均呈现出高速增长态势。

但AR产业链许多环节仍不成熟,亟待技术标准的统一和生态的融合。AR产业链是研发主导型产业链,谁掌握核心底层技术及其标准,谁就能成为产业链的主角,不排除诞生新的苹果、谷歌的可能。因此,拥有核心底层技术的AR软件公司占据产业链的主导地位,是行业发展的制约因素。这些公司融合跟踪定位技术、用户交互技术、虚拟融合技术等,推出AR软件应用开发软件工具,以帮助AR硬件公司和衍生品公司的发展便捷地进行应用开发或创意内容开发。

2.7　增强现实技术产业链布局典型案例研究

2.7.1　国外大厂产业链布局典型案例

1. 谷歌

Google在AR产业链上的布局可谓是软硬一体化,AR是重点,AI是核心。

硬件方面,谷歌于2012年发布AR眼镜探索者版本(Google Glass Explorer Edition)。2014年2月研发了Project Tango智能手机,配备了一系列的摄像头、传感器和芯片,能实时为用户周围的环境进行3D建模。同年,谷歌大举投资Magic Leap,在芯片、传感器、交互技术等方面也有布局。2015年1月,谷歌停止了谷歌眼镜的"探索者"项目。2017年底,谷歌宣布从2018年3月起逐步关闭Tango,集中关注AR软件ARCore。2017年7月发布了Google glass企业版。硬件产品还包括可用于家具互联的Google Home、家用无线路由器Google WiFi、支持HDR、杜比环绕音效的Chromecast Ultra、Pixel 3/Pixel 3 XL手机、Pixel Slate平板电脑、Home Hub智能音箱等产品。

软件方面,2017年8月Google发布开发工具包ARCore,并在同年10月发布的Pixel 2手机中实现AR功能。Andromeda则是谷歌将融合Chrome OS和Android打造的一款操作系统,将覆盖所有类型的设备:手机、笔记本电脑、变形本和平板电脑,这个OS的诞生似乎是谷歌为了与微软抗衡。Andromeda可能是开源免费的,值得使用和体验。此外,还有AI语音助手软件Google Assistant、Google搜索、内容软件Youtube等,通过软实力将Google的硬件完美地展现。

2. 微软

微软布局AR的时间较早,2010年发布动作和深度感知输入设备Kinect。2015年推出的全息影像MR(Mixed Reality,可理解为MR＝AR＋VR)眼镜HoloLens,是微软首个不受线缆限制的全息计算机设备,用户能与数字内容交互,并与周围真实环境中的全息影像互动。2016年6月,微软宣布开放Windows Holographic平台,试鼓励其他的AR头显公司使用该平台,此举是为了打造成类似 PC 行业的 Windows 平台。2017 年 10 月微软和五大 OEM 厂商合作发布多款头显设备,同时在内容上推出了方舟计划。微软在自己做硬件内容的同时,还与外部硬件厂商合作力图打造基于 Windows 的混合现实平台。

微软认为 AI 已经成为互联网巨头的必争之地,未来将把 AI 贯穿到所有的产品和服务里,打造智能 OS。不仅与 IBM、Google 等联合成立了 AI 联盟,还成立了微软人工智能及微软研究事业部,将人工智能平台 Project Malmo 提供给开源社区,推出 AR 眼镜 HoloLens;在语音识别和图像识别等领域成绩突出,包括 HoloLens、Skype 等。

3. 苹果

苹果不仅重视 AR 硬件移动生态的发展,在智能手机软件和应用领域更是不断地蓄势布局。除 iPhone、iPad 等产品外,苹果认为 AR 比 VR 应用更广泛,是非常核心的技术,除大肆招聘 AR 相关人员外,还收购了来自 AR 领域、3D 体感及面部识别等相关领域的公司,如 Metaio、Prime Sense、Faceshift、Emotient、Polar Rose、Xtion Pro/Xtion Pro Live、Flyby Media、Lin X 等,并且储备了 AR 导航、柔性屏、透明数码设备等几十项 AR 专利。2017 年 6 月苹果推出了应用程序开发工具包 ARKit,并在 9 月 iPhone 和 iPhone X 新品会上发布 iOS 11 操作系统,AR 是其重要的新功能。2018 年苹果称正在开发一款内部代号为 T288 的 AR 头显,且有望在 2020 年之前发货。有传闻称这款可穿戴设备属于一体机设备,无须搭配 iPhone 使用。另外,设备将搭载显示器和处理器,包括自身的软件平台 ROS(Reality Operating System,现实操作系统)。对操作方式,设备支持头部姿势、Siri 语音命令和触控面板。

4. Facebook

Facebook 在 2014 年完成对 Oculus 的收购后,加大了在 AR 领域的投入。Facebook 认为未来 AR 技术将会借助智能手机平台蓬勃发展,2017 年 3 月发布 AR 平台 Camera Effects,5 月发布开发工具 Frames Studio,同年 12 月发布开发工具 AR Studio。Facebook 自身也在积极储备 AR 人才,目前负责 Camera AR 团队产品管理的 Chanhok(之前曾任谷歌 AR 产品总监)负责 ARCore 智能实际增强现实平台和 Dyadream VR 平台。Facebook 布局 AR 产业主要通过收购渠道,包括收购 MSQRD 增强现实自拍 App,多次尝试收购阅后即焚社交软件 Snapchat 等,而在 AR 硬件上相对进展不大。

2.7.2　国内大厂产业链布局典型案例

国外巨头企业较早投资聚焦于构建软硬一体化的生态体系,在底层技术也有很大的投入和深远的布局。国内巨头以 BATJ(指百度(Baidu)、阿里巴巴(Alibaba)、腾讯(Tencent)与京东(JD)四大巨头)为代表,于 2016 年相继在 AR 领域投入,主要在应用层面,专注于利用新技术赋能原有业务。除阿里投资 Magic Leap 外,其他厂商在硬件及底层技术投资的并不多。2017 年以 BATJ 为代表的国内大平台都在加速 toB 和 toC 端的布局。

1. 百度

百度的 AR 战略是研发先进的软件技术,而非打造硬件。2014 年 9 月发布 AR 眼镜 Baidu Eye。2016 年 8 月,百度推出了针对智能手机端的 DuSee AR 平台,使百度搜索结果以三维效果展示在用户跟前,增强了互动体验。2017 年 1 月成立百度 AR 实验室,同年 7 月发布 DuMix AR 平台,为开发者提供 AR SDK、内容制作工具、云端内容平台和内容分发服务。百度 XR 平台是百度搜索公司 XR 团队自主研发的平台,依托百度搜索引擎的天量分发,为数亿用户带来全新的搜索体验。目前百度 XR 已经与上百家企业建立合作伙伴关系,并在教育、旅游、家装、汽车、天气等垂直类上落地。

2. 阿里巴巴

2016 年 2 月,阿里巴巴为 Magic Leap 融资 2 亿美元,占总融资额的 25%。2016 年 11 月,阿里投资以色列 AR 技术公司 Infinity。2017 年 1 月,投资以色列 AR 眼镜公司 Lumus,同年 10 月,阿里人工实验室发布了 AR 内容平台——阿里火眼,开发者创建的 AR 内容可直接发布到阿里火眼。针对优秀的 AR 内容和开发者,阿里巴巴人工智能室将提供先进奖励、流量扶持和商业化资源。阿里的内容开放平台目前已与国家图书馆达成合作,双方将在数字化内容、文化教育视频、音频等领域进行 AR 技术落地。

3. 腾讯

腾讯投资了 AltspaceVR、Hike、Meta、Innovega 和赞那度等多家 AR/VR 领域公司。2017 年 11 月,腾讯宣布 AR 开放平台正式免费开放。QQ-AR 开放平台具有零技术门槛、无须额外下载应用、稳定成熟三大技术优势。平台为开发者提供多种 AR 基础技术,包括识别、追踪、展现、跳转和其他辅助工具。

4. 京东

京东在 AR/VR 领域布局较早,2016 年初就成立了 AR/VR 实验室,同年秋季对外发布了京东 VR DAY,其中 AR/VR 购物星球的演示让用户感受到令人期待的下一代电商购物体验,同时公布了电商领域第一个 AR/VR 产业推进联盟,聚焦于电商 AR/VR 内容,技术与解决方案。2017 年 5 月京东推出了以人工智能 3D 建模大赛为核心的京东天工计划 1.0,同年 12 月推出了以 AR 开放平台为核心的京东天工计划 2.0。目前,京东已有多个产品线,其中 AR 京东视界,京东试试,Matrix AR 营销平台发展迅速。京东积极将 AR/VR 技术引入线下,打破线上线下零售界限,带来无界前卫的购物体验战略布局。

5. 网易

网易在 AR 上的布局主要围绕其硬件产品 HoloKit 展开。2018 年 1 月成立网易 HoloKit 创新实验室,将业务场景落实到"AR+教育""AR+医疗""AR+文化"等多个领域。"网易洞见 AR"是网易人工智能事业部 AR 团队自主研发的 AR 平台。通过移动客户端、轻量级 SDK、Unity 引擎等产品形态有效连接开发者和场景,在游戏、互联网、娱乐、教育等行业内与多个企业建立了合作伙伴关系,洞见 SDK 也凭借领先的技术成功接入多个互联网应用。

综上所述,未来 AR 产业的硬件和内容应用均有望成为商业模式的主导(见图 2.17)。从巨头布局来看,谷歌、微软和苹果在硬件、软件和内容上都有所布局。这些巨头深知掌握底层核心技术的重要性,均打算从 OS 层面一统江湖;Magic Leap、网易等巨头比较注重软件和硬件同时发力,意图抢占 AR 软硬一体化生态的制高点;

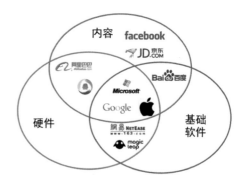

图 2.17　巨头 AR 布局图

Facebook 和京东则认为现有手机终端目前仍将是 AR 应用的主要载体。国内巨头如阿里巴巴、腾讯主要集中在硬件和内容层面。

2.8 增强现实产品及发展

AR 市场规模发展情况取决于技术的普及程度。只有当底层技术达到突破之后，硬件产品和软件应用才会被市场认可。AR 的底层技术仍取决于北美地区厂商的研发发展，但整体市场突破口将更看重以中国为代表的亚太地区，他们是 AR 市场未来的消费主力。以行业类别划分，AR 在 toB 端更具优势，其发展将超过以游戏、娱乐为主的 toC 端市场。垂直领域，AR 最先改变的是教育行业，借助 AR，认知从二维拓展到了三维，同时融合听觉，把单一固化的教育模式变得更情景化、融入化，以立体交互的方式感知学习。AR 新的电商传媒形式，从简单的平面互动媒体，进化到 AR 电商生态，AR 移动购物，AR 明星演唱会等。平面媒体互动主要是在广告、杂志等中添加标签，通过摄像头扫描识别叠加内容。辅助购物类应用利用 AR 技术提供虚拟体验，已经被 Snapshop、宜家、优衣库等厂商引入。

2.8.1 AR 硬件产品市场展望

目前大部分 AR 硬件及解决方案仍处于开发阶段，AR 产业的每个环节都在初步发展期。硬件产品中，AR 手机凭借其便捷的使用性和良好的交互性，普及程度较高，但未来一段时间内市场竞争会相当激烈。车载 HUD 在无人驾驶市场的潜力巨大。AR 眼镜目前成本较高，市场普及程度较低，但由于更贴合用户视觉距离，交互方便，因此未来市场前景广阔。本节以 AR 眼镜为例，分析 AR 眼镜普及尚待克服的难题及原因，对 AR 整个硬件产业的发展有着重要的意义。

AR 智能眼镜主要有十个技术指标：重量，外形大小，FOV，分辨率，亮度，色彩饱和度，对比度，CPU 和 GPU，续航能力和 TOF 模组。这十个技术指标中有一些指标是需要平衡的，比如强大的数据和图形处理能力，则需要较高的功耗，续航时间就会缩短。如果要增加续航时间就必须增加电池模组的数量或者增大其体积，眼镜的重量和外形就不可避免地变大。所以，要做一个好的各项技术指标平衡的 AR 眼镜，其技术含量远高于手机 VR 头盔，这将导致 AR 眼镜开发难度的增加以及成本的增高。

1. AR 眼镜尚待克服的难题

AR 眼镜要成为主流的可穿戴设备，尚待克服的硬件难题主要包括佩戴的舒适性、移动性和交互性三个方面。

1）舒适性

舒适性的主要影响因素有视觉效果、眼镜重量和体积。

（1）视觉效果。

AR 眼镜的显示效果会受到现实世界光线的影响，因此对视觉（包括视场角、分辨率、亮度、色彩饱和度、对比度等）的要求比 VR 头盔要高得多。视场角的大小决定了光学仪器的视野范围，视场角越大，视野就越大。目前主流 AR 眼镜的视场角最大的算是影创科技的 New Air2，FOV 达 60°，接近视场角 65°的全球技术标准，分辨率也接近技术标准。

（2）眼镜重量。

一般来讲，适合全天舒适佩戴的 AR 眼镜要尽量轻薄，重量应该近似普通太阳镜，大概小于 60g（当然越轻越好）。而目前技术较成熟的 AR 眼镜不多，国外主要是微软的

HoloLens、HoloLens2 和美国 Leap 公司的 Magic Leap One。国内主要是影创科技的 Action One、New Air2 和太若科技的 Nreal Light,这些主流的 AR 眼镜重量距离 60g 的标准还有较大的差距,如表 2.11 所示。

表 2.11 现有 AR 智能眼镜与全球技术基准参数对比表

产　品	续　航	视　觉	价　格	重　量	界面交互	处　理　器
HoloLens	3h	FOV 23° 1268×720像素	$3000	579g	Windows Holograpic OS,支持凝视、语音和手势交互,手部和眼球追踪	CPU Intel x5-z8100,GPU Intel 8086H 微软定制 HPU
HoloLens2	2~3h	FOV 52°(对角线) 1024×1024像素	$3500	未知	Windows Holograpic OS,支持语音控制、手动跟踪和眼球追踪	高通骁龙 850+微软定制 HPU2 代
Magic Leap One	头显 3h Lightpack 3h	FOV 50°(对角线) 1024×1024像素	$2295	头显400~500g	自有 Lumin OS,支持眼球追踪、手势控制、语音交互、头部姿态	CPU:英伟达 ParkerSOC+GPU:英伟达帕斯卡+图形 API
影创 Action One	4h	FOV 45° 1280×720像素	￥6999	330g	自主研发 3D 全息 Blue Cat OS,精确的手势识别、精准的空间定位	高通骁龙 835
影创 New Air2	4~5h	FOV 60° 1280×1080像素	$799	眼镜 55g+100 多克脖环	Windows Holograpic OS,支持语音控制、手动跟踪和眼球追踪	高通骁龙 850+微软定制 HPU2 代
Nreal Light	头显未知+智能手机	FOV 52° 1280×1080像素	未知	头显 85g	Slam 定位,能识别现实环境,使虚实更融合。支持手势、语音等交互	高通 855 芯片+Adreno 630 GPU
全球技术标准参数	12h	FOV 65° 1280×1720像素	$700	腰间 Lightpack 3h	AR 专用 OS,应支持语音、手势、体感、眼球甚至脑电波控制	强大的 CPU、GPU 和 HPU

目前 AR 一体机眼镜重量还是较大,例如 HoloLens 重量近 600g,很难长时间佩戴。分体式眼镜的设计相对就很巧妙,也轻得多,例如影创 New Air2 的眼镜部分仅 55g,处理部分被设计成脖环,只有 100 多克,既方便佩戴,又减轻了头部重量,比同类一体机眼镜 HoloLens 要轻 400 多克。中国初创公司太若科技在 2019 年推出的 Nreal Light 眼镜也采用了分体式设计方式,头部佩戴部分重量为 85g,也可连续佩戴数小时。这种分体式设计方案,相信在未来几年会占据主流。

（3）体积。

一般情况下,设备的体积和重量呈正相关。体积越大,便携性越差。HoloLens、Magic Leap 和 Meta 是公认的全球三大 AR 头显。Meta2 不是独立的 AR 眼镜,需外接 PC,而且外观大,携带较为困难,只能称之为头显。微软 2019 年推出的 HoloLens 2 在较后的位置内置了计算硬件和电池,减轻了前方重量,但外形尺寸仍然过于庞大,很难讨消费者喜欢。Magic Leap One 虽然通过在腰部位置单独别一个小计算机(包括电池)来优化外观,但头显部分重量也达 400～500g,无法长时间佩戴。而 Nreal Light 眼镜采用分体式设计,眼镜部分外形与太阳镜酷似,计算单元放置在使用 Type-C USB 连接的计算模块中,体积非常小巧,随时可以放入口袋中。

2) 移动性

处理器算力、数据传输能力和续航能力是 AR 眼镜实现移动化的三大基本要素。AR 眼镜的移动化需要算力大、体积小、功耗低的 AI 芯片作保证。例如:HoloLens2 采用定制的全息处理器单元 HPU 2.0 配备一个 AI 协同处理器,能够以本地高效、低耗电状态灵活实现深度神经网络。Nreal 眼镜采用的是高通支持 5G 网络的 855 芯片。2018 年 8 月,4 座 5G 基站在北京建设完成。5G 传输速度可达每秒数十 Gb,比 4G 网络的传输速度快数百倍。5G 网络的普及可以满足 AR 对大算力的要求,可以把算力交给服务器去完成,理论上每一个移动终端都可以享有无限算力。电池技术的突破一直是行业难点。数据显示,目前最好的 AR 眼镜续航时间只有 3～4 个小时,与 12 个小时的全球技术标准差距甚远,仍需 4 倍左右的提升。而目前技术水平下每年大概只有 5% 的性能提升,要在短时间内突破电池续航能力,要依赖快充技术的发展或寻求其他新型高效能源方案。

3) 交互性

界面交互上看,各厂商在发布 AR 眼镜时都在推出自主研发的操作系统,试图在新一代计算平台的软件上占据半壁江山。目前 AR 眼镜的交互方式以语音、手势和眼球追踪为主。随着生物芯片技术的发展,脑电波人机交互技术将成为 AR 未来的主流交互方式。该技术目前还处于研究阶段,例如英国埃塞克斯大学的脑机接口实验室正在开发基于脑电波的非接触式脑机接口,意在探测人类决策时的无意识大脑活动;英国帝国理工学院人工智能实验室已把秀丽线虫的三十多个神经节点复制给乐高机器人,乐高机器人从而表现出了秀丽线虫的行为模式;南加州大学研究的辅助记忆系统植入大脑可扮演人脑记忆部分——海马区的角色,该系统目前已在数名志愿者身上进行了初步实验。在脑电波交互到来之前,键盘、手柄、鼠标、语音、手势、眼动这六种交互方式将混合存在,一定会有一种可以让这六种交互方式根据使用场景自由按需切换的技术或平台。这种平台一定不是安卓,也不是 iOS,而是 AR 独有的操作系统,例如:微软的 Synaptics、谷歌的 Fuchsia 和 Magic Leap 的 Lumin OS。

同类产品在性能接近的情况下,消费者更多地会考虑产品的价格。根据 Digi-Capital 的报告,量产消费级产品合理价格约为 700 美元。相对于 2 万多元的 HoloLens 来讲,影创的产品价格可谓非常亲民,尤其是 New Air2 的价格。

2. AR 硬件产业展望

增强现实产业经过 10 多年的技术累积,基础通信能力、光学组件性能、电子组件性能等都有了质的提升。AR 作为研发主导产业,目前仍处在技术驱动阶段,会经历一段较长时间的技术研发期。对头戴式 AR 设备,通信传播速度、镜片质量、传感器精度、处理器计算能力、电池功耗、价格等都是需要突破的环节。

目前 AR 眼镜存在的难题,是影响 AR 眼镜普及的主要因素。出现这些难题的根本原因、可以采取的措施、应达到的技术标准如表 2.12 所示。

表 2.12　AR 硬件难题的根本原因及技术标准

AR 硬件难题	根 本 原 因	主 要 措 施	技 术 标 准
舒适性	分辨率不够 视场角不足 产品体积/重量大	提升光学组件制造工艺 提升光学组件制造工艺 有赖于芯片和光学技术发展	分辨率达到 1280×1720 像素或以上 视场角 65° 轻量化在 60g 以内
移动性	数据传输速率低 数据运算能力不足 电池续航能力不足	无线协议升级 提升芯片性能/5G 网络普及 提升电池性能或快充技术	传输速率达到 6Gb/s 以上 AI 芯片/5G 芯片 12 小时以上
交互性	各交互方式按需切换 更自然的交互方式	专门的软件平台诞生 生物芯片技术发展	真正的 AR 操作系统诞生 脑电波自然交互

资料来源：互联网、各生产商官网

　　AR 眼镜的关键技术主要有光学、显示技术、OS 和脑电波交互技术,任何算法或技术上的突破都可能引起产业跳跃式的发展。但这些关键技术的改进又存在着矛盾和瓶颈,不是短时间能迅速解决的问题。

　　首先,视场角和分辨率等舒适化的需求与设备佩戴舒适化的目标相矛盾。要生产大的视场角和高的分辨率的 AR 眼镜,就需要更大尺寸的微显示芯片,这必然增加眼镜的重量和厚度。而 Meta2 头盔之所以可以做出 90°的视场角,是因为它用手机显示屏代替了微显示芯片。当单眼显示器分辨率为一定值时,分辨率 R 与视场角 FOV 相互制约。视场角越大,亮度越暗;视场角越大,光的耦合损失越多;视场角越大,厚度必然增大,设备就会显得笨重不宜佩戴;要做得轻薄,视场角必然变小。因此,视场角与亮度(分辨率)、视场角与光的耦合、视场角与厚度是透射式头盔显示器的三大矛盾。目前视场角、分辨率还需要光学组件的制造工艺再提升 50%。在当前技术依旧存在障碍的情况下,大家都会在视场角和厚度、亮度等指标上权衡,采取一些折中的方案。

　　其次,视场角等光学显示技术性能的提升会使成本增加,带来产品价格的上涨。对 HoloLens 进行拆解数据表明,显示环节(包括 LCOS 投影设备和透明全息透镜)占总成本近 50%。全息处理单元(包括 CPU、GPU 和 HPU)占比 25%,摄像头和传感器占比 10%,存储设备占比 15%,电池占比 3%。因此,未来消费级产品能否量产,生产全息透镜的工艺成为关键,显示部分成本的下降决定了 AR 产品爆发的速度。参考 iPhone 成本 250 美元,700 美元的售价标准,AR 眼镜成本需要下降 60%~80%。目前,生产大而薄的光导透明全息透镜还较困难,原因如下：第一,受限于制造工艺,提供面积大的镜片成本高、合格率低。2019 年 2 月发布的 HoloLens2 也只能提供对角线 52°的视野;国内影创科技的分体式 AR 眼镜 New Air2 的视场角(Field Angle of View,FOV)达到 60°,已接近 FOV 65°的全球技术标准。第二,镜片很厚,目前很多机构在研究如何让镜片变薄。2016 年 3 月澳大利亚国立大学日前宣布制造出世界上最薄的透镜,仅有 6.3nm 厚,是人头发丝直径的两千分之一。美国航空航天局官网报道,NASA 喷气推进实验室与加州理工学院研究人员合作开发了一种超薄光学透镜,通过"元表面"技术实现对光路的控制,可应用于先进显微镜、显示器材、传感器、摄像机等多种仪器,使光学系统集成度大大提高,并使透镜制造方式产生革命性变化。

增强现实的应用场景对 AR 眼镜的视野、分辨率、刷新率、延时、眩晕、定位跟踪精度等都提出了较高要求。目前刷新率、延时两块已经基本达标；视野、分辨率需要光学组件的制造工艺再提升 50%，对应屏幕发展历史速度，业界认为至少还需要 4～5 年；而眩晕感和定位跟踪精度在光学组件性能提升之外，还需要改进光学原理以及底层算法。

最后，海量数据运算能力、存储能力、续航能力的需求与移动化的要求相矛盾。算力的提升需要芯片性能提升作保证，存储能力的提升需要存储容量和体积的提升作为保障，AR 的便携性取决于续航能力的加强。而强大的数据和图形处理能力，需要较高的功耗，续航时间必然缩短。在目前技术条件下，要增加续航时间，常通过增加电池模组的数量或者增大其体积的方法来实现，从而眼镜的重量和外形就不可避免地变大。因此，要设计一个能平衡各项技术指标的 AR 眼镜，其难度远高于 VR 头盔，每一项指标的改进都可能导致量产技术难度系数及成本的增高。单纯某个指标的提高并不足以满足消费者，而且产品性能的迭代和形态变革需要较长的时间，生产工艺目前也不能满足大幅降价的需求，只有这三个方向共同提高，才能在未来构建出新的 AR 生态。而电池技术的突破一直是行业难点，在寻求电池更好的解决方案同时，还需要提升电池性能、研究新的快充技术等。

硬件难题解决是出现消费级产品的基础。目前，AR 技术还处在初期发展阶段，较 VR 要滞后 5～10 年。随着芯片技术的发展和 5G 网络的普及，AR 眼镜必然会以舒适化、移动化、自然交互的形态进入大众的视野。

2.8.2　AR 软件平台及内容市场展望

软件产品由硬件产品衍生而来，未来 1～3 年，除头戴显示器外，移动端软件是最重要、应用最广泛的产品。从国内外巨头的 AR 布局分析，操作系统、AI 和底层软件将成为 AR 产业链的核心。而目前 AR 产业整体还处于初级阶段，巨头以外还有不少空白领域。从产业图谱来看，国内创业公司已经在各个环节均有涉足，这其中极有可能长出新的巨头。但 AR 行业准入门槛较高，短时期内，依旧会被科技寡头垄断。

在目前 HMD 设备还没有出现成熟的消费级产品前，基于 iPad、手机等手持式设备的增强现实消费级应用软件会先在教育、游戏、电商等场景中进行推广。未来的应用软件竞争格局将和现在的手机应用软件竞争格局有很大的相似，拥有强大搜索能力、用户数、数据库的公司最终会成为综合应用领域的领先公司，而目前在特定应用行业布局的公司通过 IP 积累、深度垂直布局等未来也会有较大的发展机会。

AR 硬件产品技术难题的攻克，将刺激更多用户在日常使用 AR 产品。内容方面，社交、地图导航、智能查询等生活服务类应用不断发展，AR 与建筑、设计、工业制造、医疗、房产、商业零售、军事、旅游等工作领域的合作更加紧密。

习题 2

一、填空题

1. 增强现实技术是指将计算机生成的_____或信息叠加到_____中，从而达到超越现实的感官体验。

2. 从技术手段和表现形式上，可将增强现实技术分为基于_____的 AR、基于_____的 AR 和基于_____的 AR 三类。

3. _____是光学式 AR 的核心,主要分为_____、_____和_____三种技术路径。

4. 目前 AR 产品中用到的摄像头种类繁多,根据数目可将摄像头分为_____、_____和_____。根据光波可分为_____、_____。

5. AR 眼镜涉及的关键技术包括_____、_____、_____、_____等。

6. AR 建模方式除了_____、3D 扫描建模、_____外,还有_____、物理建模等方式。

7. AR 设备目前的分发渠道主要有_____、_____和_____。

8. 内容及应用分发渠道主要有_____、_____、_____和_____四类。

二、选择题

1. 以下哪个是指增强现实?( )
    A. Virtual Reality   B. Advanced Reality
    C. Augmented Reality   D. Mixed Reality

2. 以下哪个不属于增强现实技术的特点?( )
    A. 虚实结合   B. 实时交互   C. 沉浸感   D. 三维注册

3. AR 运算能力和流畅度的核心保证是( )。
    A. CPU   B. XR1   C. GPU   D. NPU

4. 人的感觉器官是外部世界与大脑进行数据交流的通道,现在对于( )的研究最成熟和深入。
    A. 听觉   B. 嗅觉   C. 味觉   D. 视觉

5. 增强现实硬件技术产业中游不包括( )。
    A. 3D Sensing   B. 成像模组   C. 显示设备   D. 处理器模组

6. HoloLens 是( )发布的 AR 眼镜。
    A. 谷歌   B. 微软   C. 腾讯   D. 苹果

7. AR 眼镜需要具备( )才能称为连接现实世界的可移动计算平台。(多项选择)
    A. 佩戴的舒适性   B. 强大的处理能力
    C. 较强的续航能力   D. 出色的空间扫描定位与手势识别功能
    E. 轻巧便于携带

三、简答题

1. AR 技术的发展可分为哪几个阶段?各阶段代表产品和关键词是什么?

2. AR 从技术手段和表现形式上分为哪三类?它们各自的特点是什么?简单描述它们的成像原理。

3. 简述增强现实技术中实现真实体验和自然交互的主要过程。

4. 3D Sensing 目前市场上有三种主流方案,按成熟度从高到低依次为结构光、TOF 和双目成像,它们各自有什么特点?请简要说明,并分析它们的优缺点和应用领域,作出对比。

5. 硬件技术产业的上、中、下游分别是什么?各自分为哪几个部分?请简单分析,并举例说明相应的厂商。

6. 什么是 SLAM？请简单描述并介绍其分类。

7. toB 端是什么？请列举增强现实在 toB 端的应用分类，并举例。

8. toC 端是什么？请列举增强现实在 toC 端的应用分类，并举例。

9. 简单分析增强现实技术全产业链。

10. 简述现有 AR 眼镜与技术标准的差距。

11. 阅读 AR 硬件，软件平台市场展望，根据自己的了解，谈谈看法。

第3章

Unity 3D——AR与VR时代的利器

本章学习目标
- 了解 Unity 3D 引擎的作用及应用领域。
- 掌握 Unity 3D 的下载、安装和平台账号注册方法。
- 熟练掌握 Unity 3D 操作面板的组成及简单的 Unity 操作。
- 掌握 C♯语言与脚本的编写。

本章首先介绍 Unity 3D 引擎的作用及应用领域,再介绍 Unity 3D 的下载、安装和平台账号注册方法,然后重点介绍 Unity 3D 操作面板的组成及简单的 Unity 操作方法,最后介绍 C♯语言和脚本的编写。

3.1 Unity 3D 简介

Unity 3D 是由 Unity Technologies 公司开发的一个让玩家轻松创建诸如三维视频游戏、可视化建筑、实时三维动画(见图 3.1)等类型互动内容的多平台综合游戏开发工具,是一个全面整合的专业游戏引擎。

图 3.1 使用 Unity 3D 创作的三维动画

Unity 是利用交互的图形化开发环境为首要方式的软件,类似于 Director、Blender Game Engine、Virtools 或 Torque Game Builder 等。Unity 编辑器运行在 Windows 和 Mac OS X 下,可发布游戏至 Windows、Mac、Wii、iPhone、WebGL(需要 HTML5)、Windows phone 8 和 Android 平台,也可以利用 Unity Web Player 插件发布网页游戏,支持 Mac 和 Windows 的网页浏览。其网页播放器也被 Mac Widgets 所支持。据不完全统计,目前国内有 80％的 Android、iPhone 手机游戏使用 Unity 3D 引擎进行开发(见图 3.2),比如著名的

手机游戏《神庙逃亡》就是使用 Unity 3D 开发的，还有《纵横时空》《将魂三国》《争锋 online》《萌战记》《绝代双骄》《蒸汽之城》《星际陆战队》《新仙剑奇侠传 Online》《武士复仇 2》《UDog》等上百款网页游戏都是使用 Unity 3D 开发的。Unity 3D 在虚拟仿真、工程模拟、3D 设计等方面也有着广泛的应用，例如绿地、保利、中海、招商等大型房地产公司的三维数字楼盘展示系统都是使用 Unity 3D 开发的。

图 3.2　使用 Unity 3D 开发的游戏界面

3.1.1　Unity 3D 下载与安装

登录 Unity 3D 官网 https://unity3d.com/cn/get-unity/download，可根据不同的平台选择不同版本进行下载，如图 3.3 所示。

最新测试版　　发行说明　　存档

Unity 2017.1.0b5

发布时间：May 11, 2017

⬇ 下载安装程序

在最新的 Unity 测试版中运行您的项目，成为第一个使用即将推出的 Unity 功能的用户！通过使用帮助菜单中的 Unity 错误报告工具，报告您所遇到的任何错误，将能够帮助我们发现极端情况下的问题。

记住，在 Unity 测试版中运行程序之前要备份好您的项目

在 Mac OS X 上开发？

图 3.3　Unity 3D 官网下载页面

Unity 3D 不定期还会有测试版发布，供开发者使用 Unity 3D 的新功能。

3.1.2　Unity 3D 平台账号注册

Unity 3D 提供给用户一个强大的引擎平台，也同时提供了一个丰富的线上平台资源商店。用户可以通过注册平台账号（见图 3.4）去使用平台免费的资源，或购买 Unity 3D 提供的各种服务和收费资源。

3.1.3　Unity 3D 操作面板介绍

下载 Unity 后就可以双击安装软件，用户第一次进入 Unity 会要求填写个人信息进行验证，将已注册好的 Unity 平台账号填入，如图 3.5 所示。

图 3.4   Unity 3D 平台账号注册

图 3.5   Unity 平台账号信息填写界面

　　然后用户就可以登录并创建个人的第一个 Unity 工程,如图 3.6 所示。

　　进入第一个 Unity 工程后,用户首先需要对 Unity 编辑器进行一些了解。在默认情况下,Unity 由 Scene、Game、Project、Hierarchy、Inspector 和 Console 六个面板组成,分别是场景视图窗口、游戏视图窗口、项目视图、场景层级视图、检视面板和控制台,如图 3.7 所示。

　　(1) 场景视图(Scene View)用于设置场景以及放置游戏对象,是构造游戏场景的地方。

　　(2) 游戏视图(Game View)有场景中的相机所渲染的游戏画面,是游戏发布后玩家所能看到的内容。Game 视图为用户提供了一种所见即所得的效果,开发者每次做出的改动,都可以在视图中看到。视图的最上方有 3 个按钮:Display 按钮,可以在不同的 Display 之间进行切换;Free Aspect 按钮,可以选择本视图的宽高比;Scale 按钮,可以调控缩放比例。

　　(3) 项目视图(Project)是整个 Unity 项目所有可用资源的视图面板,展现了各个资源的层级关系,主要包括创建菜单、文件夹层级列表、游戏资源列表及搜索栏、按类型搜索按钮、按标签搜索按钮、保存搜索结果按钮等,如图 3.8 所示。每个 Unity 的项目包含一个资源文件夹,可以在资源面板左下侧浏览文件夹的层级列表,也可以在资源面板右侧的游戏资

图 3.6　创建第一个 Unity 工程

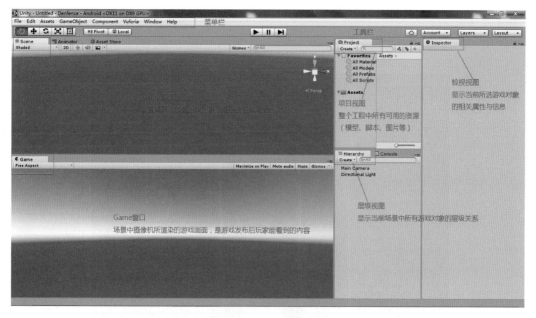

图 3.7　Unity 编辑界面

源列表中查看和操作该项目的所有资源,包括场景、模型、脚本、字体、材质、纹理、音频文件和预制组件等。在项目视图里右击任一资源,都可以在资源管理器中(在 Mac 系统中是 Reveal in Finder)找到该资源的原始文件。

面板左上侧的 Favorites 展现了用户收藏的所有素材,方便开发者使用。面板右侧的 Assets 子窗口展示了正在浏览的资源,正上方还可以显示出资源的路径。在 Project 视图中,右键菜单中可以选择创建等功能,十分方便。搜索栏右边的前两个图标可以选择目标类型和标签过滤搜索结果,第三个图标则可以将素材添加为收藏。

(4) 场景层次视图(Hierarchy)用于显示当前场景中所有游戏对象(Game Object)的层

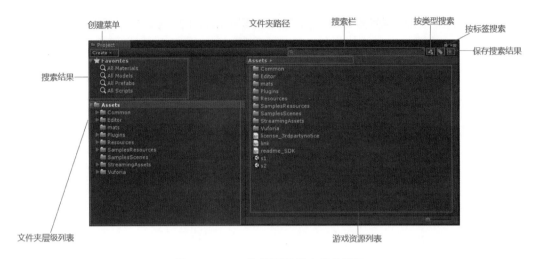

图 3.8　Unity 资源面板创建菜单界面

级关系。在这个视图中,可以通过拖曳的方式在当前项目中添加对象,也可以在层次结构视图中选择对象,并设定对象间的父子层级关系。当在场景中增加或者删除对象时,层次结构视图中相应的对象则会出现或消失,如图 3.9 左侧所示。

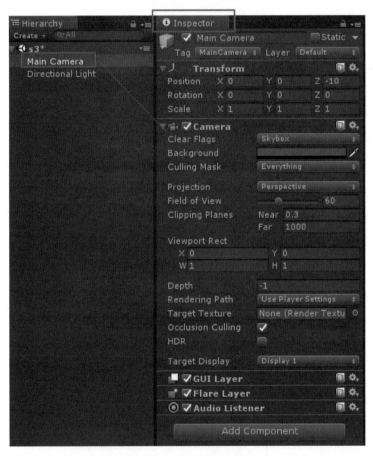

图 3.9　Unity 检视面板

（5）检视面板（Inspector）用于显示当前所选择游戏对象的相关属性与信息。位于整个 Unity 编辑界面的最右侧，该面板用于呈现各个对象的固有属性，如三维坐标、旋转量、缩放大小、脚本等，如图 3.9 所示。

（6）控制台（Console）可以显示项目中的错误、消息和警告。用户可以双击显示的信息，从而自动定位信息所在的脚本代码位置，如图 3.10 所示。

图 3.10　Unity 控制台界面

除了以上介绍的几个常用面板窗口，用户也经常用到 Unity 自带的资源商店。选择窗口菜单，单击里面的 AssetStore，即可打开资源商店窗口。Unity 的资源商店拥有丰富的资源素材，全球的开发者都在这里分享自己的成果，可以在 Unity 中下载并直接导入项目工程，如图 3.11 所示。

图 3.11　Unity 资源商店界面

Unity 的菜单栏包括文件(File)、编辑(Edit)、资源(Assets)、游戏对象(Gameobject)、组件(Component)、地形(Terrain)、窗口(Window)及帮助(Help)菜单,各菜单截图如图 3.12~图 3.15 所示,各菜单选项含义如表 3.1~表 3.8 所示。

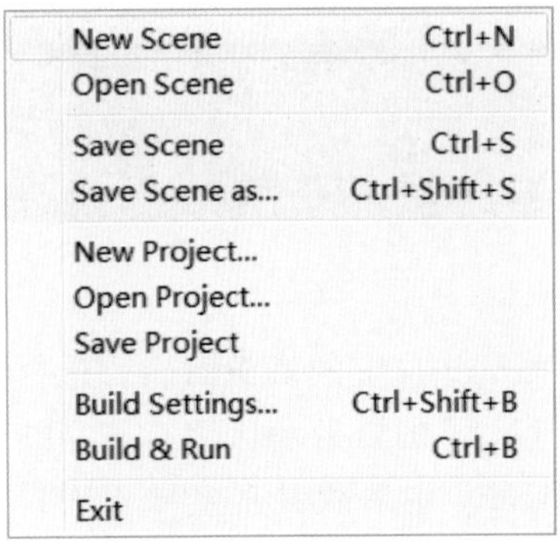

Undo	Ctrl+Z		Load Selection 1	Ctrl+Shift+1
Redo	Ctrl+Y		Load Selection 2	Ctrl+Shift+2
Cut	Ctrl+X		Load Selection 3	Ctrl+Shift+3
Copy	Ctrl+C		Load Selection 4	Ctrl+Shift+4
Paste	Ctrl+V		Load Selection 5	Ctrl+Shift+5
Duplicate	Ctrl+D		Load Selection 6	Ctrl+Shift+6
Delete	Shift+Del		Load Selection 7	Ctrl+Shift+7
Frame Selected	F		Load Selection 8	Ctrl+Shift+8
Lock View to Selected	Shift+F		Load Selection 9	Ctrl+Shift+9
Find	Ctrl+F		Load Selection 0	Ctrl+Shift+0
Select All	Ctrl+A		Save Selection 1	Ctrl+Alt+1
Preferences...			Save Selection 2	Ctrl+Alt+2
Modules...			Save Selection 3	Ctrl+Alt+3
Play	Ctrl+P		Save Selection 4	Ctrl+Alt+4
Pause	Ctrl+Shift+P		Save Selection 5	Ctrl+Alt+5
Step	Ctrl+Alt+P		Save Selection 6	Ctrl+Alt+6
Sign in...			Save Selection 7	Ctrl+Alt+7
Sign out			Save Selection 8	Ctrl+Alt+8
Selection	▶		Save Selection 9	Ctrl+Alt+9
Project Settings	▶		Save Selection 0	Ctrl+Alt+0
Network Emulation	▶			
Graphics Emulation	▶			
Snap Settings...				

New Scene	Ctrl+N
Open Scene	Ctrl+O
Save Scene	Ctrl+S
Save Scene as...	Ctrl+Shift+S
New Project...	
Open Project...	
Save Project	
Build Settings...	Ctrl+Shift+B
Build & Run	Ctrl+B
Exit	

图 3.12　文件菜单 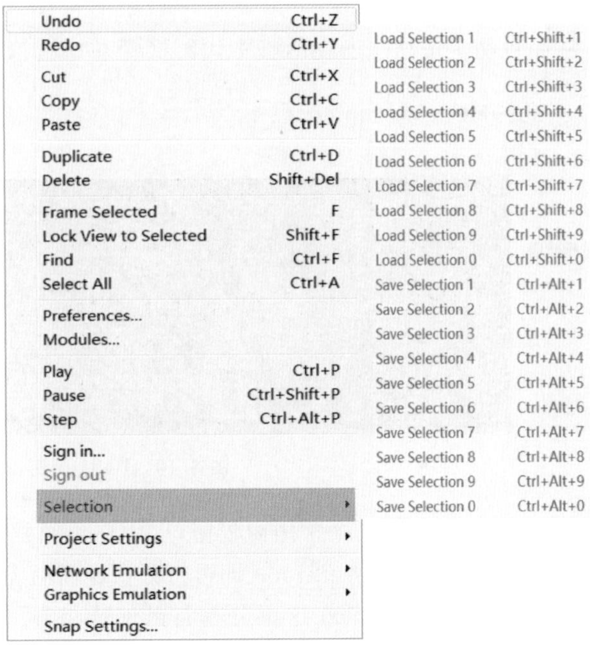　　　　　　　　　　图 3.13　编辑菜单

Create	▶
Show in Explorer	
Open	
Delete	
Open Scene Additive	
Import New Asset...	
Import Package	▶
Export Package...	
Find References In Scene	
Select Dependencies	
Refresh	Ctrl+R
Reimport	
Reimport All	
Run API Updater...	
Open C# Project	

Create Empty	Ctrl+Shift+N
Create Empty Child	Alt+Shift+N
3D Object	▶
2D Object	▶
Light	▶
Audio	▶
UI	▶
Particle System	
Camera	
Center On Children	
Make Parent	
Clear Parent	
Apply Changes To Prefab	
Break Prefab Instance	
Set as first sibling	Ctrl+=
Set as last sibling	Ctrl+-
Move To View	Ctrl+Alt+F
Align With View	Ctrl+Shift+F
Align View to Selected	
Toggle Active State	Alt+Shift+A

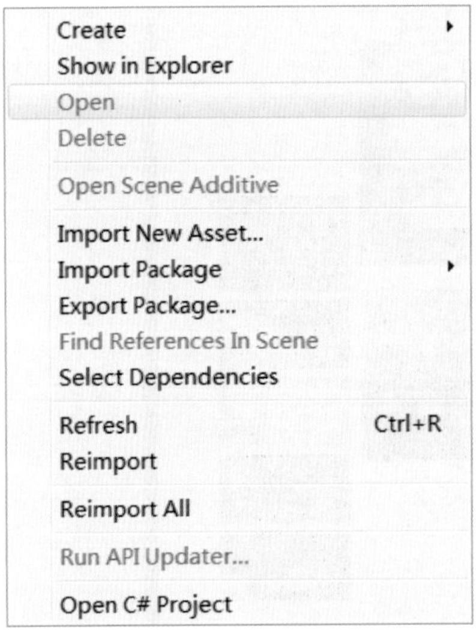

图 3.14　资源菜单 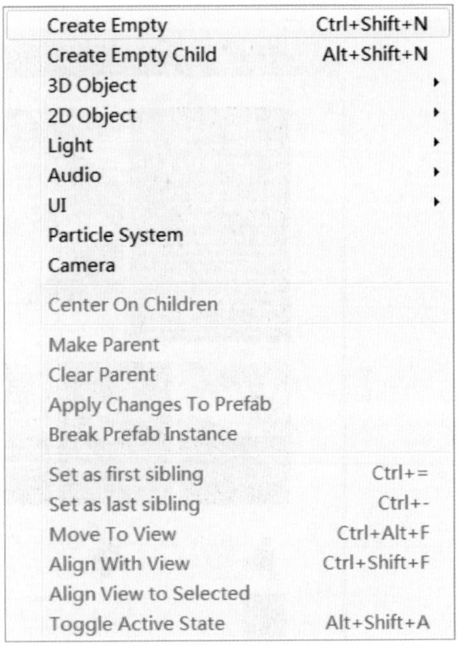　　　　　　　　　　图 3.15　游戏对象菜单

表 3.1 文件菜单选项含义说明

名 称	说 明
New Scene	创建新的场景,就像是游戏中一个一个的场景,Unity 3D 为用户提供了方便的场景管理,用户可以随心所欲地创建出自己想要的场景,然后再把每个场景链接起来组成一个完整的游戏
Open Scene	打开一个已经创建的场景
Save Scene	保存当前场景
Save Scene as	当前场景另存为
New Project	新建一个新的项目工程,用户想要制作出自己的游戏,第一步就是创建一个属于这个游戏的工程,这个工程是所有元素的基础。有了工程之后,用户就可以在这个工程里面添加自己的场景
Open Project	打开一个已经创建的工程
Save Project	保存当前项目
Build Settings	项目的编译设置,在编译设置选项中,用户可以选择游戏所在的平台及对工程中的各个场景之间的管理,可以将当前的场景加入工程的编译队列当中,其中的 Player Settings 选项中可以设置程序的图标、分辨率、启动画面等
Build & Run	编译并运行项目
Exit	退出 Unity 3D

表 3.2 编辑菜单选项含义说明

名 称	说 明
Undo	撤销上一步操作
Redo	重复上一步动作
Cut	剪切
Copy	复制
Paste	粘贴
Duplicate	复制并粘贴
Delete	删除
Frame Selected	选择一个物体后,使用此功能可以把视角调到观察这个选中的物体上
Find	在资源区可以按资源的名称来查找
Select All	可以选中所有资源
Preferences	选项设置,对 Unity 3D 的一些基本设置,如选用外部的脚本编辑,皮肤、各种颜色的设置以及一些基本的快捷键设置
Play	编译并在 Unity 3D 中运行程序
Pause	停止程序
Step	单步执行程序
Load Selection	载入所选
Save Selection	保存所选
Project Settings	项目设置,其中包括输入设置,标签设置(对场景中的元素设置不同类型的标签,方便场景的管理),音频设置,运行时间的设置,用户设置,物理设置(包括重力、弹力、摩擦力等),品质设置(这个比较重要,用户在这个选项里面可以设置工程默认的渲染品质),网络管理,编辑器管理等
Network Emulation	网络仿真,可以选择相应的网络类型进行仿真
Graphics Emulation	图形仿真,主要是配合一些图形加速器的处理
Snap Settings	临时环境,或理解为快照设置

表 3.3　资源菜单选项含义说明

名　　称	说　　明
Reimport	重新导入资源
Create	创建功能,可以用来创建各种脚本、动画、材质、字体、贴图、物理材质、GUI 皮肤等
Show in Explorer	打开资源所在的目录位置
Open	打开选中文件
Delete	删除选中的资源文件
Import New Asset	导入新的资源
Refresh	刷新,用于导入资源包之后
Import Package	导入资源包,当创建项目工程时,有些资源包没有导入进来,在开发过程中又需要使用,这时可以用到导入资源包的功能
Export Package	导出资源包
Select Dependencies	选择依赖项
Reimport	全部重新导入

表 3.4　游戏对象菜单选项含义说明

名　　称	说　　明
Create Empty	创建一个空的游戏对象,可以对这个空的对象添加各种组件,即各种属性。在 Component 里面会讲到
Center On Children	这个功能是作用在父节点上的,即把父节点的位置移动到子节点的中心位置
Make Parent	选中多个物体后,选择这个功能可以把选中的物体组成父子关系,其中在层级视图中最上面的那个为父节点,其他为这个节点的子节点
Apply Changes To Prefab	应用变更为预置
Move To View	这个功能经常用到,把选中的物体移动到当前编辑视角的中心位置,这样就可以快速定位
Align With View	把选中的物体移动到当前编辑视角的中心位置,深度为 0,即移动到和视角同一个平面上
Align View To Selected	把编辑视角移动到选中物体的中心位置

表 3.5　组件菜单选项含义说明

名　　称	说　　明
Mesh	添加网格属性
Particles	粒子系统,能够创造出很棒的流体效果
Physics	物理系统,可以使物体带有对应的物理属性
Audio	音频,可以创建声音源和声音的听者
Rendering	渲染
Miscellaneous	杂项
Scripts	脚本,Unity 内置的一些功能很强大的脚本
Camera-Control	摄像机控制

表3.6 地形菜单选项含义说明

名　　称	说　　明
Create Terrain	创建地形
Import Heightmap-Raw	导入高度图
Export Heightmap-Raw	导出高度图
Set Resolution	设置分辨率
Create Lightmap	创建光影图
Mass Place Trees	批量种植树
Flatten Heightmap	展平高度图
Refresh Tree And Detail Prototypes	刷新树及预置细节

表3.7 窗口菜单选项含义说明

名　　称	说　　明
Next Window	下一个窗口
Previous Window	前一个窗口
Layouts	布局
Scene	场景窗口
Game	游戏窗口
Inspector	检视窗口,主要指各个对象的属性,也可称为属性面板
Hierarchy	层次窗口
Project	工程窗口
Animation	动画窗口,用于创建时间动画的面板
Profiler	探查窗口
Asset Server	源服务器
Console	控制台

表3.8 帮助菜单选项含义说明

名　　称	说　　明
About Unity	关于 Unity
Enter Serial Number	输入序列号
Unity Manual	Unity 手册
Reference Manual	参考手册
Scripting Manual	脚本手册
Unity Forum	Unity 论坛
Welcome Screen	欢迎窗口
Release Notes	发行说明
Report a Problem	问题反馈

　　Unity 工具栏中的常用工具包括 Transform 工具、Transform Gizmo 切换工具、Play 控件、Layers 下拉菜单、Layout 下拉菜单等,用法说明如表 3.9 所示。

表 3.9　工具栏中的常用工具说明

名　称	用 法 说 明
Transform 工具	从左到右分别表示手型工具、移动工具、旋转工具、缩放工具、UI 缩放工具,对应快捷键为 Q、W、E、R、T
Transform Gizmo 切换工具	用于改变 Scene 视图中 Translate 工具的工作方式
Play 控件	用于开始、暂停或游戏的测试
Layers 下拉列表	控制任何给定时刻在 Scene 视图中显示哪些特定的对象
Layout 下拉列表	改变窗口和视图的布局,并且可以保存所创建的任意自定义布局

3.2　简单的 Unity 操作

用户可以在 Scene 窗口中对当前场景中的物体进行操作。选中一个物体后,可以分别选用如图 3.16 所示的工具,依次改变物体的位置、旋转朝向和大小。

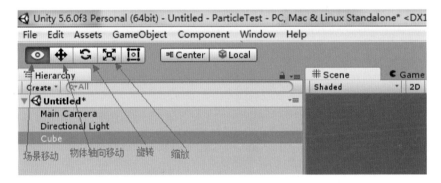

图 3.16　Scene 窗口界面

对物体进行轴向移动、旋转、缩放操作如图 3.17~图 3.19 所示。

场景移动和对物体的移动、旋转、缩放四种操作方式分别对应键盘快捷键 Q、W、E、R。此外,也可以通过 F 键,快速定位当前选中的物体并居中显示,鼠标滚轮控制场景视图中物体显示的远近,Alt+鼠标左键可以在旋转场景的视角,如果当前有选中物体并居中,则旋转中心点就是该物体。

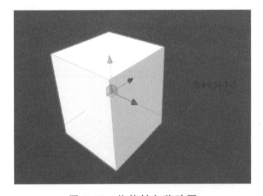

图 3.17　物体轴向移动图

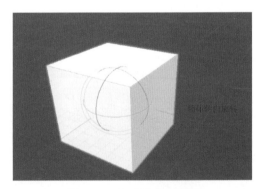

图 3.18　物体轴向旋转图

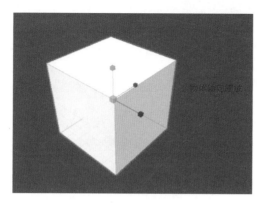

图 3.19 物体轴向缩放图

3.3 C♯语言与脚本的编写

C♯读作 C Sharp,是由微软公司发布的一种面向对象的、运行于. NET Framework 之上的高级程序设计语言。C♯简单易学,安全可靠,是学习 Unity 的必备条件之一。Unity程序中大部分脚本都是采用 C♯语言编写的。

这里以控制场景视图中立方体的旋转为例编写一个简单的脚本。首先在 Project 面板中右击创建一个 C♯脚本,命名为 rotate,如图 3.20 所示。

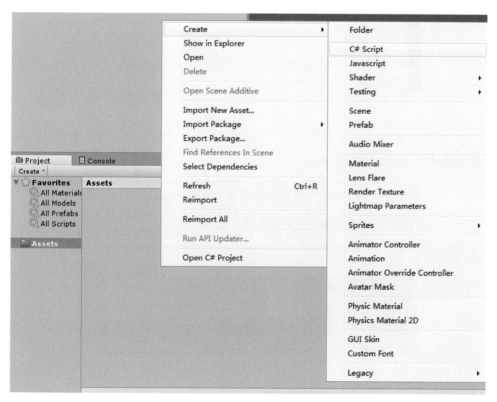

图 3.20 创建一个 C♯脚本

将该脚本拖到立方体的检视面板上然后双击打开,如图 3.21 所示。

图 3.21　将 C♯脚本在检视面板中打开

在该脚本中写入简单的一段代码来实现该立方体的旋转,如图 3.22 所示。

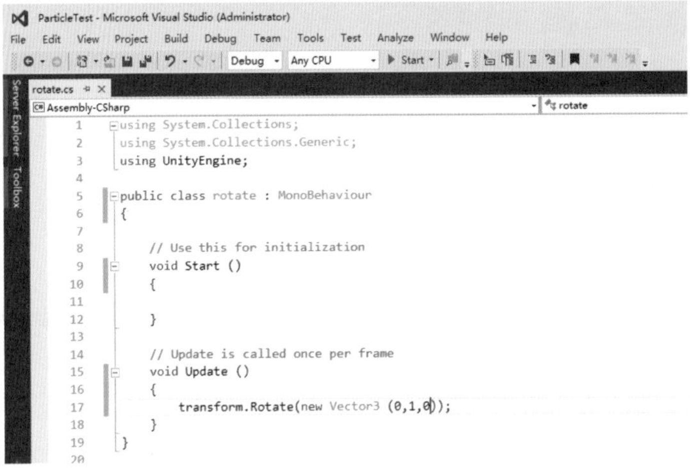

```
ParticleTest - Microsoft Visual Studio (Administrator)
File  Edit  View  Project  Build  Debug  Team  Tools  Test  Analyze  Window  Help
Debug  - Any CPU  - Start

rotate.cs
Assembly-CSharp                                      rotate
 1    using System.Collections;
 2    using System.Collections.Generic;
 3    using UnityEngine;
 4
 5    public class rotate : MonoBehaviour
 6    {
 7
 8        // Use this for initialization
 9        void Start ()
10        {
11
12        }
13
14        // Update is called once per frame
15        void Update ()
16        {
17            transform.Rotate(new Vector3 (0,1,0));
18        }
19    }
20
```

图 3.22　在 C♯脚本中写入代码

写完之后保存并退出脚本,然后单击 Unity 正上方的运行按钮就可以看到立方体在绕着 Y 轴匀速转动,如图 3.23 所示。

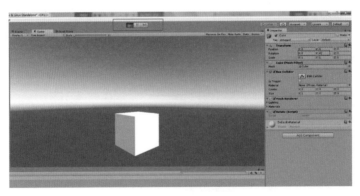

图 3.23　代码的运行效果

Unity 3D 引擎开发的案例游戏演示效果,请扫描配套资源中二维码观看。

习题

一、填空题

1. Unity 在默认情况下会有 _____、_____、_____、_____、_____ 及 _____ 6 个面板组成,分别是场景视图窗口、游戏视图窗口、项目视图、场景层级视图、检视面板和控制台。

2. Unity 程序中大部分脚本都是采用_____语言来编写的。

3. Unity 的菜单栏包括_____、_____、_____、_____、_____、_____、_____ 和_____菜单。

4. 用户也可以用 Unity 自带的资源商店,选择窗口菜单,单击"_____",即可打开资源商店窗口。

二、选择题

1. 以下( )不是游戏开发引擎。

　　A. Unity 3D　　　　　　　　　　B. Virtools

　　C. Torque Game Builder　　　　　D. Oracle

2. ( )是整个 Unity 项目所有可用资源的视图面板,展现了各个资源的层级关系,主要包括创建菜单、文件夹层级列表、游戏资源列表及搜索栏、按类型搜索按钮、按标签搜索按钮、保存搜索结果按钮等。

　　A. 场景视图(Scene View)　　　　B. 游戏视图(Game View)

　　C. 项目视图(Project)　　　　　　D. 场景层次视图(Hierarchy)

3. ( )用于显示当前所选择游戏对象的相关属性与信息,位于整个 Unity 编辑界面的最右侧,该面板用于呈现各个对象的固有属性,如三维坐标、旋转量、缩放大小、脚本等。

　　A. 检视视图(Inspector)　　　　　B. 场景层次视图(Hierarchy)

　　C. 项目视图(Project)　　　　　　D. 控制台(Console)

三、简答题

什么是 Unity 3D?

视频讲解

第4章

EasyAR开发

本章学习目标
- 了解 EasyAR 引擎。
- 掌握 EasyAR 场景案例的开发方法。
- 了解常见的 EasyAR 商业案例。

本章首先介绍 EasyAR 引擎,然后再重点介绍 EasyAR 场景案例的开发方法,最后列举经典的 EasyAR 商业案例。

4.1 EasyAR 介绍

EasyAR 是 Easy Augmented Reality 的缩写,是视辰信息科技(上海)有限公司的增强现实解决方案系列的子品牌。EasyAR 的含义是让增强现实变得简单易实施,让客户都能将该技术广泛应用到广告、展馆、活动、App 等之中。

EasyAR 是免费的全平台 AR 引擎,支持使用平面目标的 AR;支持 1000 个以上本地目标的流畅加载和识别;支持基于硬解码的视频(包括透明视频和流媒体)的播放;支持二维码识别;支持多目标同时跟踪;还支持 PC 和移动设备等多个平台。EasyAR 不会显示水印,也没有识别次数限制。2015 年 10 月 18 日,视辰凭借视+增强现实平台和 EasyAR SDK 勇夺 AWE Asia 2015 全场唯一大奖。

4.2 EasyAR 场景案例开发

4.2.1 EasyAR SDK 的获取与安装

登录 EasyAR 官网 https://www.easyar.cn/,在主页面选择"下载"菜单,如图 4.1 所示。

EasyAR 安装包分为 Basic 版和 Pro 版两种。Pro 版是收费的,功能会多一些。Basic 版是免费的,初学者可以下载 Basic 版。目前 EasyAR 最新版本是 3.0,如果用户是使用 Unity 进行 EasyAR 项目的开发,可以选择 EasyAR SDK v3.0.1 Unity Packages 安装包进行下载;如果用户想使用原生开发,可以选择下载 EasyAR SDK v3.0.1 Native Samples 安装包。这里以下载 EasyARSense_3.0.1-final_Basic_Unity.zip 为例,如图 4.2 所示。

打开 Unity,单击 Assets 菜单,依次选择 Import Package→Custom Package 命令,如图 4.3 所示。

图 4.1　登录 EasyAR 官网

图 4.2　官网下载 EasyAR SDK 安装包

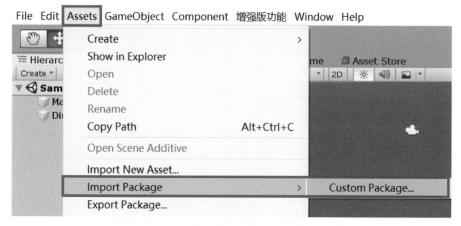

图 4.3　选择导入安装包功能菜单

弹出导入安装包界面，单击右下角的 Import 按钮，如图 4.4 所示。

导入完成后，可以在 Project 窗口的 Assets 文件夹中看到导入的 EasyAR 资源，如图 4.5 所示。

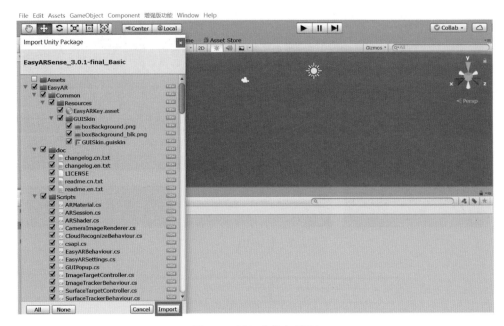

图 4.4　导入安装包界面

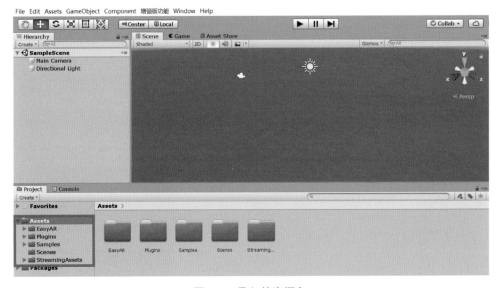

图 4.5　导入的资源包

4.2.2　Key 的获取

回到 EasyAR 的开发者中心,注册一个账号并登录。在 SDK 授权管理页面选择上方的"添加 SDK license key"按钮,或单击页面中部的"添加 SDK license key"链接,如图 4.6 所示,即跳转到添加 SDK license key 页面。

在页面上方选择 EasyAR SDK Basic 免费无水印版,并在页面下方填写相应的参数。应用名称为 EasyDemo,支持平台选择 Android,Bundle ID 和 Package Name 均填写 com.

图 4.6　添加 SDK license key

easy.ar,单击页面下方的"确认"按钮,如图 4.7 所示。需要注意的是,SDK license key 需与 Bundle ID、Package Name 对应使用,Bundle ID 和 Package Name 可以在创建后修改。

图 4.7　EasyAR SDK 版本的选择参数的填写

参数填写好后,可以在授权管理页面看到创建好的应用 EasyDemo,如图 4.8 所示。

单击 EasyDemo,可进入到该文件信息管理页面,复制该页面的 SDK 值,如图 4.9 所示。

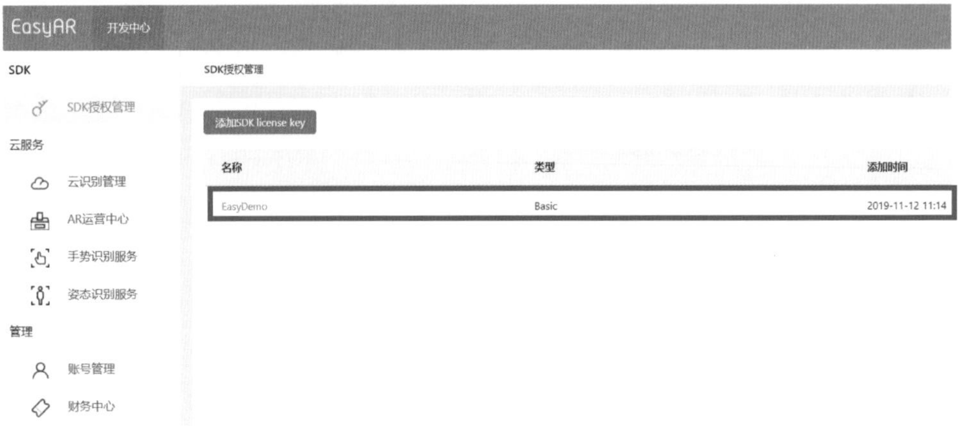

图 4.8　创建好的 EasyDemo

图 4.9　复制 EasyDemo 的 SDK License Key 值

该 SDK License Key 值仅对 EasyAR SDK 3.x 或 4.x 版本有效,如果是 3.x 以下版本,选择对应的 SDK License Key 值,如图 4.10 所示。也可在本页面修改或删除 SDK License Key 参数,Bundle ID 或 Package Name 总共允许修改 10 次。

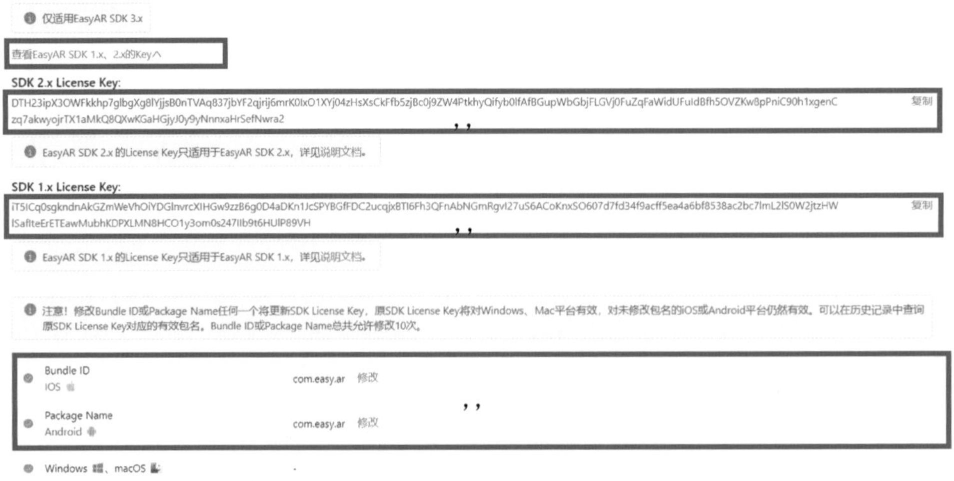

图 4.10　EasyAR SDK 2.x 版本和 1.x 版本的 License Key

依次沿路径 Project→EasyAR→Common→Resources，找到并单击选中 EasyARKey，将复制好的 SDK License Key 值粘贴到 Inspector 面板对应的 Easy AR Key 中，如图 4.11 所示。

图 4.11 粘贴 Easy AR Key

4.2.3 图像识别

沿路径 Project→Assets→Samples→Scenes→HelloAR_ImagerTarget，双击打开图像识别文件 HelloAR_ImagerTarget，如图 4.12 所示。

图 4.12 打开图像识别文件 HelloAR_ImagerTarget

将资源包 Golden Tiger. unitypackage（见图 4.13）拖曳到 Unity 的 Project 窗口的 Assets 文件夹，在弹出窗口中选择 Import 导入。

名称	修改日期	类型
EasyARSense_3.0.1-final_Basic_Unity	2019/11/12 11:45	文件夹
EasyARSense_3.0.1-final_Basic_Unity.zip	2019/10/25 20:16	ZIP 文件
Golden Tiger.unitypackage	2019/9/21 12:28	Unity package file

图 4.13 导入 Golden Tiger. unitypackage 资源包

导入后可看到 Assets 目录的 StreamingAssets 文件夹下有 namecard 的识别图数据。单击 Hierarchy 窗口的 ImageTarget，在对应的 Inspector 面板中确认 Target Name 后参数为 namecard，Target Path 参数为默认路径下的 namecard. jpg 文件，如图 4.14 所示。

双击 StreamingAssets 文件夹中的 namecard 识别图，将其另存到手机上，并在手机中

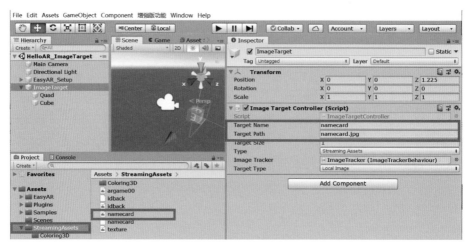

图 4.14　确认识别图参数

打开该识别图。单击 Scene 窗口的运行按钮,在 Game 窗口可看到摄像头被调用,将摄像头对准手机上的识别图后,呈现如图 4.15 所示的效果,可从各个角度进行观看。

图 4.15　图像识别效果

在 Project 窗口复制(Edit 菜单→Duplicate 或 Ctrl+D)刚才创建的场景,得到名称为 HelloAR_ImageTarget1 的场景,将 HelloAR_ImageTarget1 拖曳到 Assets 目录下,如图 4.16 所示。

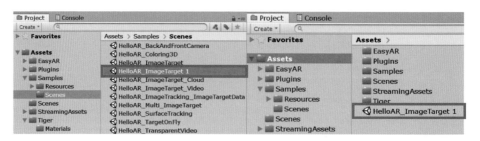

图 4.16　复制识别图文件

选中该文件并拖曳到 Scenes 中,将该场景名称修改为 HelloAR,如图 4.17 所示。双击 HelloAR,这时可在 Hierarchy 窗口中看到 ImageTarget 已经创建完成。

4.2.4　创建预制体

如果想复用该场景,可创建该场景的预制体。首先在 Project 窗口中创建一个新的文件夹 Project→Create→Folder,修改该文件夹名为 Prefabs,如图 4.18 所示。

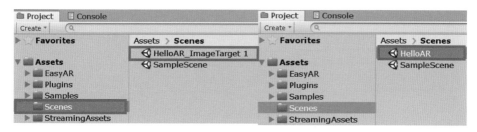

图 4.17　修改场景名称

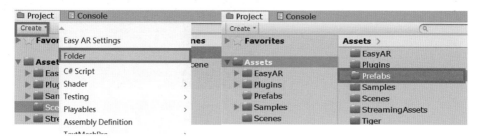

图 4.18　Project 窗口中新建预制体文件夹

将 Hierarchy 窗口中的 ImageTarget 拖曳到 Project 窗口的 Prefabs 上,这时就创建了一个名字为 ImageTarget 的预制体,如图 4.19 所示。

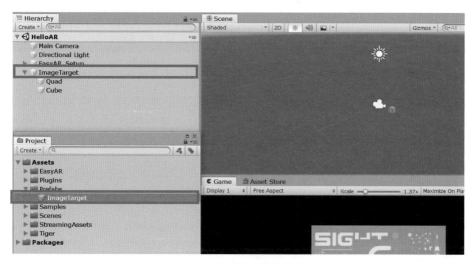

图 4.19　创建预制体

再将 Hierarchy 窗口中的 EasyAR_Setup 拖曳到 ImageTarget 预制体上,这时 Project 窗口的 Prefabs 预制体文件夹中又多了一个名为 EasyAR_Setup 的预制体文件,如图 4.20 所示。

4.2.5　修改识别图

双击 Hierarchy 窗口中 ImageTarget 下的 Quad,可在 Scene 窗口中看到识别图,如图 4.21 所示。

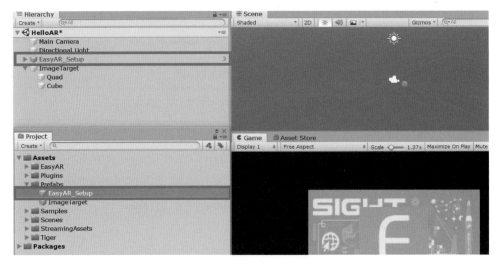

图 4.20　创建 EasyAR_Setup 预制体文件

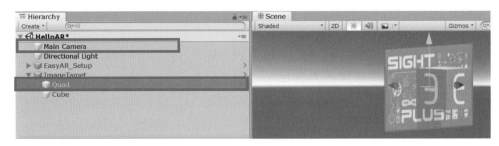

图 4.21　查看识别图

如果想修改为其他的识别图，可将该图（以 elephant 图为例）拖曳到 Project 窗口的 StreamingAssets 文件夹中。StreamingAssets 文件夹是用来存放 EasyAR 识别图数据的，如果 Project 窗口中没有 StreamingAssets 文件夹，一定要自己创建一个，并且拼写要保持一致，然后再将 elephant 图片拖曳到 StreamingAssets 文件夹中，就建立了识别图数据，如图 4.22 所示。

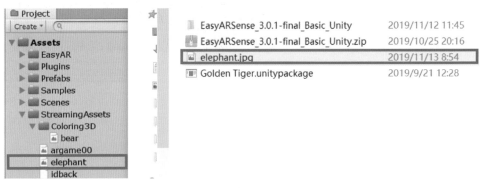

图 4.22　修改识别图

4.2.6 修改识别图目标

在 Hierarchy 窗口中单击 ImageTarget，并在 Inspector 检视面板中修改识别图参数：Target Name 为 elephant。由于识别图 Type 默认为 StreamingAssets，因此 Target Path 可直接填写 elephant.jpg，即识别图路径为 StreamingAssets 文件夹下的 elephant.jpg 图片，如图 4.23 所示。

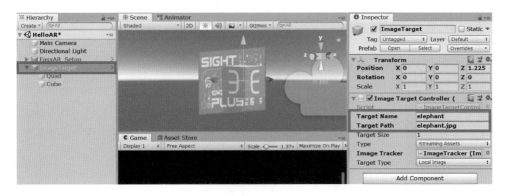

图 4.23 修改识别图路径文件

4.2.7 更换底图

底图（Quad）的存在只是为了增强识别后的效果，可以没有 Quad，也可以更换 Quad。单击 Scenes 窗口中的识别图，这时 Inspector 检视面板中会出现该识别图相关的参数。将 Project 文件夹的 elephant 图片拖曳到 Inspector 检视面板 Main Maps 文件夹的 Albedo 前面的矩形框中，即可看到更换底图后的效果，如图 4.24 所示。

图 4.24 更换底图

可将 Inspector 面板中 Quad 的 Transform 的 Scale 参数 Y 修改为 1,使底图效果更突出,如图 4.25 所示。

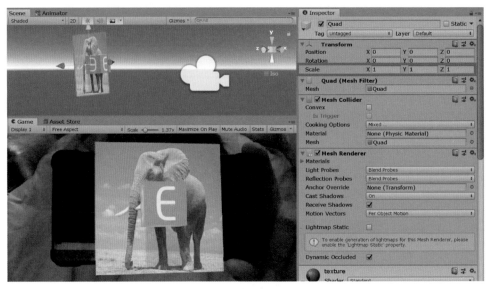

图 4.25 修改底图 Scale 参数

4.2.8 导入动物模型

现在可以导入动物资源包,使用动物模型代替立方体模型。用户可以从网上获取动物模型,也可以通过 Maya、3D Max 等软件自己建模制作。将准备好的动物资源包拖曳到 Project 窗口的 Assets 文件夹中,如图 4.26 所示。

图 4.26 导入动物资源包

在弹出窗口中选择 Import 按钮,即可完成导入。导入成功后,可以在 Animals 文件夹中找到名为 ELEPHANT 的动物模型,如图 4.27 所示。

将 ELEPHANT 拖曳到 Hierarchy 窗口中的 ImageTarget 上,并在 Scenes 窗口中查看图像比例,发现大象太大了,如图 4.28 所示,需要进行参数调整。

在 Inspector 面板中初步调整 ELEPHANT 参数,并使用鼠标在 Scene 窗口继续调整大象模型的方向(Rotation)和大小(Scale)参数,使大象站立在卡片上,并且大小与立方体模型相当,如图 4.29 所示。

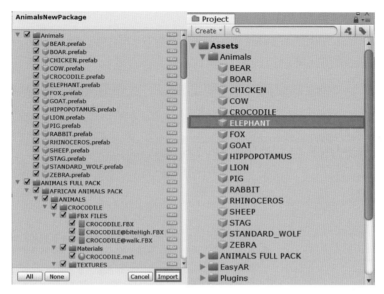

图 4.27 找到动物模型

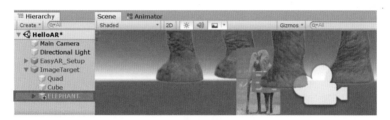

图 4.28 查看动物模型效果

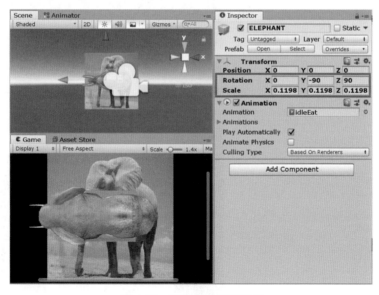

图 4.29 调整大象模型参数

4.2.9　删除立方体模型

删除 ImageTarget 中的立方体 Cube,在弹出窗口中单击 Open Prefab 按钮,如图 4.30 所示,即打开 Cube 的预制体。

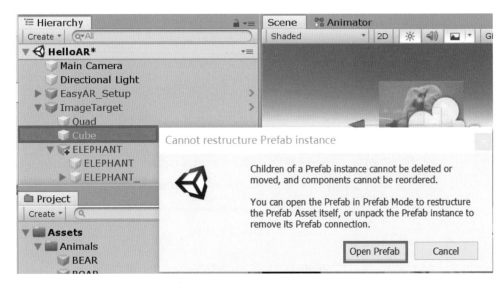

图 4.30　打开立方体模型预制体

单击选中 Cube 立方体,将该预制体删除,如图 4.31 所示。

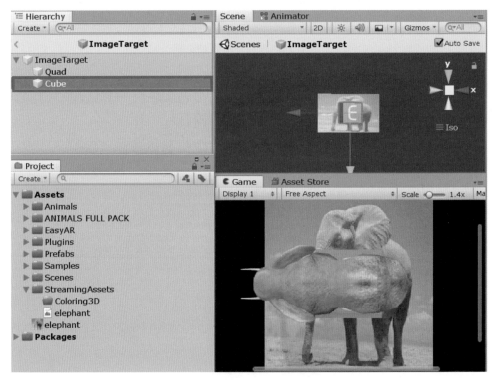

图 4.31　删除 Cube 预制体

4.2.10 设置动画效果

在 Hierarchy 窗口中选择 ELEPHANT，Inspector 面板的 Animation 中查看 Animation 的参数。该参数表示会默认播放名为 idleEat 的动画，如图 4.32 所示。

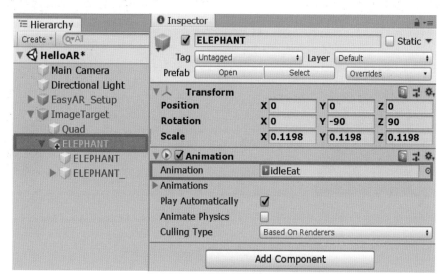

图 4.32 设置动画参数

单击 idleEat，Project 窗口中选择 idleEat，确认在 Inspector 窗口查看到动画是 Loop(循环播放)模式，如图 4.33 所示。

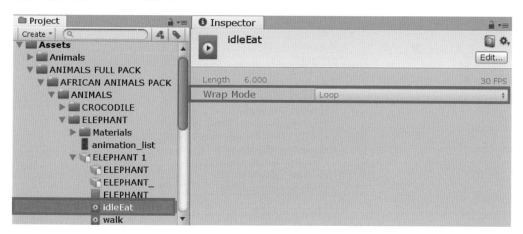

图 4.33 确认动画播放方式

运行查看效果，如图 4.34 所示。

此外，在 Project Scenes 文件夹中还有很多场景功能，包括 HelloAR_BackAndFrontCamera (前后摄像头的切换)、HelloAR_Coloring3D(涂涂乐)、HelloAR_ImageTarget(多图识别)、HelloAR_ImageTarget_Cloud(云识别)、HelloAR_ImageTarget_Video(识别播放视频)等，如图 4.35 所示。用户可以根据项目需求，在该案例基础上选择不同的场景自行制作实现。

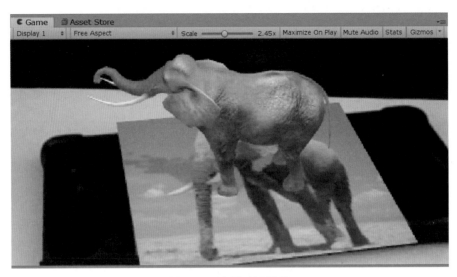

图 4.34　查看动画效果

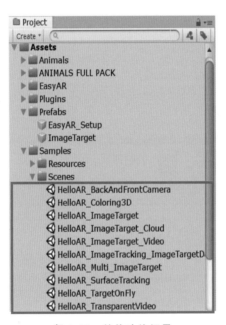

图 4.35　其他功能场景

4.2.11　导出作品

作品完成后可以导出到手机体验场景效果。首先在 File 菜单中选择 Build Settings,然后单击选择要导出的平台,这里以 Android 平台为例。最后,在弹出界面中选择 Player Settings 按钮,并在 Inspector 面板的 Bundle Identifier 后设置包名,如图 4.36 所示。

返回到开发者后台,查看注册时设置的 Bundle ID 与 Package Name 是否和刚才的参数一致,如图 4.37 所示,如果不一致,可以进行修改,Bundle ID 与 Package Name 总共允许修改 10 次。

图 4.36　导出作品参数设置

图 4.37　确认 Bundle ID 参数

这时如果要修改 Bundle ID 和 Package Name 的值,也一定要沿路径 Project→EasyAR
→Common→GUISkin 找到并修改 EasyARKey 的值,如图 4.38 所示。

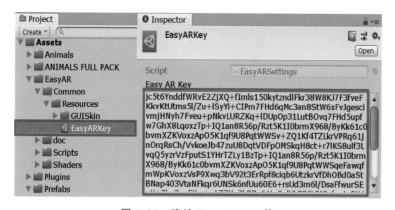

图 4.38　确认 Easy AR Key 值

至此,作品就完成了导出,可以再通过手机体验识别场景后的效果。

4.3 EasyAR 经典商业案例

EasyAR SDK 作为国内优秀的 AR SDK,和众多的知名企业都有合作。很多企业的 App 中在 AR 互动环节都使用了 EasyAR 的 SDK 或解决方案,如图 4.39 所示。

图 4.39 使用 EasyAR 的 SDK 或解决方案的企业

4.3.1 肯德基案例

肯德基在圣诞节时推出的全家桶支持 AR 扫描功能。在手机上下载并安装肯德基手机客户端,打开 AR 扫描功能,通过摄像头扫描全家桶的盖子,就会出现卡通人物跳出来并伴随着欢快的音乐在全家桶上跳舞,如图 4.40 所示。还可以和 AR 识别的卡通人物进行合影留念,然后分享给朋友,非常有趣,如图 4.41 所示。

图 4.40 肯德基全家桶支持 AR 扫描功能

图 4.41 与 AR 识别的卡通人物进行合影

4.3.2 捕鱼达人 3

风靡一时的《捕鱼达人》游戏,很多用户都体验过,通常是通过手机屏幕或者计算机上鼠标左键的单击来完成。而《捕鱼达人 3》,一改之前的游戏体验,通过 EasyAR 的大屏互动,加上与微软体设备 Kinect 的配合,玩家只需要做出按压的动作就可以实现炮弹的发射,还可以拍照合影留念,如图 4.42 所示。这充分地体现出了 EasyAR 支持导出到 PC 平台的这一优势。

图 4.42　用户通过大屏幕体验《捕鱼达人 3》游戏

4.3.3　纪念碑谷

英国独立开发商 Ustwo Games 的《纪念碑谷》在 2015 年 GDC 大会上一举拿下最佳视觉艺术、最具创新奖以及最佳掌上移动游戏三项大奖,成为 2015 年游戏开发者大会上最大的赢家,《纪念碑谷》也成为当年最成功的手机游戏之一,如图 4.43 所示。

AR 技术可以为经典游戏锦上添花,增加不同的用户体验。用户还可以近距离地查看这些唯美的场景和建筑,如图 4.44 所示。

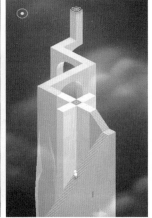

图 4.43　《纪念碑谷》游戏　　　　图 4.44　AR 版《纪念碑谷》游戏

4.3.4　汽车之家

汽车之家是全球访问量最大的互联网汽车营销平台,为消费者提供买车、用车、养车及与汽车生活相关的全程服务。消费者通常在网站上看汽车的报价、外观及内饰等,但网站上的图片不够直观,体验感不强。借助 AR 技术,消费者看车的体验感和现场感会大大增强,如图 4.45 所示。通过 AR 技术,消费者可以对感兴趣的汽车进行实景摆放,而且可以通过手势输入控制汽车模型的旋转、缩放、位置等,如图 4.46 所示。也可以通过在车体模型上的按钮打开汽车宣传视频,比起以往的宣传册来说,更加多元化,更加直观有趣。

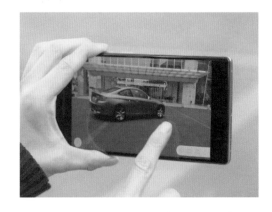

图 4.45　汽车之家 App 中的 AR 看车　　　　图 4.46　通过 AR 进行车辆实景摆放

4.3.5　聚划算

淘宝聚划算是阿里巴巴集团旗下的团购网站,已成为国内最大的互联网消费者首选团购平台。RIO 鸡尾酒在 2014 年里约奥运会期间与聚划算、视＋AR 合作,利用 AR 技术将巴西风情与涂鸦瓶融合,使传统商品的展示更加多元化,更具观赏性,效果如图 4.47 所示。

4.3.6　中国农业银行

中国农业银行和 EasyAR 的一个合作产品是猴年春节的一个新年纪念册。纪念册每个单页都是一个单独的 AR 场景。扫描纪念册的单页,会出现骑着天马的弼马温(图 4.48),龙宫借宝的孙悟空(图 4.49)等场景。场景里面也有 AR 互动游戏,例如通过单击屏幕上的石头,齐天大圣就会挥动手中的金箍棒捣毁石头。

图 4.47　RIO 鸡尾酒与 AR 技术的结合

图 4.48　中国农行猴年春节纪念册　　　　图 4.49　扫描纪念册单页显示的 AR 场景

借助 AR 技术,使纪念册变得丰富多元化,用户体验也更好了。通过与传统行业的结合,AR 技术已慢慢融入人们的生活中。随着智能手机及其他 AR 设备的普及,使用上也更加简单,更容易被用户接受。

习题

一、填空题

1. EasyAR 是_____的缩写,意义是_____。

2. EasyAR 安装包可分为_____版和_____版两种。_____版是收费的,功能会多些。_____版是免费的,初学者可以下载_____版。

二、选择题

1. 以下针对 EasyAR 的描述,错误的是(　　)。

　　A. 支持使用平面目标的 AR

　　B. 支持 1000 个以上本地目标的流畅加载和识别

　　C. 支持基于硬解码的视频(包括透明视频和流媒体)的播放

　　D. 支持二维码识别;支持多目标同时跟踪

　　E. 只支持 PC 端平台

2. 作为国内优秀的 AR SDK,EasyAR SDK 和众多的知名企业都有合作。以下 App 中在 AR 互动环节没有使用 EasyAR 的 SDK 或解决方案的是(　　)。

　　A. 肯德基　　　　　B. 捕鱼达人　　　　　C. 麦当劳　　　　　D. 汽车之家

三、简答题

1. 列举 EasyAR 商业案例。

2. 简述 EasyAR 场景创建的步骤。

第5章

Vuforia开发

本章学习目标
- 了解 Vuforia 及其基础功能。
- 掌握使用 Vuforia 进行项目开发的步骤。

本章首先简要介绍 Vuforia 及其基础功能,然后重点讲解使用 Vuforia 进行项目开发的详细步骤和实现效果。

5.1 Vuforia 简介

Vuforia 是一款能将现实世界物体与虚拟物品进行互动体验的 AR 开发平台。该平台利用计算机视觉技术,可以实时地识别和跟踪现实世界中的平面图像及简单的 3D 物体,使开发者能够在现实世界和数字世界之间架起体验的桥梁。

Vuforia 通过 Unity 游戏引擎扩展提供了 C、Java、Objective-C 和 .NET 语言的应用程序编程接口,能够同时支持 iOS 和 Android 的原生开发,这也使开发者在 Unity 引擎中开发的 AR 应用很容易移植到 iOS 和 Android 平台上。

5.2 Vuforia 基础功能

1. Image Targets(图片识别)

通过 Vuforia 的图片识别功能,可以在图片上呈现模型的 AR 效果,如图 5.1 所示。

2. Cylinder Targets(圆柱体识别)

通过 Vuforia 的圆柱体图片识别功能,能在图片上呈现模型的 AR 效果,如图 5.2 所示。

图 5.1 Vuforia 呈现的图片识别效果

图 5.2 Vuforia 呈现的圆柱体图片的识别效果

3. Multi Targets(立方体识别)

通过 Vuforia 的立方体图片识别功能,能在图片上呈现模型的 AR 效果,如图 5.3 所示。

4. User Defined Targets(自定义识别)

通过截取当前屏幕内容作为识别图,呈现 AR 效果,如图 5.4 所示。

图 5.3 Vuforia 呈现的立方体图片的识别效果

图 5.4 Vuforia 的自定义图片识别效果

5. Text Recognition(文字识别)

Vuforia 还可以通过识别文字,呈现 AR 效果。目前文字基本支持英文,默认能够识别的英文单词必须是官方词库中的单词(十万个),用户也可以自定义添加英文单词,如图 5.5 所示。

6. Virtual Buttons(虚拟按钮)

在识别图上制作特殊的按钮区域,通过遮挡特殊区域来实现按钮的效果,如图 5.6 所示。

图 5.5 文字识别效果

图 5.6 挡住特殊区域来实现按钮的效果

7. Cloud Recognition(云识别)

将识别图和模型等资源放在网络端,通过识别图识别下载模型呈现 AR 效果,如图 5.7 所示。

8. Smart Terrain (Unity only)(智能地形)

以图片识别、圆柱体、立方体识别为基点,向四周扩散识别周围一些立方体、圆柱体等形状的物体,以此为基础建立模型场景,如图 5.8 所示。

9. Object Recognition(物体识别)

在手机上安装 Vuforia Object Scanner 并打印 A4-Object Scanning Target 360°扫描物

图5.7 识别下载模型呈现 AR 效果

图5.8 凭借立体图形建立模型场景

体,记录物体特征点,以此为基础进行识别,呈现 AR 效果,如图5.9(a)~图5.9(c)所示。

(a) A4-Object Scanning Target   (b) Vuforia Object Scanner   (c) 物体识别效果

图5.9 Object Recognition 识别过程

1) Penguin

Penguin 是 Vuforia 专门为 Smart Terrain(智能地形)而开发的一款 Demo 小游戏。以一瓶瓶装饮料为识别基点,向周围识别茶杯、书籍、花瓶等各种形状的物体,生成冰川场景,让小企鹅在冰雪中滑行,如图5.10所示。

图5.10 Demo 小游戏

2) Find The Penguin

Find The Penguin 是 Vuforia 仿照 Pokémon Go 制作的一个 Demo。通过使用设备的陀螺仪和 Vuforia 的 User Defined Targets(自定义识别)功能,使模型能够固定在地面某一点,并且在周围随意活动,如图5.11所示。

图 5.11　Find The Penguin

5.3　Vuforia 项目开发

使用 Vuforia 进行项目开发，主要包括获取与导入 Vuforia SDK、搭建开发环境、创建 License Key、上传识别图、创建测试立方体、导入模型资源、创建虚拟按钮、动画制作、添加脚本和导出发布 10 个基本步骤。

5.3.1　获取与导入 Vuforia SDK

Vuforia SDK 已经内嵌到 Unity 引擎中，在安装 Unity 时使用默认的版本即可。也可以访问 Vuforia 的开发者官网 http://developer.vuforia.com，在主页的 Downloads 选项卡中下载最新版的 Vuforia SDK，如图 5.12 所示。从下载页面的说明可以看出，Vuforia 引擎中已经集成到最新的 Unity 版本。如果下载了最新的 Unity，在安装后就可以看到 Vuforia 模块。

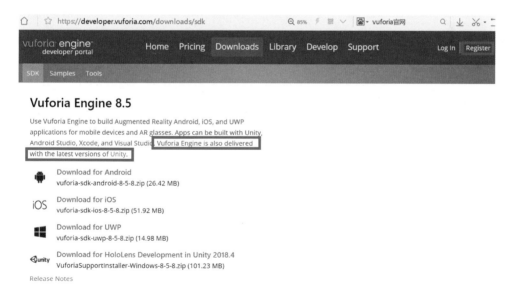

图 5.12　Vuforia SDK 下载页面

如果是新用户，需要单击右上角的 Register，完成账号注册才能登录下载 Vuforia SDK。如果新用户直接单击下载链接，也会自动跳转到账号注册页面，如图 5.13 所示。

图 5.13　新用户注册页面

　　安装 Unity 时如果使用的是默认版本,还需要在 Unity 中加载导入 Vuforia 模块。在 Unity 的 File 菜单选择 Build Settings,在弹出窗口中单击 Player Settings,在右侧的 Inspector 面板的 XR Settings 中如果看到有 Vuforia Augmented Reality 选项,就说明 Unity 中已经集成了 Vuforia,可以勾选该选项后的方框加载 Vuforia 模块,如图 5.14 所示。

图 5.14　加载 Vuforia 模块

　　如果 Vuforia Augmented Reality 选项下是带一个下画线的链接,则说明安装的 Unity 中没有 Vuforia 模块,可以单击链接获取 Vuforia SDK 后再加载 Vuforia 模块。

5.3.2　搭建开发环境

　　加载 Vuforia 模块后,在 Unity 场景中看起来没有任何变化,只是在 Project 窗口中多了 VuforiaConfiguration 项。要使用 Vuforia 开发项目还需要进行开发环境的搭建。首先导入 Vuforia 资源包，在 Unity 的 GameObject 菜单中选择 Vuforia Engine，添加一个 AR Camera，如图 5.15 所示，会弹出一个对话框，提示用户是否导入 Vuforia 的资源包。单击 Import 按钮，完成导入。

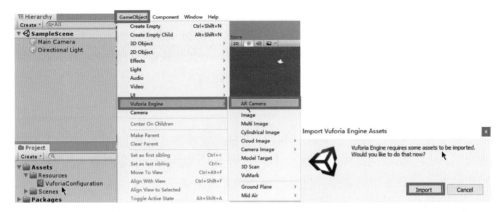

图 5.15 导入 Vuforia SDK 资源包

导入成功后，在 Hierarchy 窗口中会出现 AR Camera，如图 5.16 所示。这时需要把原来的 Main Camera 删除，将 AR Camera 移到 Hierarchy 窗口最上方。

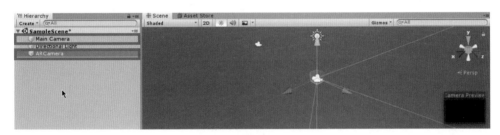

图 5.16 调整 AR Camera

然后添加识别图组件。在 GameObject 菜单中继续选择 Vuforia Engine，添加一个 Image，如图 5.17 所示，会弹出一个对话框，提示用户是否导入官方默认的识别图数据包。这里选择 Skip，使用自己提前准备好的识别图。

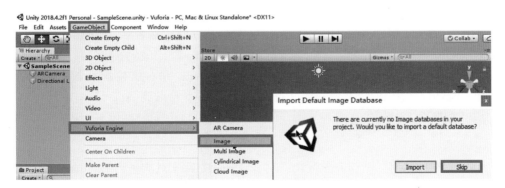

图 5.17 导入识别图数据包

在 Hierarchy 窗口中会出现 ImageTarget 组件,如图 5.18 所示。

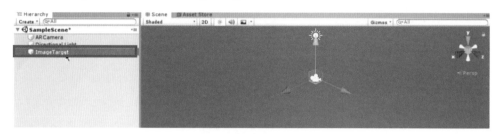

图 5.18 ImageTarget 组件

5.3.3 创建 License Key

登录到开发者平台,单击 License Manager(证书密钥管理),如图 5.19 所示。用户可以单击选择 Get Development Key 获取一个开发者版的密钥,也可以单击 Buy Deployment Key 按钮购买一个商业版的密钥。这里选取免费开发者版。

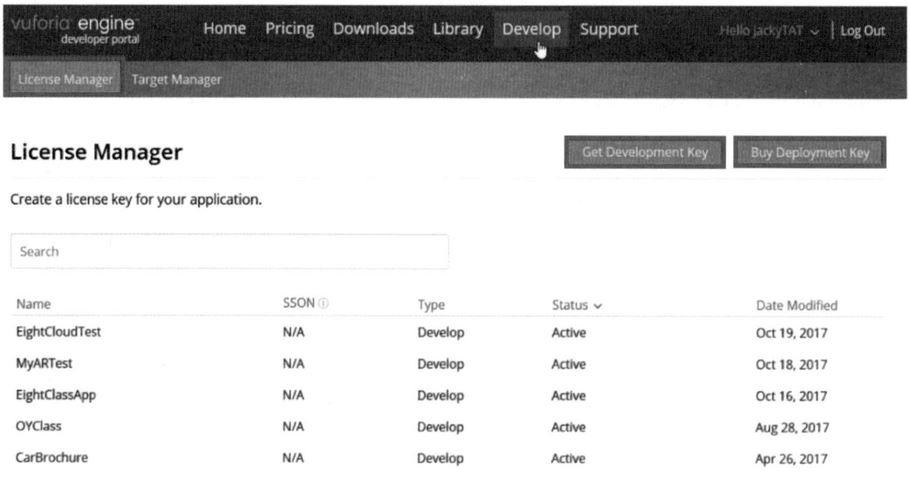

图 5.19 获取开发者版密钥

在 Add a free Development License Key 页面的 License Name 处填写证书名字(一般和要发布的 App 保持相同或相似即可),并在页面下方勾选同意获取 Vuforia Developer Agreement,最后单击 Confirm 按钮,如图 5.20 所示,就可以获取对应的密匙。也可以打开一个已有的密钥(以 MyARTest 为例),修改该密匙对应的证书名字,或单击 License Key,复制该 License Key 到剪贴板,如图 5.21 所示。

然后在 Unity 的 Hierarchy 窗口中单击 ARCamera,在右侧检视面板中单击 Open Vuforia Engine configuration,将刚才复制的 License Key 粘贴到 App License Key 右侧的矩形框内,如图 5.22 所示。

5.3.4 上传识别图

一般一个应用对应一个 License Key,一个 License Key 对应一个 Database。回到开发者后台,在 Target Manager 选项卡中,单击右侧的 Add Database 按钮,在弹出窗口中选择 Device,为数据库命名为 CarImage,单击 Create 按钮,如图 5.23 所示。

Back To License Manager

Add a free Development License Key

License Name *

You can change this later

License Key

Develop
Price: No Charge
VuMark Templates: 1 Active
VuMarks: 100

☑ By checking this box, I acknowledge that this license key is subject to the terms and conditions of the Vuforia Developer Agreement.

Cancel　Confirm

图 5.20　填写证书名字

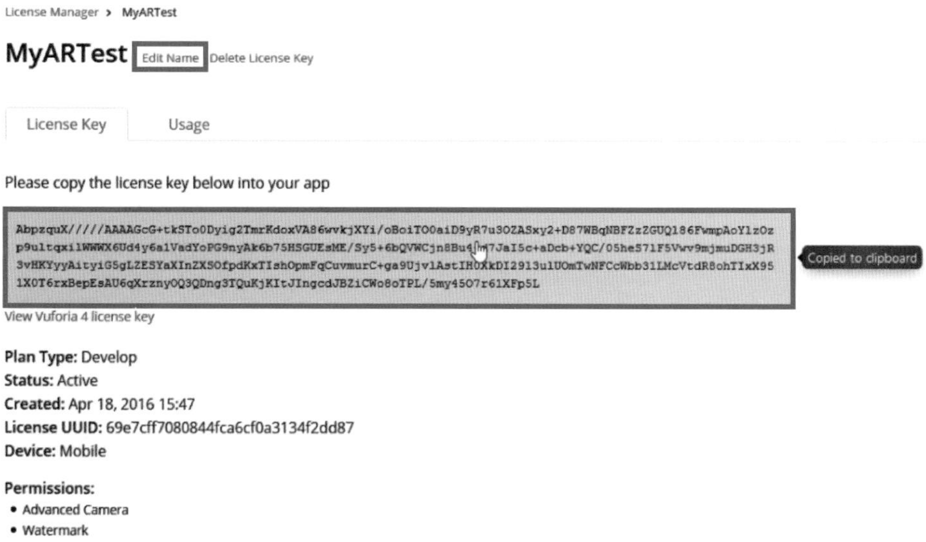

License Manager ＞ MyARTest

MyARTest [Edit Name] Delete License Key

| License Key | Usage |

Please copy the license key below into your app

AbpzquX/////AAAAGcG+tkSToODyig2TmrKdoxVA86wvkjXYi/oBoiTOOaiD9yR7u3OZASxy2+D87WBqNBFZz2GUQ186FvmpAoY1zOz
p9ultqxilWWWX6Ud4y6a1VadYoPG9nyAk6b75H5GUEsME/Sy5+6bQVWCjn8Bu4in7JaI5c+aDcb+YQC/O5he571F5Vvv9mjmuDGH3jR
3vHKYyyAityiG5gLZESYaXInZXSOfpdKxTIshOpmFqCuvmurC+ga9UjvlAstIH0XkDI2913ulUOmTwNFCcWbb31LMcVtdR8ohTIxX95
1X0T6rxBepEsAU6qXrzny0Q3QDng3TQuKjKItJIngcdJBZiCWo8oTPL/5my45O7r61XFp5L

Copied to clipboard

View Vuforia 4 license key

Plan Type: Develop
Status: Active
Created: Apr 18, 2016 15:47
License UUID: 69e7cff7080844fca6cf0a3134f2dd87
Device: Mobile

Permissions:
- Advanced Camera
- Watermark

图 5.21　复制 License Key

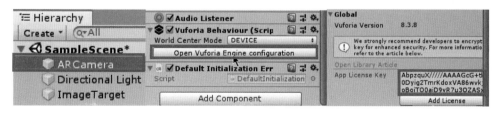

图 5.22　粘贴 License Key

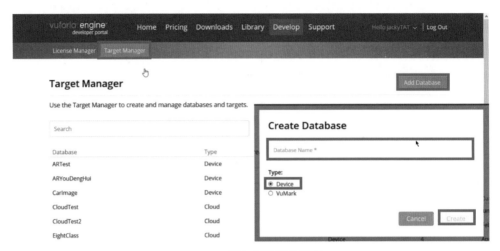

图 5.23　添加识别图数据库

单击 Add Target 按钮添加识别图,弹出窗口中会有 4 种识别图类型供选择,这里选择 Single Image,然后单击 File 后的 Browse 按钮,在出现的路径中选择要使用的识别图。其中识别图必须是.jpg 格式或.png 格式,并且不能超过 2MB。还要填写识别图的宽度(注意单位是米)和名字,单击 Add 按钮,如图 5.24 所示。识别图上传完成后,可以看到识别图的评定星级,星级越高,识别图的速度越快,追踪越稳定,可视角度越大。

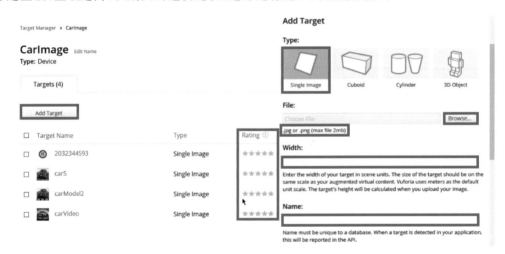

图 5.24　添加识别图

识别图还可以选择 Cuboid(立方体)和 Cylinder(圆柱体),不过需要在 Unity 中创建 Multi Image 或 Cylinder Image 与之对应,如图 5.25 所示。而识别图如果为 3D Object(三维物体),则需要后台工具进行辅助。

在添加的识别图中,勾选识别图 car5,单击 Download Database(1)按钮,如图 5.26 所示,弹出窗口中选择 Unity Editor,单击 Download 下载。

下载后会得到一个 CarImage unitypackage 的资源包,如图 5.27 所示。

把该资源包拖曳到 Project 窗口的 Assets 文件夹,在弹出窗口中单击 Import 按钮,如

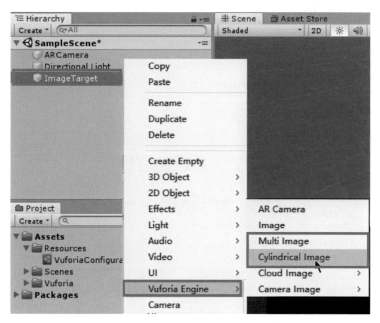

图 5.25 与 Cuboid 和 Cylinder 对应的图像组件

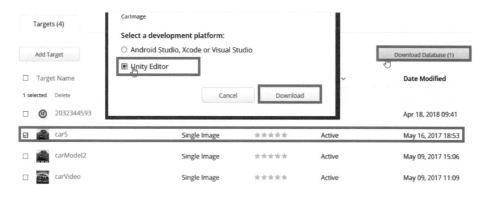

图 5.26 勾选识别图

图 5.27 下载的识别图资源包

图 5.28 所示。

单击 Hierarchy 窗口的 ImageTarget，在右侧 Inspector 面板对应 Image Target Behaviour 组件下的 Database 参数后单击选择 CarImage，ImageTarget 参数后选择图片 car5，如图 5.29 所示，就可以在 Scenes 窗口中看到识别图。

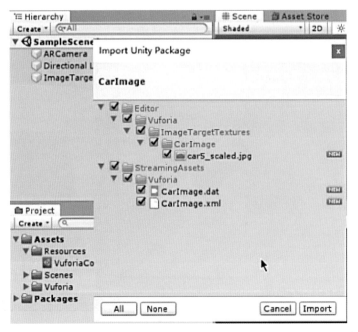

图 5.28   导入识别图资源包

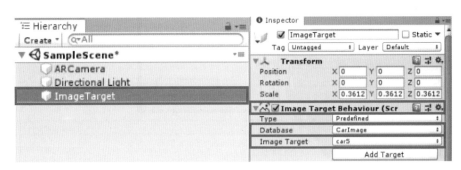

图 5.29   识别图参数设置

5.3.5   创建测试立方体

右击 Hierarchy 窗口的 ImageTarget,级联菜单中依次选择 3D Object→Cube 命令,如图 5.30 所示,即在识别图上创建了一个立方体。

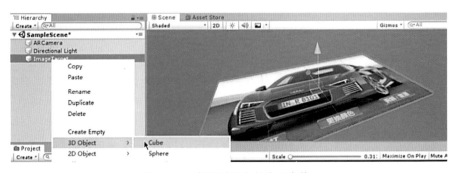

图 5.30   在识别图上创建立方体

单击 Hierarchy 窗口的 ARCamera，在右侧 Inspector 面板中单击 Open Vuforia Engine Configuration 命令，下拉滚动条到面板的下部，在 Webcam 中可以选择台式机或笔记本计算机对应的摄像头。HD Pro Webcam C920 是外接摄像头，Lenovo EasyCamera 是笔记本计算机自带的摄像头，这里选择前者，如图 5.31 所示。

图 5.31 选择外接摄像头

单击 Scenes 窗口的运行按钮，可看到识别图上出现的立方体，如图 5.32 所示。

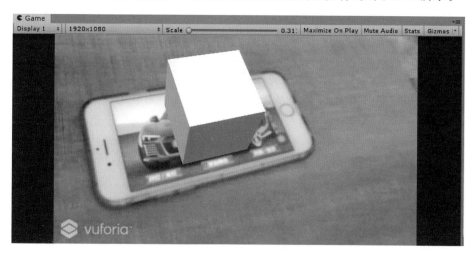

图 5.32 运行效果

5.3.6 导入模型资源

测试完成后，可以把立方体替换成小车。小车模型资源可在官方资源商店 Cartoon SportCar 中下载。首先在 Hierarchy 窗口中将 Cube 删除，然后单击 Scenes 窗口的 Assets Store，在资源商店中单击搜索按钮，在搜索框中键入关键字 Cartoon SportCar，如图 5.33 所示。

找到如图 5.34 所示的小车资源，单击选择下载到本地。

然后单击导入按钮，在弹出窗口中先单击 All 按钮，再单击 Import 按钮，即可将小车资源导入 Unity 中，如图 5.35 所示。

导入过程会出现弹出窗口，提示用户是否更新当前插件的 API，如图 5.36 所示，单击 Go Ahead 按钮。如果不更新，导入后的材质或某些插件的功能可能无法正常使用。

导入完成后，可在 Project 窗口看到导入的汽车资源，这里选择 Cartoon_SportCar_B01，将其拖曳到 Hierarchy 窗口的 ImageTarget 上。在 Scenes 窗口中调整汽车大小，并在 Inspector 面板中调整小车的 Rotation 参数（旋转 90°），使其适合识别图大小，如图 5.37 所示。

图 5.33 Unity 资源商店

图 5.34 在资源商店中查找小车模型资源

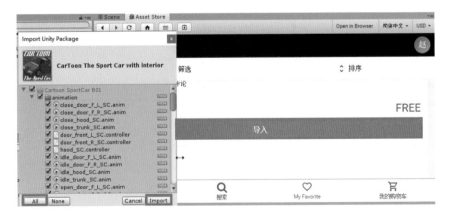

图 5.35 导入小车模型资源

图 5.36　导入小车模型时的 API 更新需求

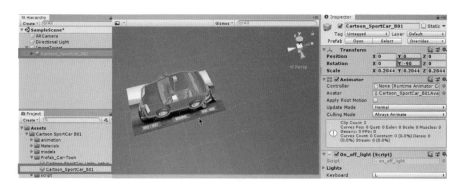

图 5.37　调整汽车模型大小与角度参数

使用键盘的 Ctrl＋S 快捷键保存场景后,单击 Scenes 窗口的运行按钮,可在 Game 窗口中查看运行效果,如图 5.38 所示。

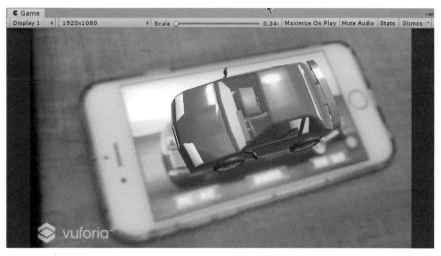

图 5.38　查看运行效果

5.3.7 创建虚拟按钮

接下来通过创建虚拟按钮来实现对小车模型的动画操作。在 Scenes 窗口可以看到识别图底部有 3 个提前使用 Photoshop 软件制作好的按钮,如图 5.39 所示。

图 5.39　识别图上的按钮

Hierarchy 窗口中单击 ImageTarget,在 Inspector 面板的 Advanced 组件下单击 Add Virtual Button 按钮,如图 5.40 所示。

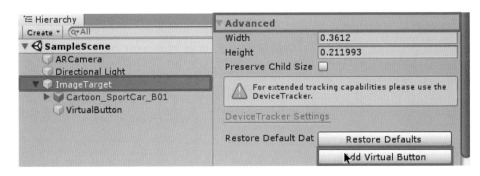

图 5.40　添加虚拟按钮组件

调整虚拟按钮大小,使其与识别图中按钮的大小重叠,如图 5.41 所示。

图 5.41　调整虚拟按钮大小

同样方法,再添加两个虚拟按钮,分别使其与识别图中对应按钮重叠,如图 5.42 所示。

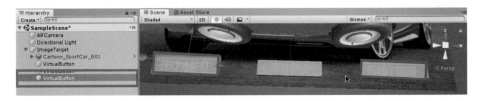

图 5.42　添加并调整其他虚拟按钮

5.3.8 动画制作

虚拟按钮创建好后,还需要添加组件,使用户操作虚拟按钮时,小车可以实现开灯/关灯、更换颜色、拆解/还原等动画效果。首先在 Hierarchy 窗口中单击 Cartoon_SportCar_B01,在 Inspector 面板中将 Animator 组件移除,如图 5.43 所示。

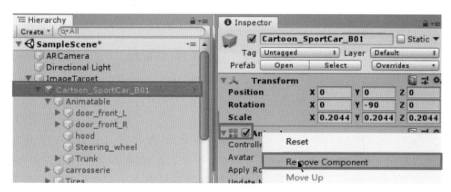

图 5.43 移除 Animator 组件

单击 Add Component 按钮,添加一个 Animation 组件,如图 5.44 所示。

图 5.44 添加 animation 组件

然后在 Window 菜单下选择 Animation,或使用快捷键 Ctrl+6 打开动画编辑窗口,如图 5.45 所示。

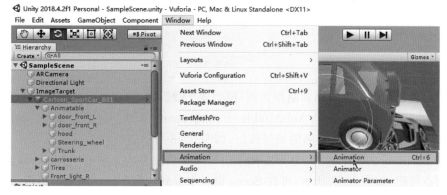

图 5.45 打开动画编辑窗口

在动画编辑窗口单击 Create 按钮,新建一个动画,如图 5.46 所示。

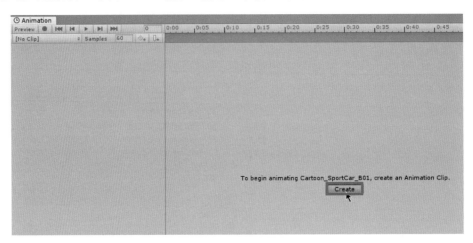

图 5.46　新建一个动画

将动画保存到 Vuforia 路径下的 Assets 文件夹中,为该动画新建一个文件 Animations,将新创建的动画命名为 CarAnimation. anim,保存到 Animations 文件夹中,如图 5.47 所示。

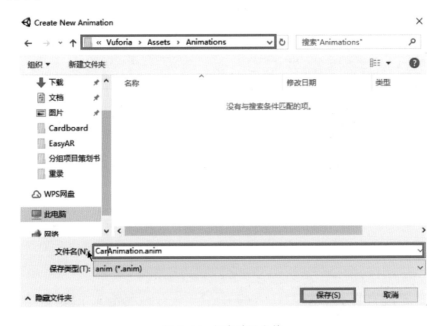

图 5.47　保存动画文件

这里以两侧车门的拆解动画制作为例(模型要支持拆解)。在 Animation 窗口单击 Add Property 按钮,然后在右侧的 Animatable 下找到 door_front_L,单击 door_front_L 的 Transform 组件下 Position 右侧的加号按钮,如图 5.48 所示。

调整 Position. z 的值为 −1.5(即左侧车门最大移动位移为 z 轴的 −1.5 的位置),并单击红色圆点按钮,如图 5.49 所示,可在 Scene 窗口中看到左侧车门已经拆解出来。

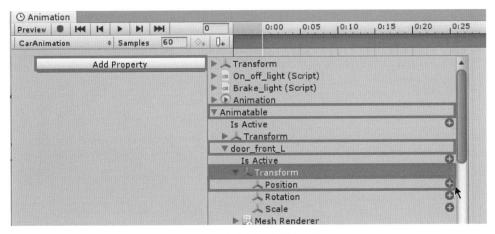

图 5.48 为左侧车门添加动画

图 5.49 设置左车门最大移动位移

　　同样的方法做右侧车门的拆解。在 Animation 窗口单击 Add Property 按钮,然后在右侧的 Animatable 下找到 door_front_R,单击 door_front_R 的 Transform 组件下 Position 右侧的加号按钮,如图 5.50 所示。

　　调整右侧车门 Position.z 的值为 -1.5(即右侧车门最大移动位移为 z 轴的 1.5 的位置),如图 5.51 所示。单击红色圆点按钮,并单击三角符号的运行按钮,在 Scene 窗口中查看车门拆解的动画。

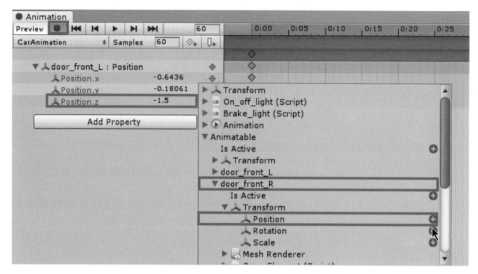

图 5.50 设置右车门最大移动位移

图 5.51 查看车门拆解动画

其他部位的拆解做法类似,读者可以自行进行车引擎盖、后备厢等的拆解动画制作。接下来实现单击虚拟按钮完成动画播放功能。在 Hierarchy 窗口中选择 Cartoon_SportCar_B01,将 Project 窗口中刚才制作的动画文件 CarAnimation 拖曳到右侧 Inspector 面板的 Animation 后的方框内,并且把 Play Automatically 后的勾选取消,即不设置自动播放,如图 5.52 所示。

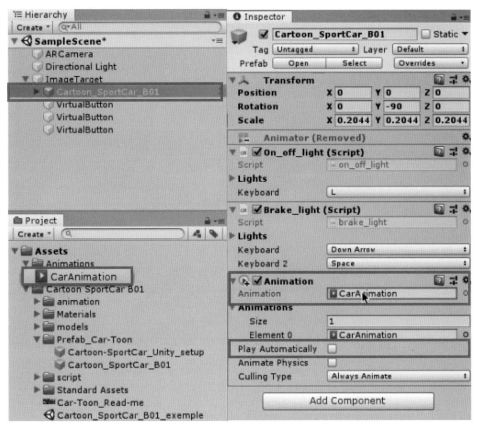

图 5.52　动画播放设置

单击 Project 窗口 Animations 下的 CarAnimation，确认 Inspector 面板中的 Wrap Mode 为 Default，即只播放 1 次，如图 5.53 所示。

图 5.53　动画播放次数设置

单击 Hierarchy 窗口中的 VirtualButton 按钮，该按钮对应"更换颜色"功能，因此在 Inspector 面板中 Virtual Button Behaviour 组件下 Name 后修改名称为 Color。同理给拆解/还原按钮修改名称为 Boom，给开灯/关灯按钮修改名称 Light，如图 5.54 所示。

5.3.9　添加脚本

单击 Hierarchy 窗口的 ImageTarget，在 Inspector 面板单击 Add Component 按钮添加脚本，脚本名为 MyVirtualButtonBehaviour。脚本加载完成后，在 Inspector 面板双击如图 5.55 所示的脚本文件名位置，即可打开脚本。

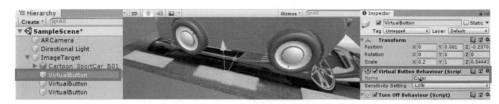

(a) 修改更改颜色虚拟按钮名称

(b) 修改拆解/还原虚拟按钮名称

(c) 修改开灯/关灯按钮名称

图 5.54　修改设置

图 5.55　创建脚本

　　虚拟按钮是 Vuforia 的一个功能,在脚本中需要继承一个虚拟按钮接口。首先,添加一个引用 Vuforia 的命名空间,代码如下:

```
using Vuforia;
```

　　然后在 MonoBehaviour 后面加一个接口的继承:单击接口 IVirtualButtonEventHandler 名称,在下拉功能中选择实现接口,如图 5.56 所示。

　　添加实现接口后,即得到如图 5.57 所示的按钮按下和按钮释放两个方法,将其剪贴放到代码最后。

　　初始化虚拟按钮,代码如图 5.58 所示。

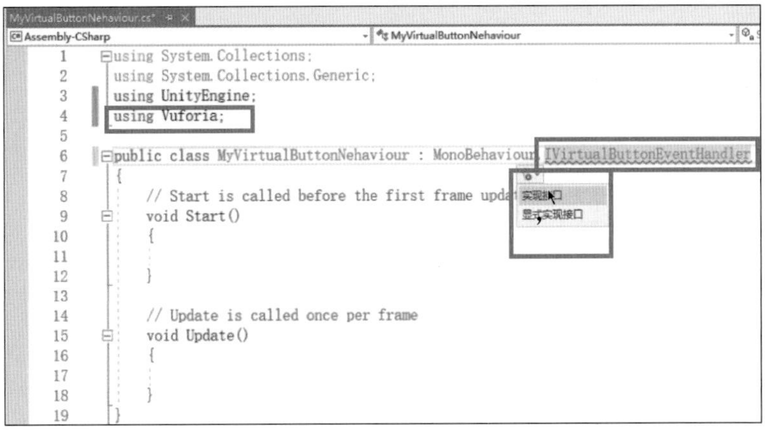

图 5.56　添加实现接口

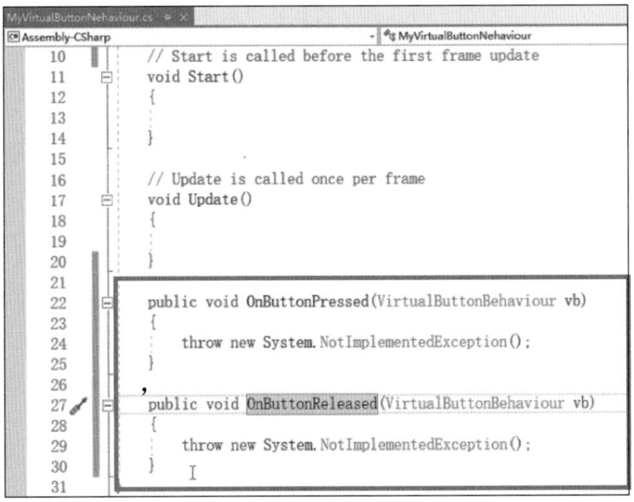

图 5.57　添加接口后得到的两种方法

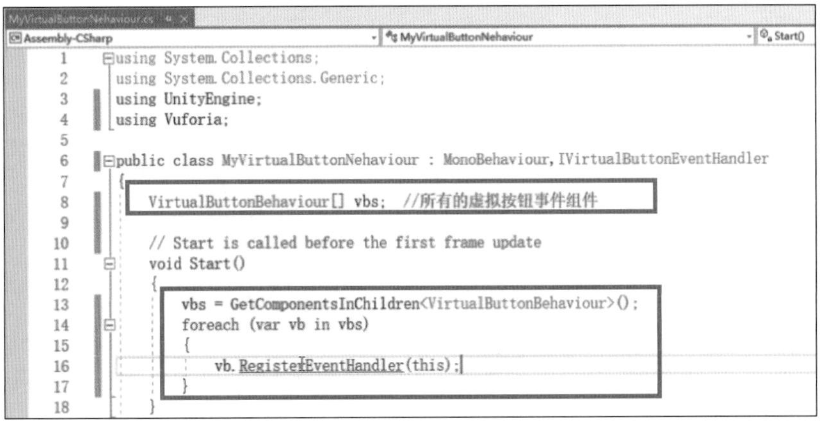

图 5.58　初始化虚拟按钮

添加按钮按下脚本代码如图5.59所示。

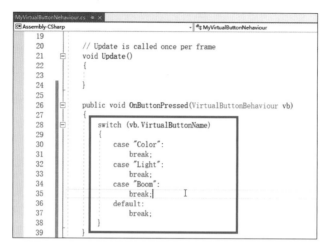

图5.59 添加按钮按下脚本代码

添加按钮松开脚本代码如图5.60所示。

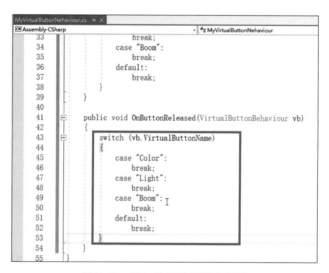

图5.60 添加按钮松开脚本代码

声明一个拆解/还原动画组件,代码如图5.61所示。

然后在Unity中给虚拟按钮赋值。将Hierarchy窗口中的Cartoon_SportCar_B01拖曳到Inspector窗口My Virtual Button Nehaviour下的Car Anim组件后的方框内,如图5.62所示。

添加脚本使鼠标按下时播放carAnim组件,动画从第0帧开始播放,如图5.63所示。

还原相当于拆解动画的倒放,因此播放速度为−1,代码如图5.64所示。

运行查看效果,当手放在虚拟按钮上时,拆解动画开始播放,手移开后汽车还原,如图5.65所示。

其他像引擎盖、车轮等部件的拆解和还原类似,用户可以自行制作。

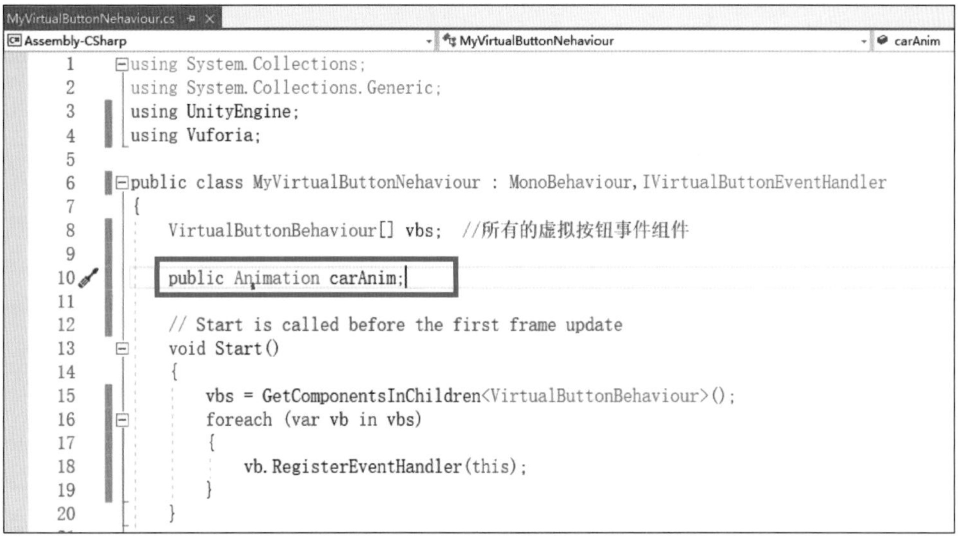

```
MyVirtualButtonNehaviour.cs ☞ ×
Assembly-CSharp                                    ☞ MyVirtualButtonNehaviour          ☞ carAnim
  1  ⊟using System.Collections;
  2    using System.Collections.Generic;
  3   │ using UnityEngine;
  4   │ using Vuforia;
  5
  6  ⊟public class MyVirtualButtonNehaviour : MonoBehaviour, IVirtualButtonEventHandler
  7   │ {
  8   │     VirtualButtonBehaviour[] vbs;   //所有的虚拟按钮事件组件
  9
 10 🖉│     public Animation carAnim;
 11
 12   │     // Start is called before the first frame update
 13  ⊟│     void Start()
 14   │     {
 15   │         vbs = GetComponentsInChildren<VirtualButtonBehaviour>();
 16  ⊟│         foreach (var vb in vbs)
 17   │         {
 18   │             vb.RegisterEventHandler(this);
 19   │         }
 20   │     }
```

图 5.61　声明一个拆解/还原动画组件

图 5.62　给虚拟按钮赋值

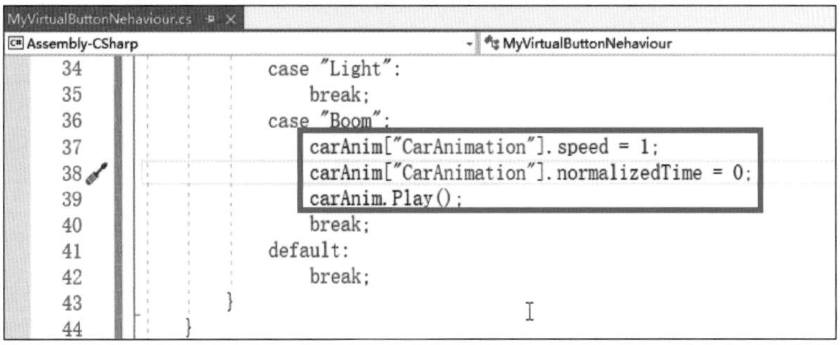

```
MyVirtualButtonNehaviour.cs ☞ ×
Assembly-CSharp                                    ☞ MyVirtualButtonNehaviour
 34               case "Light":
 35                   break;
 36               case "Boom";
 37                   carAnim["CarAnimation"].speed = 1;
 38 🖉               carAnim["CarAnimation"].normalizedTime = 0;
 39                   carAnim.Play();
 40                   break;
 41               default:
 42                   break;
 43           }
 44       }
```

图 5.63　添加拆解按钮播放动画脚本

5.3.10　导出发布

将制作好的动画场景保存后可以导出发布到终端。首先,在 Unity 的 File 菜单中选择 Build Settings,弹出界面中切换到 Android 平台。其次,单击平台下方的 Play Settings 按钮,在右侧 Inspector 面板的 Other Settings 组件下填写对应的包名和 App 版本号,如图 5.66 所示。最后,单击弹出窗口的 Add Open Scenes 按钮,添加要导出的场景即可。

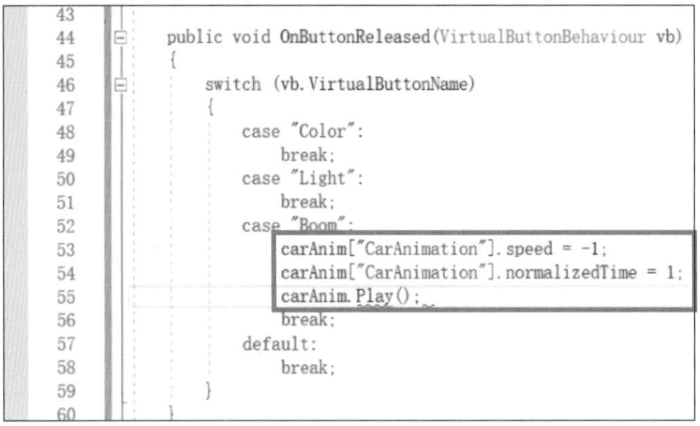

```
43
44    public void OnButtonReleased(VirtualButtonBehaviour vb)
45    {
46        switch (vb.VirtualButtonName)
47        {
48            case "Color":
49                break;
50            case "Light":
51                break;
52            case "Boom":
53                carAnim["CarAnimation"].speed = -1;
54                carAnim["CarAnimation"].normalizedTime = 1;
55                carAnim.Play();
56                break;
57            default:
58                break;
59        }
60
```

图 5.64　添加释放按钮播放动画脚本

图 5.65　查看拆解/还原按钮动画播放效果

图 5.66　导出发布

习题

一、填空题

1. Vuforia 是一款能将现实世界物体与虚拟物品进行互动体验的_____开发平台。

2. Vuforia 通过 Unity 游戏引擎扩展提供了_____、_____、Objective-C 和 .NET 语言的应用程序编程接口,能够同时支持_____、_____的原生开发。

3. Vuforia 的基础功能主要有_____、圆柱体识别、立方体识别、_____、_____、_____、云识别、智能地形和物体识别。

二、选择题

1. Vuforia SDK 基础功能不包括( )。

    A. 图片识别   B. 自定义识别

    C. 文字识别   D. 虚拟按钮

    E. 云识别   F. 人像识别

    G. 智能地形

2. 以下( )不属于 Vuforia 项目开发的基本步骤。

    A. 获取 SDK   B. 创建 License Key

    C. 制作模型   D. 导入模型

    E. 制作动画   F. 导出发布

三、简答题

1. 简单介绍 Vuforia。

2. 简述使用 Vuforia SDK 进行项目开发的主要步骤。

第6章

ARCore与ARKit

本章学习目标

- 了解 AR Foundation 的功能和资源包导入方法。
- 掌握使用 ARCore SDK for Unity 进行 Android 应用程序开发的步骤。
- 掌握使用 AR Foundation 的资源包 ARKit XR Plugin 进行 iOS 应用程序开发的步骤。

本章介绍 ARCore/ARKit 的项目开发。首先介绍 AR Foundation 及其功能。其次介绍使用 ARCore SDK for Unity 进行 Android 端 AR Unity Chan 应用程序开发的方法和详细操作步骤，以及使用 AR Foundation 的资源包 ARKit XR Plugin 进行 iOS 端 AR Unity Chan 应用程序开发的步骤。最后介绍云锚点的使用条件、Android 及 iOS 使用云锚点的环境配置方法。

6.1 AR Foundation

6.1.1 AR Foundation 简介

随着 AR 技术的发展及广泛运用，Unity 开发了一个多平台 API 和一些实用工具，这些工具被人们称为 AR Foundation。AR Foundation 提供了一个独立于平台的脚本 API 和 MonoBehaviour，以通过使用 ARCore 和 ARKit 共有的核心功能构建同时适用于两个平台的应用程序。这可以让开发者只需开发一次应用，就可以部署到两个平台的设备上，无须进行任何改动。

但是 AR Foundation 还未实现 ARCore 和 ARKit 的所有功能。如果用户的应用依赖 AR Foundation 尚未支持的功能，需要单独使用对应的 SDK。如果用户只面向 ARCore 进行开发并希望获取完整的功能集，Google 为 Unity 提供了 ARCore SDK for Unity。如果用户只面向 ARKit 进行开发并希望获取完整的功能集，AR Foundation 提供了适用于 Unity 的 ARKit 插件。AR Foundation、ARCore 和 ARKit 三种资源包之间的区别如表 6.1 和图 6.1 所示。

表 6.1 AR Foundation、ARCore 和 ARKit 资源包的区别

资 源 包	简 介
AR Foundation	AR Foundation 将 ARKit 和 ARCore 的底层 API 包装到整合的框架中,并提供额外的实用功能,例如,会话生命周期管理及用于展示环境已检测功能的 MonoBehaviour
Google ARCore SDK for Unity	该 SDK 为 ARCore 支持的重要 AR 功能提供原生 API,并在 Unity 中向 Android 平台公开这些 API
Unity ARKit Plugin	该插件用于在 Unity 中构建 ARKit 体验,它在 Unity 中公开了 C♯语言的 ARKit Objective-C API,以便开发者进行使用。它还提供辅助脚本和实用功能,从而利用兼容 iOS 设备的前置和后置摄像机

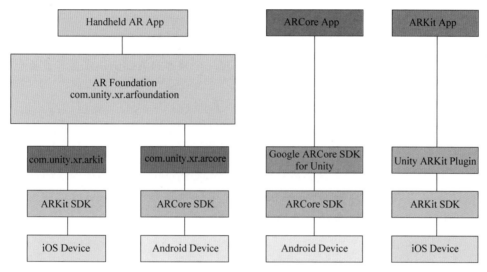

图 6.1 SDK 之间的区别

6.1.2 AR Foundation 的主要功能

AR Foundation 支持 ARCore、ARKit,并且提供了对大多数 AR 应用核心功能的支持,主要包括以下内容。

(1)平台表面检测。

(2)以点云展示的深度数据。

(3)高性能渲染。

(4)用来辅助将虚拟对象锚定到现实世界的参考点。

(5)平均色温和亮度估算。

(6)在物理空间追踪设备的位置和朝向。

(7)在 AR 中适当缩放内容的工具。

(8)针对平面和深度数据的光线投射。

此外,AR Foundation 支持轻量级渲染管线 LWRP,让开发者能够利用 Unity 内置 Shader Graph 着色器视图,通过可视化节点编辑器创作有趣的效果。还支持摄像机图像 API,适用于希望为自定义计算机视觉算法定制图像处理过程的开发者。ARWorldMap

(AR世界地图)功能仅适用于支持 ARKit 的 iOS 设备,可以让用户创建持续的多用户 AR 体验。AR Foundation 目前也加入了对 ARKit 面部跟踪功能的支持,可以让用户跟踪面部并获取混合形状,以实现大量面部功能。

6.1.3　AR Foundation 支持的设备

在安装 AR Foundation 前必须安装 Unity 2018.1 或更高版本。如果用户的目标平台是 Android,还要安装 Android Build Support Component;如果用户的目标平台是 iOS,需安装 iOS Build Support Component。

6.1.4　AR Foundation 资源包的获取

将 GitHub 上的 arfoundation-samples 库下载到本地。下载网址为:

https://github.com/Unity-Technologies/arfoundation-samples

这个项目会自动安装所需的资源包,如 AR Foundation、ARCore XR Plugin、ARKit XR Plugin。打开 SampleScene.unity,将其部署到一个兼容的 Android 或 iOS 设备上,即可用于开发。

6.2　ARCore

6.2.1　ARCore 简介

ARCore 是 Google 的增强现实体验构建平台。该平台可以利用不同的 API,让用户通过移动设备感知周围的环境、理解现实世界并与信息进行交互(图 6.2),甚至可以在 Android 和 iOS 上基于 API 支持共享 AR 体验。

图 6.2　ARCore 增强现实效果展示图

6.2.2　ARCore 的主要功能

ARCore 主要使用 3 个功能将虚拟内容与通过手机摄像头看到的现实世界整合,包括运动跟踪、环境理解和光估测。

1. 运动跟踪

ARCore 借助运动跟踪功能,让移动设备可以理解和跟踪它相对于现实世界的位置。当用户的移动设备在现实世界中移动时,ARCore 会通过一个名为并行测距与映射(Concurrent Odometry and Mapping,COM)的过程来理解手机相对于周围世界的位置。ARCore 会检测并捕获摄像头图像中的视觉差异特征(称为特征点),并利用这些点来计算其位置变化。这些视觉信息与设备 IMU 的惯性测量结果结合,用于估测摄像头随着时间推移而相对于周围世界的姿态(位置和方向),如图 6.3 所示。人们可以看到用户的位置是如何与真实沙发上识别的特征点相关联的。ARCore 会实时、自动跟踪特征点的位置,不再需要用户预先训练这些特征点。

图 6.3　ARCore 的运动跟踪功能效果展示图

在开发中,通过将渲染 3D 内容的虚拟摄像头的姿态与 ARCore 提供的设备摄像头的姿态对齐,开发者能够从正确的透视角度渲染虚拟内容,渲染的虚拟图像可以叠加到从设备摄像头获取的图像上,让虚拟内容看起来就像现实世界的一部分一样。

2. 环境理解

ARCore 会通过检测特征点和平面来不断改进它对现实世界环境的理解。ARCore 可以查找看起来位于常见水平或垂直的表面(例如地面、桌子或墙壁等)上成簇的特征点,并让这些表面可以用作应用程序的平面。ARCore 也可以确定每个平面的边界,并将该信息提供给应用,使用此信息将可以将虚拟物体置于平坦的表面上,如图 6.4 所示。由于 ARCore 使用特征点来检测平面,因此可能无法正确检测像白墙一样没有纹理的平坦表面(由算法的底层设计决定)。

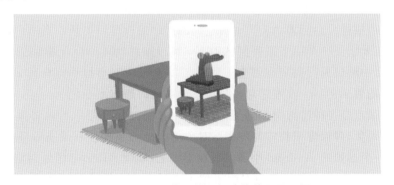

图 6.4　ARCore 的环境理解功能效果展示图

3. 光估测

ARCore 利用光估测功能,让手机可以估测当前环境的光照条件,将相关的光照信息提供给摄像头,以校正图像的平均光强度和色彩,使虚拟物体使用与周围环境相同的光照来显示,以提升其真实感,如图 6.5 所示。

图6.5　ARCore的光估测效果展示图

6.2.3　ARCore的其他功能

除了ARCore的3个主要功能,ARCore还通过用户交互、定向点、锚点和可跟踪对象、增强图像、共享、帧、特征点云、二维平面等实现与用户的交互与信息共享。

1. 用户交互

ARCore利用命中测试来获取对应于手机屏幕的(x,y)坐标(通过单击屏幕、按键或App支持的其他交互方式),并将一条射线投影到摄像头的视野中,返回这条射线贯穿的任何平面或特征点及交叉位置在现实世界空间中的姿态。这让用户可以选择环境中的物体或者与它们互动。

2. 定向点

借助定向点,用户可以将虚拟物体置于倾斜的表面上。当用户执行会返回特征点的命中测试时,ARCore将查看附近的特征点并使用这些特征点估算表面在给定特征点处的角度。然后,ARCore会返回一个将该角度考虑在内的姿态。

3. 锚点和可跟踪对象

锚点描述了在现实世界中一个固定的位置和方向。为了保持在物理空间的固定位置,这个位置的数值描述将会随着ARCore对空间的理解的改进而更新。当用户想要放置一个虚拟物体时,需要定义一个锚点来确保ARCore可以跟踪物体随时间推移的位置。很多时候,需要基于命中测试返回的姿态创建一个锚点,以此来绑定虚拟物体与真实环境的位置关系。而姿态会随着ARCore改进它对自身位置和环境的理解而变化。

平面和特征点是一种特殊类型的物体,称为可跟踪对象。用户可以将虚拟物体锚定到特定的可跟踪对象,确保虚拟物体与可跟踪对象之间的关系即使在设备移动时也能保持稳定。例如,将一个虚拟的Android小雕像放在书桌上,即使ARCore稍后调整了与书桌关联的平面的姿态,Android小雕像仍会看起来位于桌子上。值得注意的是,为了减小CPU的开销,请尽可能重用锚点,并且在不需要时分离锚点。

4. 增强图像

使用增强图像可以构建能够响应特定2D图像(如产品包装或电影海报)的AR应用。用户可以在将手机的摄像头对准特定图像时触发AR体验。例如,可以将手机的摄像头对准电影海报,使人物弹出,然后引发一个场景。可离线编译图像以创建图像数据库,也可以从设备实时添加单独的图像。注册后,ARCore将检测这些图像及图像边界,然后返回相应的姿态。

5．共享

借助 ARCore 的 Cloud Anchor API,用户可以创建适用于 Android 和 iOS 设备的协作性或多人游戏应用。使用云锚点,一台设备可以将锚点和附近的特征点发送到云端进行托管,可以将这些锚点与同一环境中 Android 或 iOS 设备上的其他用户共享,使应用可以渲染连接到这些锚点相同的 3D 对象,从而让用户能够同步拥有相同的 AR 体验。

6．帧

帧(Frame)是影像动画中最小单位的单幅影像画面。一帧就是一副静止的画面,连续的帧就形成动画。在 ARCore 中,Frame 还提供了某一个时刻 AR 的状态。这些状态包括当前 Frame 中环境的光线(在绘制内容的时候根据光线控制物体绘制的颜色,看起来使得物体更真实)、当前 Frame 中检测到的特征点云和它的 Pose(用来绘制点云)、当前 Frame 中包含的 Anchor 和检测到的 Plane 集合(用于绘制内容和平面)、手机设备当前的 Pose、帧获取的时间戳、AR 跟踪状态和摄像头的视图矩阵等。

7．特征点云

ARCore 在检测平面的时候,显示一个个小的白点,就是特征点云(PointCloud)。特征点云包含了被观察到的 3D 点和信心值的集合,还有它被 ARCore 检测时的时间戳。

8．二维平面(Plane)

ARCore 中所有的内容,都要依托于平面类进行渲染。如演示中的 Android 机器人,只有在检测到网格的地方才能放置。ARCore 中平面可分为水平朝上、朝下、垂直和非水平平面类型,Plane 描述了对一个真实世界二维平面的认知,如平面的中心点、平面的 x 轴和 z 轴方向长度,组成平面多边形的顶点。检测到的平面还分为 3 种状态,分别是正在跟踪、可恢复跟踪和永不恢复跟踪。如果是没有正在跟踪的平面,包含的平面信息可能不准确。两个或者多个平面还会被自动合并成一个父平面。如果这种情况发生,可以通过子平面找到它的父平面。

6.2.4 ARCore 支持的设备

ARCore 支持的设备是指通过 Google 认证流程的设备。认证过程需要检查设备摄像头、运动传感器及设计结构的质量,确保设备功能达到预期效果。设备还需强大的 CPU 来整合硬件设计,以确保达到优秀的性能和高效的实时计算能力。

利用 ARCore SDK for Unity,用户可以打造 Android 用户和 iOS 用户能够共享的 AR 体验。目前支持 ARCore 的设备包括 Android(Google Play)、Android(中国)和 iOS。

1．ARCore SDK for Unity Android 要求

(1)硬件要求。需要一部支持 ARCore 的 Android 手机和一根可以将手机连接至开发计算机的 USB 电缆。

(2)软件要求。在安装期间选择安装 Android Build Support 的 Unity 2017.4.9f1 或更高版本;ARCore SDK for Unity 1.5.0 或更高版本;使 Android Studio 中的 SDK 管理器安装的 Android SDK 7.0(API 级别 24)或更高版本。

ARCore 支持的 Android(Google Play)设备,还需要有网络连接以更新 ARCore 和搭载 Google Play 应用商店。支持的 Android(Google Play)设备型号及要求如表 6.2 所示。

表 6.2　ARCore 对 Android（Google Play）设备的支持要求

制　造　商	型号及要求
Acer	Chromebook Tab 10(要求 Chrome OS v69 稳定版或者更高版本)
Asus	ROG Phone；Zenfone AR；Zenfone ARES
General Mobile	GM 9 Plus
Google	Nexus 5X 和 Nexus 6P(要求 Android 8.0 或者更高版本)；ixel，Pixel XL；Pixel 2，Pixel 2 XL；Pixel 3，Pixel 3 XL；Pixel 3a，Pixel 3a XL
HMD Global	Nokia 6.1；Nokia 6.1 Plus；Nokia 7 Plus；Nokia 7.1；Nokia 8(要求 Android 8.0 或者更高版本)；Nokia 8 Sirocco；Nokia 8.1
Huawei	Honor 8X，Honor 10；Honor View 10 Lite；Honor V20；Mate 20 Lite，Mate 20，Mate 20 Pro，Mate 20 X；Nova 3，Nova 3i；Nova 4；P20，P20 Pro；P30，P30 Pro；Porsche Design Mate RS，Porsche Design Mate 20 RS；Y9 2019
LG	Q6；Q8；V40 ThinQ；要求 Android 8.0 或者更高版本：G6；V30，V30＋，V30＋ JOJO；可通过 ARCore 使用广角定焦后置摄像头来实现 AR 追踪的型号：G8 ThinQ；G7 Fit，G7 One，G7 ThinQ；LG Signature Edition 2017；V35 ThinQ；LG Signature Edition 2018；V50 ThinQ
Motorola	Moto G5S Plus；Moto G6，Moto G6 Plus；Moto G7，Moto G7 Plus，Moto G7 Power，Moto G7 Play；Moto One，Moto One Power；Moto X4(要求 Android 8.0 或者更高版本)；Moto Z2 Force；Moto Z3，Moto Z3 Play
OnePlus	OnePlus 3T(要求 Android 8.0 或者更高版本)；OnePlus 5，OnePlus 5T；OnePlus 6，OnePlus 6T
Oppo	R17 Pro
Samsung	Galaxy A3 (2017)(要求 Android 8.0 或者更高版本)；Galaxy A5 (2017)；Galaxy A6 (2018)；Galaxy A7 (2017)；Galaxy A8，Galaxy A8＋ (2018)；Galaxy A30；Galaxy A50；Galaxy J5 (2017)，Galaxy J5 Pro(SM-J530 型号)；Galaxy J7 (2017)，Galaxy J7 Pro (SM-J730 型号)；Galaxy Note8；Galaxy Note9；Galaxy S7，Galaxy S7 edge；Galaxy S8，Galaxy S8＋；Galaxy S9，Galaxy S9＋；Galaxy S10e，Galaxy S10，Galaxy S10＋，Galaxy S10 5G；Galaxy Tab S3；Galaxy Tab S4
Sharp	AQUOS R3
Sony	Xperia XZ3；要求 Android 8.0 或者更高版本：Xperia XZ Premium；Xperia XZ1，Xperia XZ1 Compact；Xperia XZ2，Xperia XZ2 ；Compact，Xperia XZ2 Premium
Vivo	NEX S；NEX Dual Display Edition
Xiaomi	Mi 8，Mi 8 SE；Mi Mix 2S；Mi Mix 3；Pocophone F1
Zebra	TC52 WLAN Touch Computer；TC57 WWAN Touch Computer

　　Android(中国)设备不搭载 Google 应用商店,用户可以从以下应用商店中选择其一来安装 ARCore：Xiaomi App Store(小米应用商店)；Huawei Apps Gallery (华为应用商店)；Samsung Galaxy Apps (三星应用市场)。在中国区域,ARCore 支持的设备型号及要求如表 6.3 所示。

表 6.3　ARCore 在中国区域支持的 Android 设备

制造商	型号及要求
Huawei	Honor 10；Honor Magic2；Honor V20；Maimang 7；Mate 20，Mate 20 Pro，Mate 20 X；Nova 3，Nova 3i；Nova 4；P20，P20 Pro；P30，P30 Pro；Porsche Design Mate RS，Porsche Design Mate 20 RS

续表

制造商	型号及要求
Samsung	Galaxy Note9；Galaxy S9，Galaxy S9＋；Galaxy S10e，Galaxy S10，Galaxy S10＋，Galaxy S10 5G
Xiaomi	Mi Mix 2S；Mi Mix 3；Mi 8，Mi 8 SE(不支持 CPU 图像读取)

2. iOS 设备

ARCore 要求运行在 iOS 11.0 或更高版本的 ARKit 兼容设备上。ARCore 在中国区域支持的 iOS 设备型号及要求如表 6.4 所示。

表 6.4　ARCore 在中国区域支持的 iOS 设备

制造商	型号及要求
iPhone	iPhone XR；iPhone XS 和 XS Max；iPhone X；iPhone 8 和 8 Plus；iPhone 7 和 7 Plus；iPhone 6S 和 6S Plus；iPhone SE
iPad	iPad Air 第 3 代；iPad mini 第 5 代；12.9 英寸①iPad Pro(第 1 代，第 2 代，第 3 代)；11 英寸 iPad Pro；10.5 英寸 iPad Pro；9.7 英寸 iPad Pro；iPad(第 6 代)；iPad(第 5 代)

① 1 英寸＝2.54 厘米。

6.2.5　ARCore 工作原理

从本质上讲，ARCore 在做两件事：在移动设备移动时跟踪它的位置；构建自己对现实世界的理解。

ARCore 的运动跟踪技术是使用手机摄像头标识特征点，并跟踪这些特征点随着时间变化的移动。将这些点的移动与手机惯性传感器的读数组合，ARCore 就可以在手机移动时确定它的位置和屏幕方向。

除了标识关键点外，ARCore 还会检测平坦的表面(例如桌子或地面)，并估测周围区域的平均光照强度。这些功能共同让 ARCore 可以构建自己对周围环境的理解。借助 ARCore 对现实世界的理解，用户能够以一种与现实世界无缝整合的方式添加物体、注释或其他信息：可以将一只打盹的小猫放在咖啡桌的一角，或者利用艺术家的生平信息为一幅画添加注释。运动跟踪意味着用户可以移动和从任意角度查看这些物体，即使用户转身离开房间，当用户回来时，小猫(或注释)还会在刚才添加的地方。

6.2.6　ARCore 应用程序开发

1. 获取 ARCore SDK for Unity

下载 ARCore SDK for Unity 1.5.0 或更高版本，SDK 文件名为 arcore-unity-sdk-v1.5.0.unitypackage。

2. 新建 3D 工程

打开 Unity，单击窗口右上方的 New，以新建一个 3D 项目工程，如图 6.6 所示。

接下来在界面上 Project name 处输入新建的工程名 ARUnityChan，然后在 Template 下拉菜单处选择 3D，单击 Location 处的"…"，选择新建工程的保存路径，最后单击 Create project 按钮，如图 6.7 所示，就完成了新建一个工程的任务。

3. 搭建开发环境

在着手开发之前，需要先搭建起相关的环境，主要包括 ARCore SDK 的配置和 Unity

图 6.6 新建工程界面图

图 6.7 新建工程界面

开发平台的配置。

1) ARCore SDK 的配置

下载 ARCore SDK 的软件包,双击导入 Unity 工程中,若提示 API 升级,单击接受。导入成功后,在 Project 窗口的 Assets 目录下会出现 GoogleARCore 文件夹,如图 6.8 所示。

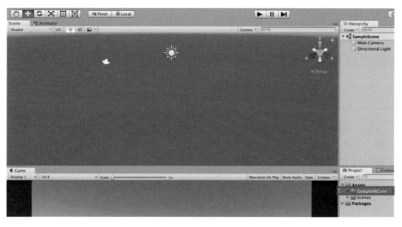

图 6.8 ARCore SDK 导入 Unity 工程图

2）Unity 开发平台的配置

以 Unity 2018.3.0f2 为例，选择菜单项 File→Build Settings，如图 6.9 所示。

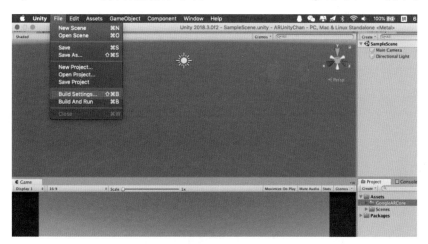

图 6.9　Unity 的 File 菜单栏

在弹出的窗口左侧 Platform 区域选择 Android。若已安装 Android 模块，则直接单击右下方 Switch Platform 切换至 Android 平台，如图 6.10 所示。若未安装，则该页面显示 Open Download Page 按钮，单击进入下载页面进行下载安装。

图 6.10　更换平台操作界面

切换平台成功后,单击 Build Settings 页面的 Player Settings,随后在 Inspector 面板中的 Other Settings 标签页下,将 Minimum API Level 和 Target API Level 选择为 Android 7.0 或更高版本,如图 6.11 所示。

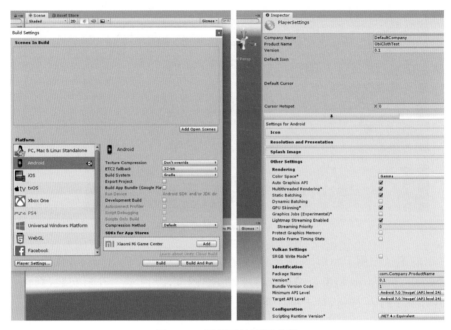

图 6.11　设置环境配置参数

同时,在 XR Settings 标签页下勾选 ARCore Supported,如图 6.12 所示。

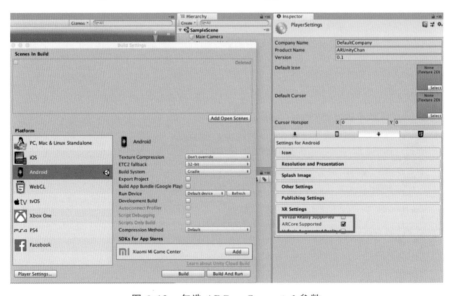

图 6.12　勾选 ARCore Supported 参数

3) 打开示例场景

在 Project 面板中依次选项 Assets→GoogleARCore→Examples→HelloAR→Scenes,

即打开示例场景,如图 6.13 所示;也可将该场景下 Hierarchy 窗口中的所有游戏物体复制到新场景中。至此,完成了开发环境的搭建。

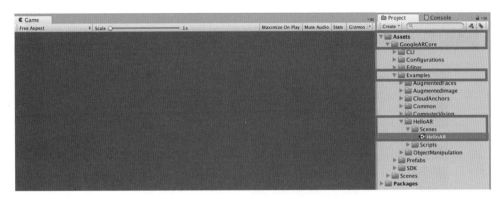

图 6.13 打开示例场景

4. 导入模型

从 Asset Store 中下载并导入模型,以 Unity Chan 为例。使用快捷键 Ctrl+9(Mac 端为 Command+9)可快速打开 Asset Store 窗口,在右上方搜索栏输入 unity chan,选择第一个"Unity-Chan!"Model,如图 6.14 所示。

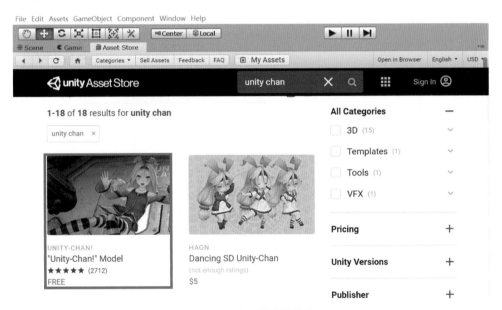

图 6.14 Asset Store 窗口搜索栏搜索 Unity Chan

然后单击 Download 按钮下载,如图 6.15 所示。

在弹出的浏览窗口单击"导入"按钮,在要导入的模型文件包界面中选择右下角的 Import 按钮,将所有文件导入 Unity,如图 6.16 所示。

导入完成后在 Project 面板中选择 unity-chan! → Unity-chan! Model → Prefabs → unitychan_dynamic,即 UnityChan 模型预制体,将其拖进 Hierarchy 窗口,右击 Unpack Prefab,如图 6.17 所示。

图 6.15　UnityChan 下载页面

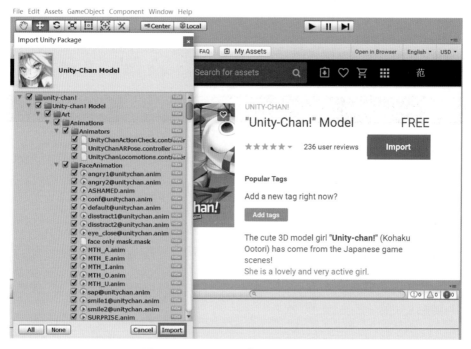

图 6.16　UnityChan 资源包导入界面

选中 Hierarchy 窗口中的 unitychan,在 Inspector 面板中关闭或删除 IdleChanger 和 FaceUpdate 脚本,单击 Animator 组件中 Controller 后的圆形图标,将 Controller 更换为 UnityChanLocomotions,如图 6.18 所示。

在 Projects 窗口中的 Assets 上右击选择 Create→Folder 命令,新建一个名为 Prefabs 的文件夹,将更改后的 unitychan 拖入该文件夹,制成一个预制体。选中 Hierarchy 窗口下

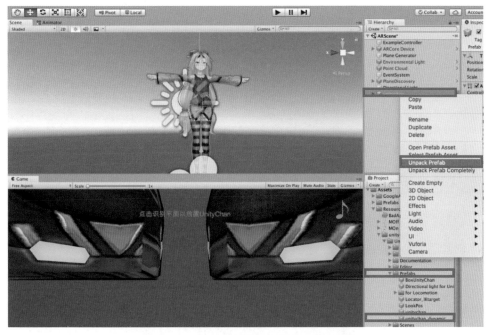

图 6.17 解压 UnityChan 模型预制体文件

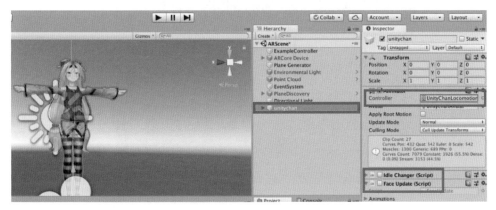

图 6.18 Inspector 面板中 Animator 组件参数设置图

的 ExampleController,将该预制体拖到 Inspector 面板中 HelloARController 脚本的 AndyPlanPrefab 上,如图 6.19 所示。

5. 动画播放

单击 Project 窗口中的 UnityChan,在 Animator 窗口中可以看到 UnityChanLocomotions 的状态机结构,左侧 Parameters 窗口可以看到控制动画的变量。观察状态机,可知控制 UnityChan 执行放松动作的变量为布尔类型的 Rest,如图 6.20 所示。

在 Project 窗口中的 Assets 右击 Create→Folder 命令,新建一个名为 Scripts 的文件夹,在 Scripts 右击 Create→C♯ Script 命令,新建一个名为 ChanAnimations 的脚本,双击打开,进行脚本编写。

为了使 UnityChan 每 10s 执行一次放松动作,定义一个 float 类型的计时变量 timer,在

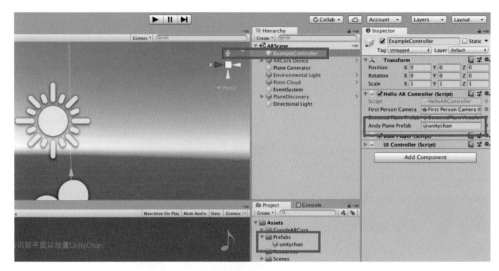

图 6.19 将预制体拖到 Inspector 面板中

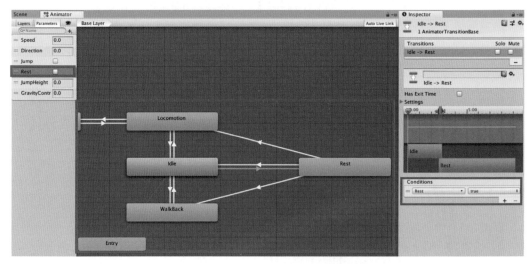

图 6.20 Animator 窗口中查看状态机参数

Update()函数中进行累加,并在第 10 秒将 Rest 变量设置为 true,随后将 Rest 变量设置回 false,同时重置 timer 计时器,代码如下:

```
public class ChanAnimations : MonoBehaviour
{
    Animator anim;
    void Start()
    {
        anim = GetComponent < Animator→();
    }
    float timer;
    void Update()
    {
```

```
            timer += Time.deltaTime;
            if (timer → 10)
            {
                anim.SetBool("Rest", true);
            }
            if (timer → 10.5f)
            {
                anim.SetBool("Rest", false);
                timer = 0;
            }
        }
    }
```

完成代码编写后保存,回到 Unity,等待编译完成后,将脚本拖曳挂载到 unitychan 预制体上(如果从 Hierarchy 窗口选择了 unitychan,挂载完成后在 Inspector 窗口上右击挂载的脚本,选择 Added Component→Apply to Prefab 以应用到预制体上)。

6. 缩放旋转控制

仿照前面的步骤,在 Scripts 文件夹中新建 TransformController 脚本,双击打开。要实现手指在屏幕上划动旋转 UnityChan,可通过获取 Unity 预设的轴值,以快速对应到模型的旋转上,而双指缩放控制则可以通过比较两手指间距离以和模型缩放进行对应。

使用 Input. touchCount 获得当前触摸屏幕的手指数量,若为 1,则使用 Input. GetAxis ("Mouse X")判断手指在屏幕上的横向划动;若为 2,则通过比较手指间距离变化判断是放大还是缩小,代码如下:

```
public class TransformController : MonoBehaviour
{
    Touch oldTouch1, oldTouch2;
    Touch newTouch1, newTouch2;

    void Update()
    {
        if (Input.touchCount == 1 && Input.GetTouch().phase == TouchPhase.Moved)
        {
            transform.Rotate(0, - Input.GetAxis("Mouse X"), 0);
        }
        if (Input.touchCount == 2)
        {
            newTouch1 = Input.GetTouch(0);
            newTouch2 = Input.GetTouch(1);
            if (Input.GetTouch(1).phase == TouchPhase.Began)
            {
                oldTouch1 = newTouch1;
                oldTouch2 = newTouch2;
                return;
            }
            float oldD = Vector2.Distance(oldTouch1.position, oldTouch2.position);
            float newD = Vector2.Distance(newTouch1.position, newTouch2.position);
            float offset = newD - oldD;
```

```
if (Input.GetTouch(0).phase == TouchPhase.Moved
    &&
        Input.GetTouch(1).phase == TouchPhase.Moved
    &&
    (transform.localScale.x → = 0.1f && transform.localScale.x <= 3)
    )
        transform.localScale += Vector3.one * 0.01f * Mathf.Sign(offset);
    }
}
}
```

完成后保存,将脚本挂载到 unitychan 预制体上,此时可删除 Hierarchy 窗口下的 unitychan,如图 6.21 所示。

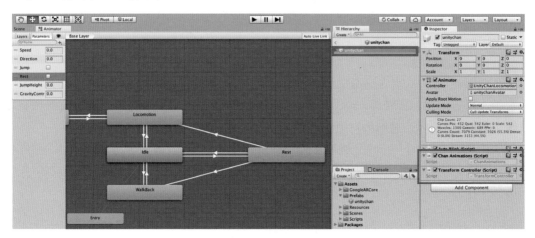

图 6.21　脚本挂载到 unitychan 预制体上

7. 背景音乐

要使用背景音乐,需要在摄像机上挂载 Audio Listener 组件和 Audio Source 组件 (HelloAR 场景中摄像机位于 Hierarchy → ARCore Device → First Person Camera),如图 6.22 所示。

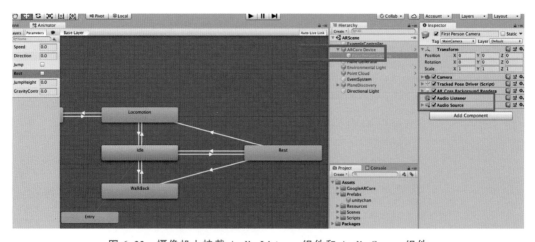

图 6.22　摄像机上挂载 Audio Listener 组件和 Audio Source 组件

以使用 UnityChan Vocaloid 音源制作的歌曲 BadApple-UnityChan 为例,将背景音乐复制到 Assets 目录下并导入(在 Assets 目录上右击选择 Show in Explorer,可快速打开文件夹,Mac 端则单击 Reveal in Finder),将导入的歌曲文件拖曳到 Audio Source 组件的 AudioClip 上,勾选 Play On Awake 和 Loop,背景音乐即可在程序开始运行时播放并自动循环,如图 6.23 所示。

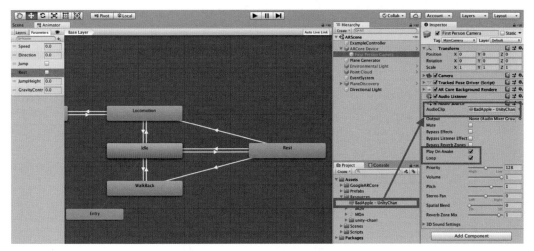

图 6.23 导入背景音乐参数设置

要使用按键控制音乐的播放和暂停,首先创建脚本 BGMPlayer,定义公开方法,随后将脚本挂载在 Hierarchy 窗口的 ExampleController 上,代码如下:

```
public class BGMPlayer : MonoBehaviour
{
    AudioSource audioSoure;

    private void Start()
    {
        audioSoure = Camera.main.GetComponent<AudioSource→>();
    }
    bool isPaused;
    public void PlayPause()
    {
        if (isPaused)
        {
            audioSoure.Play();
            UIController.Singleton.ChangeButtonImage(true);
        }
        else
        {
            audioSoure.Pause();
            UIController.Singleton.ChangeButtonImage(false);
        }
        isPaused = !isPaused;
    }
}
```

右击选择 UI→Button,创建一个按钮,将 ExampleController 拖曳到 Inspector 面板中的 Button 组件 OnClick(),右侧选择刚才定义的方法,如图 6.24 所示。

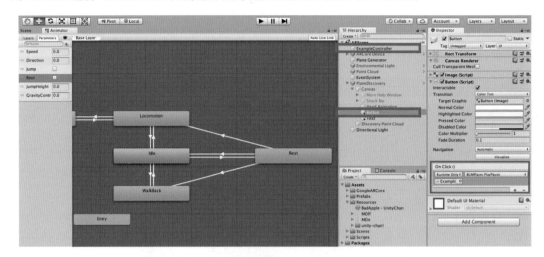

图 6.24　控制音乐播放和暂停的脚本控制参数设置

8. UI 控制代码及调用

在 BGMPlayer 中调用了 UIController 的方法,以更换按钮的图片,用来表示音乐的播放状态。除此之外,场景中还可以建立 Text 文字,用以提示用户单击平面放置模型,在放置之后内容更改为操作提示,如图 6.25 所示。

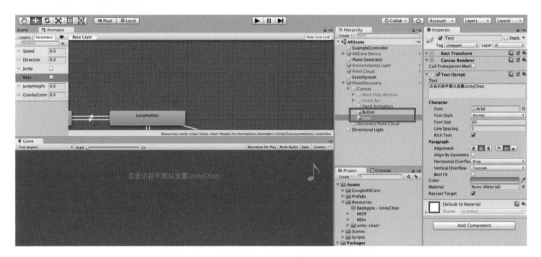

图 6.25　音乐播放状态更换图片参数设置

下面是 UIController 的代码,使用了单例模式,以便于其他脚本调用。

```
using UnityEngine.UI;
public class UIController : MonoBehaviour
{
    public Text tip;
    public Image buttonImage;
```

```
    public Sprite on, off;

    public static UIController Singleton { get; private set; }

    private void Awake()
    {
        Singleton = this;
    }
    public void ChangeTip()
    {
        tip.text = "手指划动以旋转 UnityChan\n 双指聚拢以缩放 UnityChan";
    }
    public void ChangeButtonImage(bool isOn)
    {
        if (isOn)
            buttonImage.sprite = on;
        else
            buttonImage.sprite = off;
    }
}
```

脚本保存后挂载在 ExampleController 上,将 Hierarchy 中的 Text、Button 和预先准备好的按钮素材拖到 Inspector 面板的对应位置上,如图 6.26 所示。

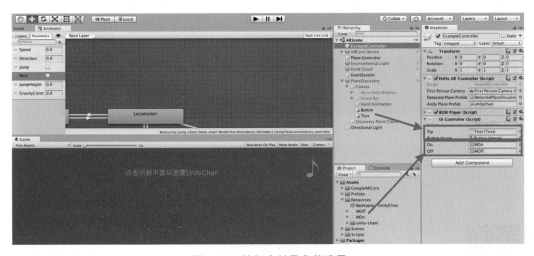

图 6.26　按钮素材及参数设置

随后,打开挂载在 ExampleController 上的 HelloARController 脚本,该脚本用于在平面上放置模型。在放置模型的代码后添加修改提示文字的代码,如下面最后一行代码:

```
// Choose the Andy model for the Trackable that got hit.
var anchor = hit.Trackable.CreateAnchor(hit.Pose);
if (AndyPointPrefab == null)
{
AndyPointPrefab = Instantiate(AndyPlanePrefab, hit.Pose.position, hit.Pose.rotation);
AndyPointPrefab.transform.position = anchor.transform.position;
```

```
AndyPointPrefab.transform.LookAt(FirstPersonCamera.transform);
AndyPointPrefab.transform.rotation = Quaternion.Euler(0, AndyPointPrefab.transform.
eulerAngles.y, 0);
UIController.Singleton.ChangeTip();
}
```

　　保存代码后回到 Unity,等待编译完成后,在 Player Settings 中进行输出设置。选择 File→Build Settings→Build 命令输出 apk 安装包。至此,完成一个简单的 AR UnityChan 展示应用开发,如图 6.27 所示。

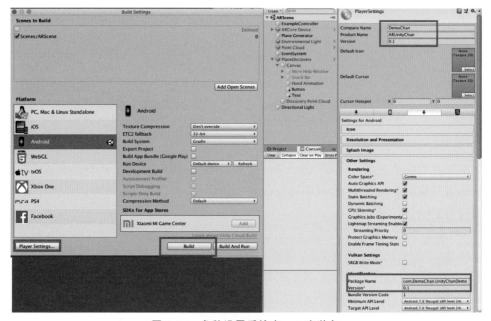

图 6.27　参数设置后输出 apk 安装包

6.3　ARKit

6.3.1　ARKit 简介

视频讲解

　　2017 年 6 月 6 日,苹果公司宣布 iOS 11 体系新增框架为 ARKit。ARKit 框架结合了设备运动追踪、相机场景捕捉、高级场景处理和便利显示功能,简化了 AR 体验的任务。

　　ARKit 是苹果公司在全球开发者大会上发布的增强现实开发平台,可以使 iPhone 和 iPad 运行增强现实应用,并让开发者通过调用相关接口轻松构建起 AR 应用而无须考虑底层实现。在 2018 年的全球开发者大会上,苹果公司发布了 ARKit 2.0,支持多人互动功能。

6.3.2　ARKit SDK 的获取

　　ARKit 并不是一个独立运行的框架。起初 ARKit 为 iOS 系统内嵌的模块,开发者只能在 XCode 中以 Object-C 或 Swift 语言通过 iOS 原生开发的方式使用 ARKit 进行增强现实应用的开发。随后不久,Unity 官方提供了对 ARKit 的支持,通过插件的方式将 Unity 与

ARKit进行了桥接。ARKit 2.0以后，SDK集成到了AR Foundation中，用户导入AR Foundation和ARKit XR Plugin资源包即可。

6.3.3 ARKit支持的设备

兼容苹果AR功能的iPhone必须搭载iOS 11，同时对手机、平板的整体性能也有更高要求。目前支持的机型主要有iPhone 7和iPhone 7 Plus；iPhone 6s和iPhone 6S Plus；iPhone SE；iPad Pro(9.7)，iPad Pro(10.5)和iPad Pro(12.9)；iPad(2017)。

6.3.4 ARKit应用程序开发

1. 导入ARKit资源包

ARKit 2.0以后，SDK集成到了AR Foundation中。在Unity的Window菜单上选择Package Manager，在弹出窗口中选择AR Foundation，单击右下角的Install按钮，导入AR Foundation包，如图6.28所示。

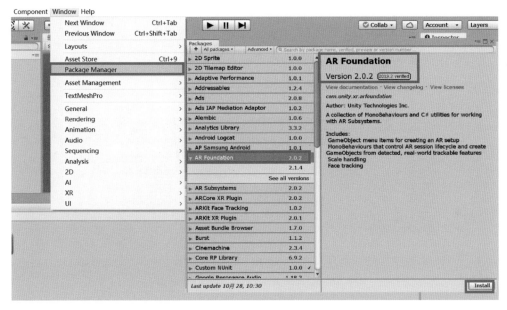

图6.28 导入AR Foundation资源包

导入后，单击AR Foundation，更新到最新版本，如图6.29所示。如果最新版本显示仅到2.2.3，说明需要更新Unity版本后再更新AR Foundation版本。

然后，再分别导入ARCore XR Plugin和ARKit XR Plugin资源包最新版本，单击Install按钮，如图6.30所示。在导入过程中如果提示版本过低，在资源包下寻找最新版安装。

2. 新建3D工程

在Unity的File菜单上选择New Project，弹出窗口中使用默认的3D模板，并设置项目名称和项目文件保存位置，如图6.31所示。

3. 导入模型资源包

如果在AR Core应用程序开发中已经导入了UnityChan模型，该步骤可以跳过。如果没有导入，可参考AR Core应用程序开发中的导入模型步骤。

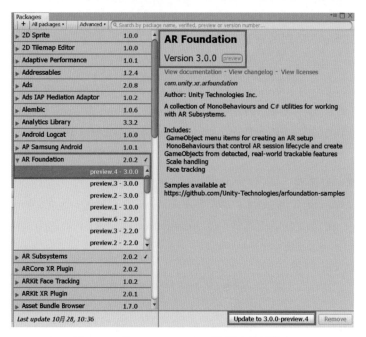

图 6.29 将 AR Foundation 更新到最新版本

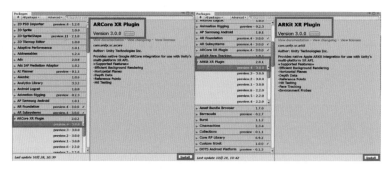

图 6.30 分别导入 ARCore 和 ARKit 资源包

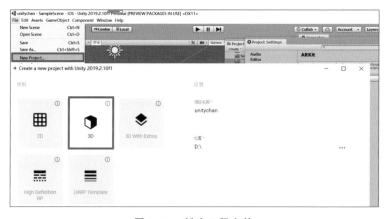

图 6.31 新建工程文件

4. 添加预制体文件

导入完成后回到 Unity 中,在 Project 窗口 unity-chan 文件夹下的 Prefabs 预制体文件中找到名为 unity_chan_dynamic_locomotion 的预制体,将其拖曳到 Hierarchy 窗口,如图 6.32 所示。

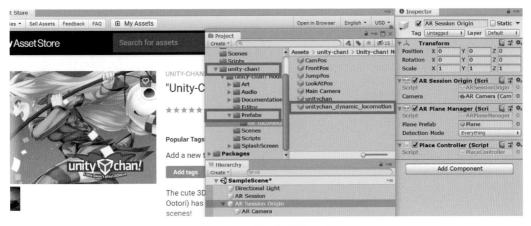

图 6.32　添加预制体文件

添加后可以看到该模型,如图 6.33 所示。

图 6.33　查看导入的模型

删除场景中的 Main Camera 后保存场景,使用 Project 窗口 Scenes 下的 SampleScene,如图 6.34 所示。

Hierarchy 窗口中空白处右击依次选择 XR→AR Session Origin,添加 AR Session Origin 预制体,如图 6.35 所示。AR Session Origin 是 ARKit 基于 Foundation 进行识别的一个预制体,其下有一个 AR Camera,主要使用这个 AR Camera 进行识别。

单击选中 AR Session Origin,在右侧 Inspector 面板中单击 Add Component 按钮,添加 AR Plane Manager 组件,如图 6.36 所示。当摄像机在扫描或检测周围环境时,主要是通过

图 6.34　删除 Main Camera 后更换场景

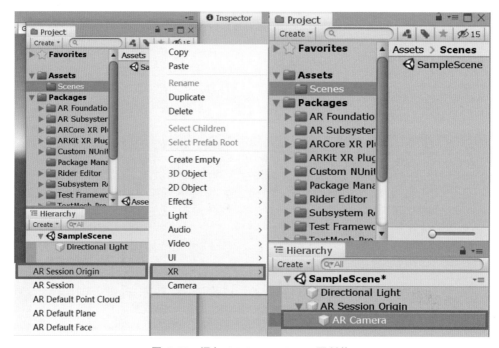

图 6.35　添加 AR Session Origin 预制体

AR Plane Manager 去检测一个平面,不管该平面是垂直的还是水平的。在 Inspector 面板的 AR Plane Manager 组件下 Detection Mode 参数后的下拉列表框中选择 Everything。

然后在 Hierarchy 窗口空白处右击添加 AR Default Plane,如图 6.37 所示。

5. 添加脚本

在 Project 窗口中新建文件夹,为新建的文件夹重新命名为 prefab,并将 AR Default Plane 重命名为 Plane,拖曳到 Project 窗口中新建的预制体文件夹内,如图 6.38 所示。然后就可以删除 Hierarchy 窗口中的 Plane。

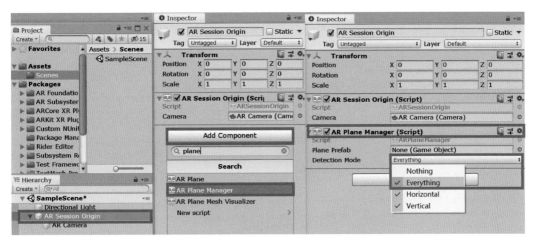

图 6.36 添加 AR Plane Manager 组件

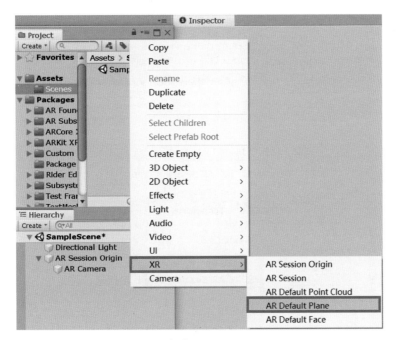

图 6.37 添加 AR Default Plane

将 Plane 拖曳到 AR Session Origin 对应的 Inspector 面板的 Plane Prefab 后,如图 6.39 所示。

Project 窗口新建 Scripts 文件夹,在该文件夹内新建 C# Script 脚本,如图 6.40 所示。

为脚本命名为 PlaceController,并将该脚本拖曳到 AR Session Origin 对应的 Inspector 面板,使脚本挂载在 AR Session Origin 上,如图 6.41 所示。当检测到平面时,单击屏幕,会在屏幕单击处生成一个模型即 Unity Chan。

双击 Inspector 面板 Place Controller 组件下方的脚本文件,即可在编辑器中打开脚本。在脚本中添加脚本代码如下:

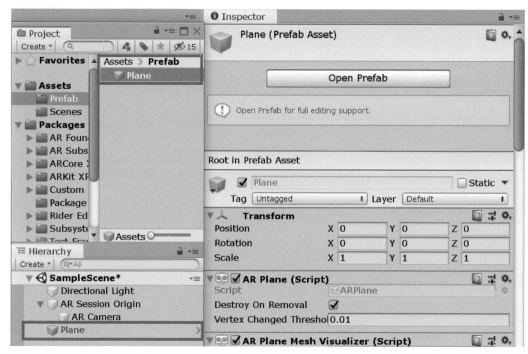

图 6.38　新建预制体

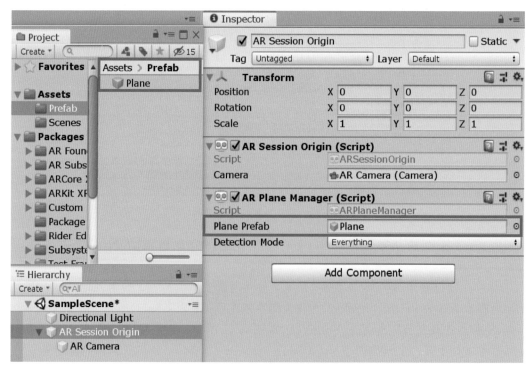

图 6.39　设置 Plane Prefab 参数

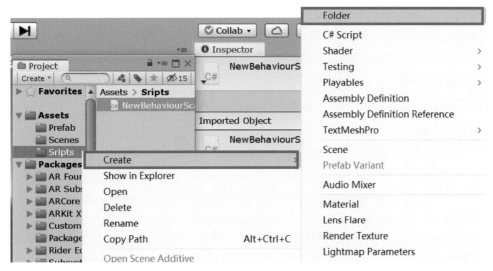

图 6.40 新建脚本文件

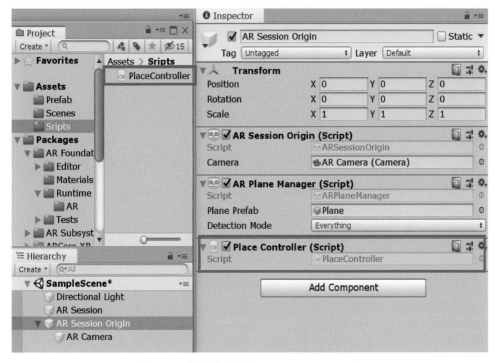

图 6.41 将脚本挂载在 AR Session Origin 上

```
using System.Collections;
using System.Collections.Generic;
using UnityEngine;
using UnityEngine.XR.ARFoundation;        //引入命名空间
[RequireComponent(typeof(ARRaycastManager))] //添加交互事件管理组件
public class PlaneController : MonoBehaviour
```

```
{
    private GameObject objectToCreate;              //声明单击屏幕后生成的物体

    public GameObject placePrefab                   //把物体公布出来
    {
        get { return objectToCreate; }
        set { objectToCreate = value; }
    }
    private ARRaycastManager ArRaycastManager;      //公布出来
    static List < ARRaycastHit> hits = new List < ARRaycastHit>();   //存储单击后信息
    private void Awake()
    {
        ArRaycastManager = GetComponent < ARRaycastManager>();          //从自身检索
    }
    private bool TryGetTouchPosition(out Vector2 TouchPosition)          //是否单击屏幕
    {
        if (Input.touchCount > 0)                   //判断有手机单击屏幕的动作
        {
            touchPosition = Input.GetTouch(0).position;  //获取手指单击的位置
            return true;
        }
        touchPosition = default;                    //如果没有单击使用默认值
        return false;
    }
    // Start is called before the first frame update
    // Update is called once per frame
    void Update()
    {
        if (!TryGetTouchPosition(out Vector2 touchPosition)) return;    //没有单击时返回
        //监测手指是否单击屏幕
        if (ArRaycastManager.Raycast(touchPosition, hits, trackableType.PlayWithinPolygon))
        {
            var hitPose = hits[0].pose
            Instantiate(placePrefab, hitPose.position, hitPose.rotation);   //有单击事件就
                                                                            //生成模型
        }
    }
}
```

保存代码后,回到 Unity 中,在 Inspector 面板中将原来的脚本组件 Place Controller 移除,如图 6.42 所示。

将编写好代码的脚本文件 Place Controller 重新拖曳到 AR Session Origin 对应的 Inspector 面板中,这时 Inspector 面板上出现了脚本中定义的 AR Raycast Manager 组件。这时将 Project 窗口的 UnityChan 拖曳到 Hierarchy 窗口中,除掉 Unity Chan 的相关脚本组件,如图 6.43 所示。将 UnityChan 添加到生成的预制体中,保存场景即可。

6. 导出场景

单击 File 菜单的 Build Settings,在弹出窗口中选择导出平台为 iOS。如果系统没有安

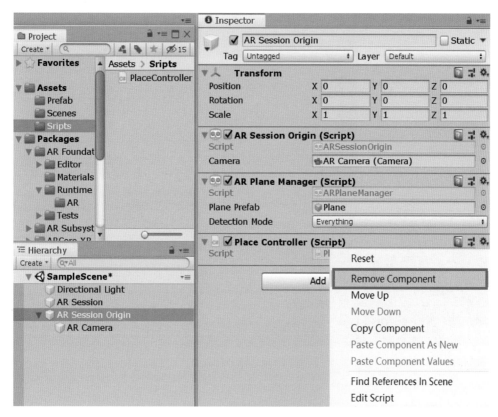

图 6.42　移除之前的脚本组件

图 6.43　UnityChan 场景

装 iOS 模块，单击 Open Download Page 页面，安装后单击 Switch Platform 按钮，即可将导出场景的平台切换到 iOS，如图 6.44 所示。然后，单击 Add Open Scenes 按钮，将场景添加到导出文件包中，最后单击 Player Settings 按钮，设置 Bundle ID 及 iOS 版本（将最低的 iOS 版本提升到 11.0，如果低于 11.0 将无法导出），导出文件可以发布到桌面。

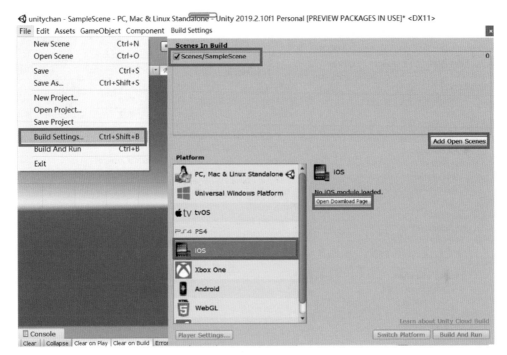

图 6.44　导出场景

6.4　云锚点

　　Android 和 iOS 用户可以创建使用云锚点共享的多人或协作型 AR 体验。用户可以借助云锚点让同一环境中的多台设备使用 ARKit 和(或)ARCore 锚点。首先,同一环境中的用户可以将云锚点添加到在自己的设备上看到的 AR 场景中;然后,将用户的应用渲染连接到云锚点的 3D 对象,用户就能够查看对象并同步与对象进行交互。

　　共享的 AR 体验功能主要是通过 ARCore SDK 使用 Google 服务器托管和解析锚点实现的。用户在托管锚点时,ARCore 会将相关可视映射数据从用户环境发送到 Google 服务器。上传后,数据会被处理成稀疏的点图,类似于 ARCore 点云。解析云锚点可让给定物理空间内的多台设备使用之前托管的锚点来建立公共的参照框架。云锚点解析请求会将可视特征描述符从当前框架发送到服务器。服务器会尝试将可视特征与云锚点中的稀疏点图相匹配。这样,用户的应用可针对每个设备,将已解析的锚点置于环境中相同的位置和方位。

　　云锚点存在以下数据存储和访问限制。

　　(1) 云锚点在托管 24h 之后方可进行解析。

　　(2) 托管锚点时上传至云端的原始视觉映射数据在 7 天后舍弃。

　　(3) 锚点会根据存储的稀疏点图在服务器端解析。生成后,稀疏的点图可用于 24h 的云锚点解析请求。之前上传的映射数据永远不会发送至用户的设备。

　　(4) 无法根据稀疏点图确定用户的地理位置或者重建任何图像或用户的物理环境。

　　(5) 任何时候都不会存储请求中用于解析锚点的可视特征描述符。

6.4.1　云锚点的使用条件

要使用云锚点,需要满足以下条件。

1. 硬件要求

需要一部支持并安装最新版 ARCore 的 Android 手机和一根可以将手机连接至开发计算机的 USB 电缆。

2. 软件要求

手机需要安装 Android SDK Platform 7.0(API 级别 24)或更高版本的 Android Studio 3.0 或更高版本。安装并配置好 ARCore SDK for Android,可以在官网下载 ARCore SDK for Android 并提取它,或通过以下命令复制代码库:

```
git clone https://github.com/google-ar/arcore-android-sdk.git
```

6.4.2　Android 云锚点环境配置

1. 在 SDK 中打开示例应用

ARCore SDK for Android 中包含了一个名称为 helloarcloudanchor 的示例应用,可以在 Android Studio 中找到它,路径为 app/java/com.google.ar.core.examples.java。

2. 设置锚点 ID 共享

将 Firebase 添加到 Android 项目,具体步骤如下。

(1) 安装 Android Studio 或将其更新为最新版本。

(2) 确保 Android 应用符合以下条件:目标为 API 级别 16 (Jelly Bean) 或更高版本;使用 Gradle 4.1 或更高版本。

(3) 设置可用于运行应用的设备或模拟器。模拟器必须使用具有 Google Play 的模拟器映像。

(4) 使用 Google 账号登录 Firebase。

将 Android 应用关联到 Firebase 控制台,具体步骤如下。

(1) 创建一个 Firebase 项目,即在 Firebase 控制台中,单击添加项目,输入项目名称;如果用户已有 Google Cloud Platform (GCP) 项目,可从项目名称下拉菜单中选择该项目。

(2) 在 Firebase 中添加 Android 应用,即在 Firebase 控制台项目概览页面的中心位置,单击 Android 图标,在 Android 软件包名称字段中输入用户应用 ID(也叫软件包名称),注意在向 Firebase 项目注册应用后,无法修改此值。

(3) 添加 Firebase 配置文件,先单击下载 google-services.json,以获取 Firebase Android 配置文件 (google-services.json);然后将配置文件移动到应用的模块(应用级)目录中;最后在 Android 应用中启用 Firebase 产品,确保在根级(项目级)Gradle 文件(build.gradle)中添加相应规则,以包含 Google 服务插件。此外,还要确认用户是否拥有 Google 的 Maven 代码库:

```
buildscript {
  // ...
  dependencies {
```

```
    // ...
    // Add the following line:
    classpath 'com.google.gms:google - services:4.2.0' // Google Services plugin
  }
}
allprojects {
  // ...
  repositories {
    // Check that you have the following line (if not, add it):
    google() // Google's Maven repository
    // ...
  }
}
```

在用户的模块(应用级)Gradle 文件(通常是 app/build.gradle)中,将下面的代码添加到文件末尾:

```
apply plugin: 'com.android.application'
android {
  // ...
}
// Add the following line to the bottom of the file:
apply plugin: 'com.google.gms.google - services' // Google Play services Gradle plugin
```

(4) 将 Firebase SDK 添加到用户的应用,即在模块(应用级)Gradle 文件(通常是 app/build.gradle)中添加核心 Firebase SDK 的依赖项,代码如下:

```
dependencies {
// ...
implementation 'com.google.firebase:firebase - core:16.0.8'
// Getting a "Could not find" error? Make sure that you've added
// Google's Maven repository to your root - level build.gradle file
}
```

下载生成的 google-services.json 文件,并在 Android Studio 中,将该文件添加到项目的模块文件夹中。

3. 添加 API 密钥

步骤如下。

(1) 获取一个 API 密钥。

(2) 为 Google Cloud Platform 项目启用 ARCore Cloud Anchor API。

(3) 在 Android Studio 中,将 ARCore Cloud Anchors API 密钥添加到用户项目中,即将以下代码(包含 API 密钥)添加到 app/manifests/AndroidManifest.xml 中。

```
< meta - data
    android:name = "com.google.android.ar.API_KEY"
    android:value = "< YOUR_API_KEY→"/→
```

4. 运行 helloarcloudanchor 示例应用，尝试托管和解析云锚点

（1）在用户手机上启用开发者选项和调试。

（2）通过 USB 将用户手机连接到开发计算机。

（3）在 Android Studio 中单击 Run 按钮，选择用户设备作为部署目标并单击 OK 按钮，示例应用将在用户手机上启动，ARCore 将开始检测手机摄像头前方的平面。

（4）检测到平面后，单击用户手机屏幕，在平面上放置一个锚点。

（5）单击 HOST 按钮，向 Google ARCore Cloud Anchors API 发送一个托管请求，此请求包含可视特征和表示锚点位置的 IMU 读数；托管后，锚点将获得一个 ID，用于在此空间中解析云锚点；在托管请求成功后，应用将显示一个房间代码，用户可以在同一个设备或其他设备上使用这个代码访问此房间之前托管的锚点。

（6）单击 RESOLVE 并输入之前返回的房间代码，访问此房间的托管锚点；向 Google ARCore Cloud Anchors API 发送一个解析请求，返回房间中当前托管的锚点 ID。示例应用使用这些 ID 来渲染连接至托管锚点的 3D 对象。

6.4.3 使用 Unity for iOS 云锚点

1. 添加 API 密钥

要在用户的应用中使用 ARCore Cloud Anchor API，首先需要获取一个 API 密钥。然后，为用户的 Google Cloud Platform 项目启用 ARCore Cloud Anchor API。最后，将 API 密钥添加到项目中，即在 Unity 中，通过选择 Edit→Project Settings→ARCore 菜单命令，将 API 密钥添加到 Cloud Services API Key 字段中。

2. 打开示例场景

CloudAnchor 示例包含在 ARCore SDK for Unity 中。

在 Unity 的 Project 窗口中，用户可以在以下位置找到 CloudAnchor.unity 示例：
Assets→GoogleARCore→Examples→CloudAnchor→Scenes

3. 配置构建和平台设置

将示例场景添加到构建中。首先，选择 File→Build Settings，单击 Add open scene；然后，选择 CloudAnchor，并停用构建中的任何其他场景。配置构建和平台设置的操作步骤与 ARCore SDK for Unity iOS 应用程序开发中构建和平台设置的操作步骤相同。

使用 Unity 与 ARKit 开发 iOS 平台的精彩 AR 应用案例，请扫描配套资源中二维码获取。

习题

一、填空题

1. AR Foundation 提供了一个独立于平台的脚本_____和_____，以通过使用_____和_____共有的核心功能构建同时适用于两个平台的应用程序。

2. ARCore 的交互体验主要通过 3 个功能实现：运动跟踪、_____和_____。

3. 增强现实开发平台 ARKit 可以使_____和_____运行增强现实应用。

二、选择题

1. 下列(   )是不正确的说法。

A. 通过 AR Foundation 可以让开发者只需开发一次应用,就可以部署到两个平台的设备上,不必进行任何改动

B. AR Foundation 已实现了 ARKit 和 ARCore 的所有功能

C. 如果用户的应用依赖 AR Foundation 尚未支持的功能,需要单独使用对应的 SDK

D. AR Foundation 提供了适用于 Unity 的 ARKit 插件

2. ARCore 是( )的增强现实体验构建平台。

A. 微软   B. Google   C. 苹果   D. HTC

3. 下列( )说法是不正确的。

A. 兼容苹果 AR 功能的 iPhone 必须搭载 iOS 11

B. ARKit 是一个可以独立运行的框架

C. Unity 官方提供了对 ARKit 的支持

D. ARKit 2.0 以后,SDK 集成到了 AR Foundation 中

三、简答题

1. 简要介绍一下 AR Foundation。

2. 简述 ARCore 的工作原理。

3. 简述使用 ARCore 进行应用程序开发的主要步骤。

4. 简述使用 ARKit 进行应用程序开发的主要步骤。

第7章

Google VR 开发

本章学习目标
- 了解 Google 的两个 VR 平台。
- 了解 Cardboard 的组装方法。
- 掌握 Cardboard 开发环境的搭建方法。
- 掌握 Cardboard 全景相册和全景视频的制作方法。
- 熟练掌握 Daydream 开发环境的搭建。
- 了解常见的 Daydream 应用。

  本章先介绍 Google VR 平台，再介绍 Cardboard 的组装方法，重点介绍 Cardboard 的开发环境的搭建、播放全景图片和视频的方法，最后介绍 Daydream 开发环境的搭建和常见应用。

  Google 是 AR/VR 领域的先驱。目前 Google 为开发者提供了两个 VR 平台：一个是 2015 年 Google 召开 I/O 大会时推出的 Cardboard，如图 7.1 所示；另一个是 2016 年 Google 召开 I/O 大会时推出的 Daydream，如图 7.2 所示。

图 7.1　Cardboard 平台

图 7.2　Daydream 平台

7.1　Cardboard

7.1.1　Cardboard 简介

视频讲解

  Cardboard 最初是 Google 在法国巴黎的两位工程师大卫·科兹（David Coz）和达米安·亨利（Damien Henry）的创意作品。他们利用谷歌"20％时间"规定，花了 6 个月的时间，打造出来这个实验项目，意在将智能手机变成一个虚拟现实的原型设备。

Cardboard 纸盒内包括了纸板、双凸透镜、磁石、魔力贴、橡皮筋以及 NFC 贴等部件。按照纸盒上面的说明,几分钟内就组装出一个看起来非常简陋的玩具眼镜。凸透镜的前部留了一个放手机的空间,而半圆形的凹槽正好可以把脸和鼻子埋进去。这个看起来非常简陋的再生纸板盒却是 2017 年 Google I/O 大会上最令人惊喜的产品,一个让用户以简单、有趣、相对廉价的方式体验虚拟现实的 3D 眼镜。

7.1.2 Cardboard 组装

Cardboard 可在 Cardboard 官网直接购买成品,或者下载图纸自己制作,如图 7.3 所示。

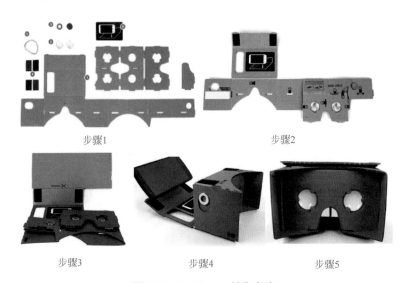

步骤1　　　　　　　　　　　步骤2

步骤3　　　　　步骤4　　　　　步骤5

图 7.3　Cardboard 制作方法

7.1.3 CardboardVR SDK 的获取与导入

目前 Google VR 项目托管在 Github 上,可以直接在 Github 上单击 gvr-unity-sdk 搜索安装包资源,如图 7.4 所示。

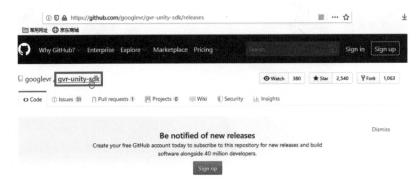

图 7.4　Github 上搜索 gvr-unity-sdk

在页面 Assets 下方找到 GoogleVRForUnity_1.200.1.unitypackage,如图 7.5 所示,单击该链接并下载,也可以登录 Google VR 的官网下载(下载时也会跳转到 Github),下载后的安装包如图 7.6 所示。

图 7.5 获取 GoogleVRForUnity_1.200.1.unitypackage 安装包

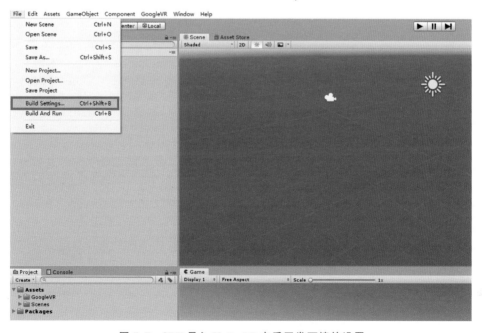

图 7.6 从 Google VR 官网上下载开发所需的 SDK 界面

7.1.4　Cardboard 开发环境的搭建

将下载好的 SDK 拖曳到 Project 窗口中进行导入。由于 Cardboard 是基于移动端的 VR，因此在 SDK 导入完成后，需要简单搭建开发环境。在文件菜单中选择 Build Settings，如图 7.7 所示。

图 7.7 SDK 导入 Unity 3D 中后开发环境的设置

在弹出窗口的 Platform 中选择 Android 选项,然后单击右下方的 Switch Platform 按钮,切换到 Android 平台,如图 7.8 所示。

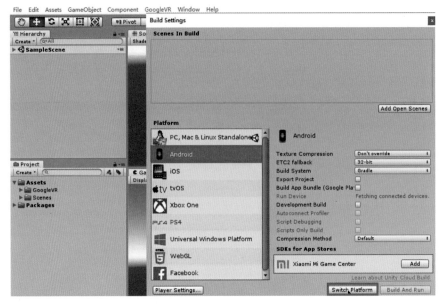

图 7.8　切换到 Android 开发环境的设置

这时在 Platform 列表中,如果 Android 平台右侧出现 Unity 的 Logo,如图 7.9 所示,说明平台切换成功。然后单击列表下方的 Player Settings 按钮,在 Inspector 面板中的 XR Settings 组件中勾选 Virtual Reality Supported。勾选后,列表处显示是空,这时单击右下角的加号,选择 Cardboard,如图 7.9 所示,开发环境就搭建好了,可以着手进行应用程序的开发。

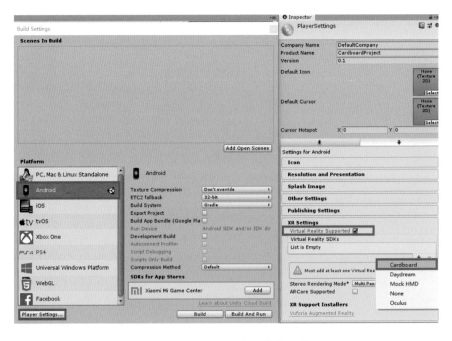

图 7.9　Android 开发环境的配置

7.1.5　Cardboard 案例场景的体验

在开发之前,可以先打开 GoogleVR SDK,在 Demos 文件夹的 Scenes 中有简单的案例
场景可以进行体验。单击选择 HelloVR 场景,如图 7.10 所示。

图 7.10　Google VR 下的简单案例场景

在 Scenes 窗口中单击"运行"按钮,可以看到一个 VR 效果的房间,如图 7.11 所示。移
动鼠标的同时按住 Alt 键可以模拟佩戴 Cardboard 后头部旋转移动视角看到的场景,鼠标
加 Ctrl 键可以模拟左右摆头视角看到的场景。

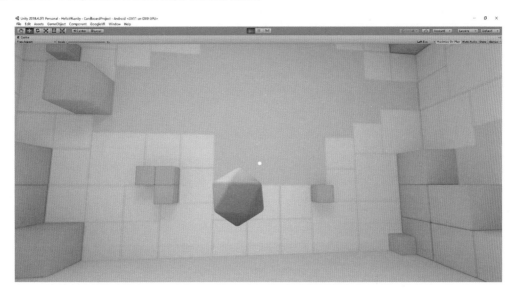

图 7.11　HelloVR 案例场景

屏幕中心的白色小圆点叫作视点,当视点移动到某物体时,视点会由小圆点变成一个圆
圈,并且物体的颜色会有相应的变化,如图 7.12 所示。此时可以使用鼠标单击该物体,进行
交互。

单击鼠标左键,该物体消失,如图 7.13 所示。通过视点与物体进行交互的操作来模拟
单击 Cardboard 上按钮的操作。

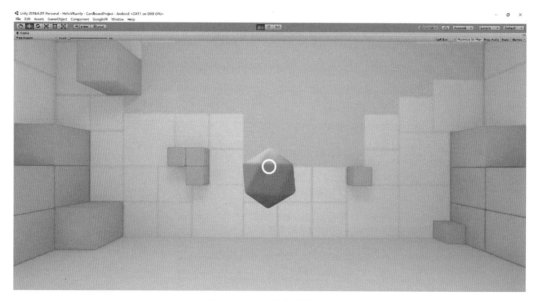

图 7.12　场景中的视点

图 7.13　使用视点与场景中的物体进行交互

　　被单击物体消失的同时会在场景中一个新的位置生成一个新形状的物体,如图 7.14 所示。通过这种"交互-消失-寻找"的方式能激发用户继续探索场景的兴趣,可以将该游戏场景导出到手机,配合 Cardboard 体验实际效果,这里不再赘述。

7.1.6　Cardboard 全景相册的制作

　　全景照片又称为全景,通常指符合人的双眼正常有效视角(大约水平 $90°$,垂直 $70°$)或包括双眼余光视角(大约水平 $180°$,垂直 $90°$)以上,乃至 $360°$ 完整场景范围拍摄的照片。全景相册可以用在宾馆或酒店、房屋销售、旅游风景区的宣传等。

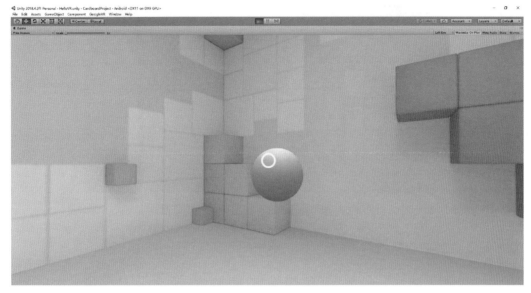

图 7.14 使用视点与场景中的物体进行交互

利用网络,远程虚拟浏览酒店或宾馆的外形、大厅、客房、会议厅等各项服务场所,展现酒店舒适的环境,完善的服务,给客户真实的感受,促进客户预定客房,如图 7.15 所示。

图 7.15 用全景图片显示酒店房间

房屋开发销售公司可以利用虚拟全景浏览技术,展示楼盘外观、房屋结构、室内布局及设计,并可用来制作楼盘的介绍光盘。购房者在家中通过网络即可从各个角度浏览房屋的各个细节,提高潜在客户的购买欲望。更重要的是,采用全景技术可以在楼盘建好之前将其虚拟设计出来,方便房地产开发商进行期房的销售,如图 7.16 所示。

以 360°全景照片显示旅游景区内的优美景点,给旅游者以身临其境的感觉;也可以制作成风景区的介绍光盘,作为旅游公司吸引游客的极佳工具,如图 7.17 所示。

1. 新建场景

单击 File 菜单选择 New Scenes 或使用快捷键 Ctrl+New 新建一个场景。单击 File 菜单选择 Save 或使用快捷键 Ctrl+S 保存这个场景,为场景命名为 360Pictures,如图 7.18 所示。

图 7.16　虚拟全景浏览技术展示楼盘房间

图 7.17　全景图片展示兵马俑

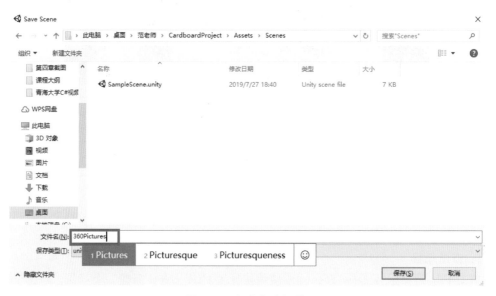

图 7.18　保存新建场景

2. 添加场景编辑模拟器

依次沿路径 Project→Prefabs→Keyboard 找到场景编辑模拟器 GvrEditorEmulator，将 GvrEditorEmulator 拖曳到 Hierarchy 窗口中(见图 7.19)。选中该场景，单击 Scene 窗口中三角符号的运行按钮，可以看到场景效果。可以使用 Alt 键或 Ctrl 键配合鼠标，模拟旋转头部看到的效果。

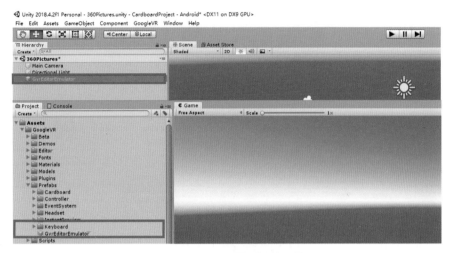

图 7.19　添加场景编辑模拟器

3. 添加视点

在路径 Project→Prefabs→Cardboard 下找到视点对应的文件 GvrReticlePointer，将 GvrReticlePointer 拖曳到 Hierarchy 窗口的 Main Camera，然后在 Hiercarchy 窗口中再单击选中 GvrReticlePointer，将其拖曳到 Main Camera，使其成为摄像机的子物体(视点会跟随摄像机视角的移动而移动)。沿路径 Project→Prefabs→Keyboard 找到模拟器文件 GvrEditorEmulator，将其拖曳到 Hierarchy 窗口中，如图 7.20 所示。然后单击 Scenes 窗口的运行按钮，通过鼠标的移动可以观察到 Game 窗口中摄像头场景的变化。

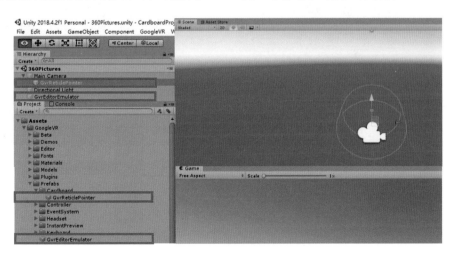

图 7.20　添加视点

4. 导入素材

将提前拍摄好的全景图片文件夹拖曳到 Assets 文件夹中,如图 7.21 所示。如果图片较大,加载时间可能会稍长。

图 7.21　导入素材

加载完成后,在 Project 窗口的 VR_Cardboard_Picture 文件夹中双击任意一张图片(以 360_BritishColumbia 为例),效果如图 7.22 所示。这是一张标准的 2∶1 的全景图,只有在全景查看器或 VR 设备中才能得到身临其境的全景效果。

图 7.22　全景图

5. 添加全景球

通过 Unity 创建的 3D 球体是法线向外的,无法看到球体内部而达到沉浸感,因此需要使用 3D 建模软件,例如 3D Max、Maya 等制作一个法线向内的球体。用户可以自己在 3D Max 中制作,新建一个球体并反转法线,导出 OBJ 格式,如图 7.23 所示,也可以直接从本书配套资源中获取已经制作好的资源使用。

将制作好的球体资源拖曳到 Project→Assets,并将其拖曳到 Hierarchy 窗口中,如图 7.24 所示。然后单击 Main Camera,在 Inspector 窗口中修改 Transform 的 Position 参数为 0,使相机重置到原点。

6. 添加材质

接下来还要为球体添加材质,才能在运行场景时看到效果。在 Project 窗口 Create 右边的下拉菜单中选择 Material,并为新创建的材质重命名为 Mat_Picture,如图 7.25 所示。

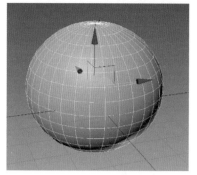

图 7.23 3D Max 中制作球体

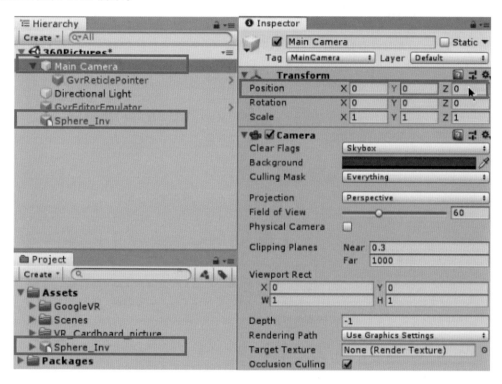

图 7.24 将相机重置到原点

在 Hierarchy 窗口中选中全景球文件 Sphere_Inv,然后将 Project 窗口中刚才新建的 Mat_Picture 文件拖曳到 Inspector 面板的最下方的球体处,松开鼠标后,球体名称由 No Name 变成了 Mat_Pictures,如图 7.26 所示。

7. 贴图

从 VR_Cardboard_Picture 文件夹中任选一张图片(以 360_BritishColumbia 为例),将其拖曳到 Inspector 面板的 Main Maps 组件下的 Albedo 前的方框处,可看到贴图效果如图 7.27 所示。

8. 参数调整

在 Game 窗口中看到贴图效果并不是很好,为了使贴图效果更清晰,需要进一步进行参

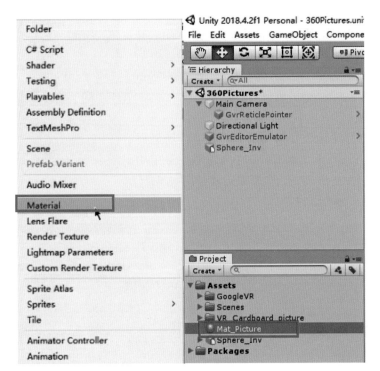

图 7.25　为小球添加材质

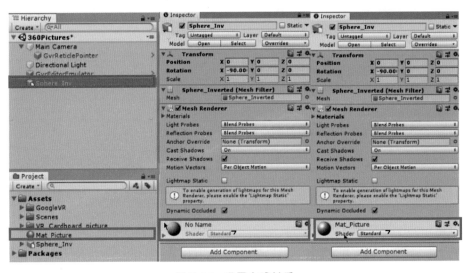

图 7.26　设置小球材质

数设置。在 Project 窗口的 Material 文件夹下选中 Mat_Pictures,然后在右侧 Inspector 面板中单击 Shader 后的下拉菜单,从菜单中选择 Unlit→Texture,如图 7.28 所示。

单击 Scenes 窗口中的运行按钮,看到 Game 窗口中照片清晰了很多,如图 7.29 所示。

还可以单击 Game 窗口上部右侧的下拉按钮,进一步选择 Maximize 参数,如图 7.30 所示。

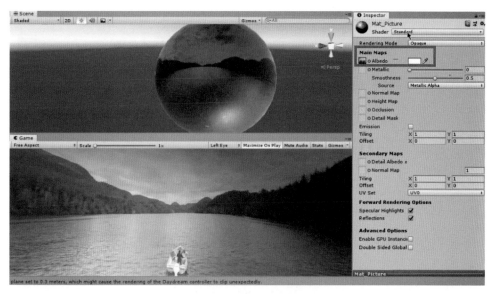

图 7.27　设置小球材质

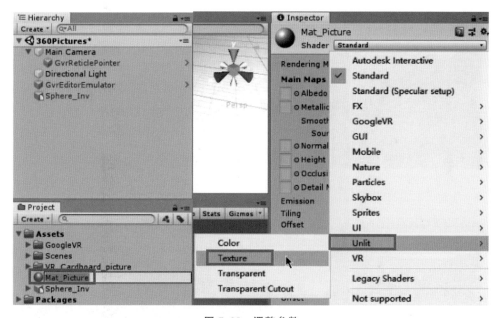

图 7.28　调整参数

以全屏方式 360°预览全景图片效果,如图 7.31 所示。

9. 添加照片切换按钮

全景相册中可以添加多张照片,通过添加按钮实现多张照片之间的切换。在 Hierarchy 窗口空白处右击,在级联菜单中依次选择 UI→Button,如图 7.32 所示。

Hierarchy 窗口中会出现 Canvas 菜单,Canvas 菜单下是 Button 按钮。此时,在 Game 窗口中可看到一个与全景相册很不协调的白色按钮会一直停留在全景相册上,这是由于目前 Canvas 参数使用的是屏幕覆盖模式(Screen Space-Overlay),如图 7.33 所示。

图 7.29　参数调整后的运行效果图

图 7.30　选择运行时屏幕最大化参数

图 7.31　全屏预览全景相册效果图

图 7.32　添加按钮

图 7.33　按钮效果图

10. 修改按钮参数

VR 中的 UI 要选择世界模式（World Space），可以在 Inspector 面板中修改 Render Mode 参数值为 World Space，如图 7.34 所示。

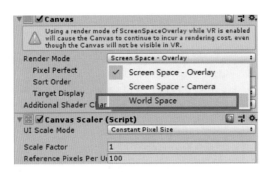

图 7.34　修改按钮参数

将 Hierarchy 窗口中的 Main Camera 拖曳到 Inspector 面板中的 Event Camera 后,如图 7.35 所示。

图 7.35　将 Main Camera 拖曳到 Inspector 面板 Event Camera 后

单击选中 Hierarchy 窗口中的 Button,然后在 Inspector 窗口选择该按钮的位置为中部居中,如图 7.36 所示。

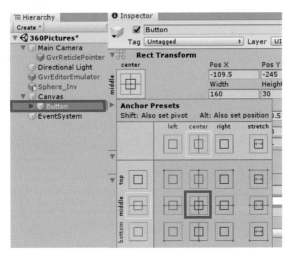

图 7.36　在 Inspector 窗口选择该按钮的位置为中部居中

双击 Canvas,在 Inspector 窗口中将 Canvas 的 Position 位置参数修改为 0,然后在 Scenes 窗口中使用鼠标将 Canvas 的位置调整到适当的位置,并且调整 Canvas 的 Anchors 参数,使其旋转 90°后出现在视野的脚下位置,如图 7.37 所示。只有当视点向下看时,才能看到按钮,而不会由于按钮的存在影响观看全景相册的视野。

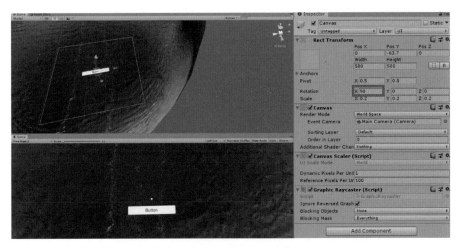

图 7.37 调整 Canvas 的位置参数

11. 设置按钮触发颜色

单击 Inspector 面板 Image 参数下的 Color 后的按钮,由于视点是白色,这里选择绿色作为按钮触发后的颜色,如图 7.38 所示。

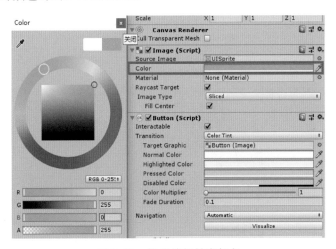

图 7.38 修改按钮触发颜色

12. 修改按钮文字

单击选择 Hierarchy 窗口 Button 按钮下的 Text 框,然后在 Inspector 面板中将按钮上的文字修改为"下一张",如图 7.39 所示。

13. 添加按钮响应预制体文件

单击 Scenes 窗口中的运行按钮,按住 Alt 键,移动光标,当视点进入 UI 时,发现按钮不能响应。依次沿路径选择 Project→Prefabs→EventSystem,将该路径下的 GvrEventSystem 文件拖曳到 Hierarchy 窗口中,将原来的 EventSystem 删除,如图 7.40 所示。

单击 Scene 窗口中的运行按钮,查看效果,可以看到当视点移动到按钮时,可以通过单击触发按钮,如图 7.41 所示。但由于全景相册目前只有一张照片,所以没有出现切换场景的效果。

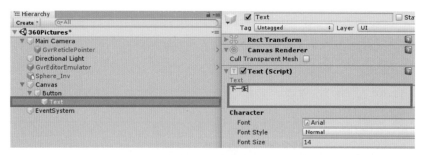

图 7.39　修改按钮文字

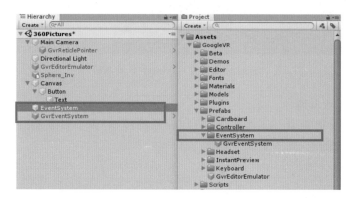

图 7.40　添加按钮响应预制体文件

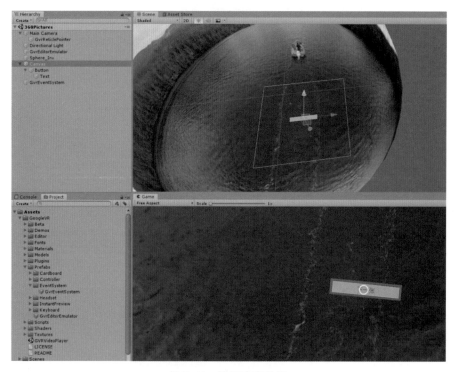

图 7.41　按钮响应效果

14．添加脚本

在全景球上添加脚本，控制多张照片的切换。单击 Hierarchy 窗口的 Sphere_Inv，在右侧 Inspector 面板中单击 Add Component 按钮，新建名称为 PictureController 的脚本，如图 7.42 所示。

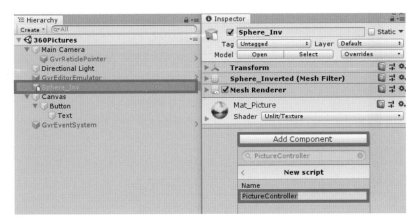

图 7.42　添加脚本

引擎对脚本编译成功后，会在 Inspector 面板中看到脚本文件，双击 Script 脚本后的文件名 PictureController，如图 7.43 所示，即可打开脚本编辑器，看到 Unity 的默认脚本。

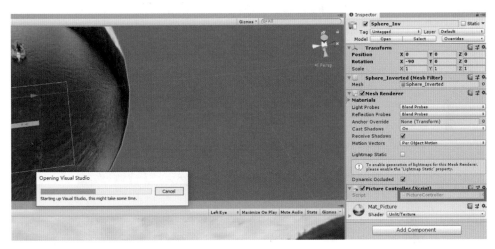

图 7.43　添加脚本

Unity 的默认脚本包括一个名为 PictureController 的类函数，类函数中又包含一个 Start()函数和一个 Update()函数。在 PictureController 的类函数中添加一个数组，用于保存全景相册中所有的照片，如图 7.44 所示。

返回 Unity，等待编译完成后，会在 Inspector 面板的脚本中出现刚才定义的数组，将 Size 后数字修改为全景相册要添加的照片数量，然后依次将 Project 窗口中 VR_Cardboard_picture 下的照片依次拖曳到 Element0～Element6 对应的位置后，如图 7.45 所示。

保存设置后，再回到代码编辑器中。要给按钮添加一个函数，如图 7.46 所示，实现当用户按下按钮时切换一张图片的功能。

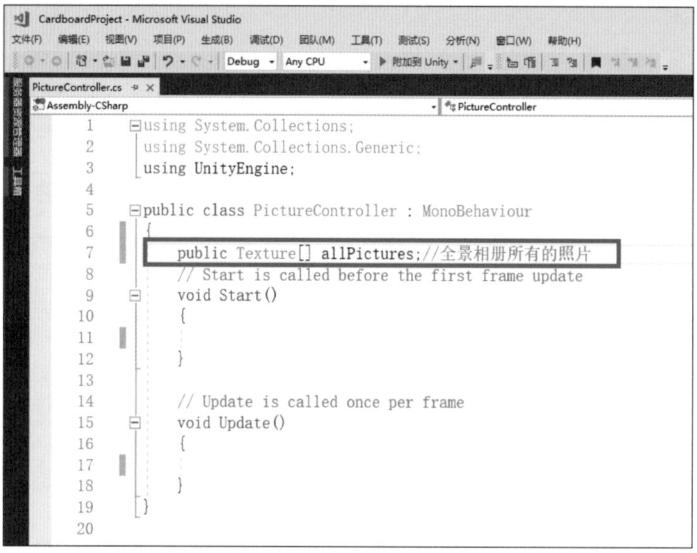

```
CardboardProject - Microsoft Visual Studio
文件(F) 编辑(E) 视图(V) 项目(P) 生成(B) 调试(D) 团队(M) 工具(T) 测试(S) 分析(N) 窗口(W) 帮助(H)
○ - ○ | 🎝 - 🖫 📁 📂 | ᓮ - ᓮ - | Debug - | Any CPU     - | ▶ 附加到 Unity - | 🔎 _ | 🖿 🖿 | ᓮ ᓮ 🖿 | 🖿 🖿 ᓮ 🖿 _
PictureController.cs + ×
Assembly-CSharp                                              - PictureController

   1      using System.Collections;
   2       using System.Collections.Generic;
   3      using UnityEngine;
   4
   5      public class PictureController : MonoBehaviour
   6      {
   7          public Texture[] allPictures;//全景相册所有的照片
   8          // Start is called before the first frame update
   9          void Start()
  10          {
  11
  12          }
  13
  14          // Update is called once per frame
  15          void Update()
  16          {
  17
  18          }
  19      }
  20
```

图 7.44　在脚本中定义数组

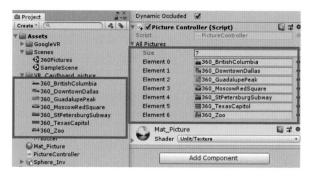

图 7.45　为全景相册添加多张照片

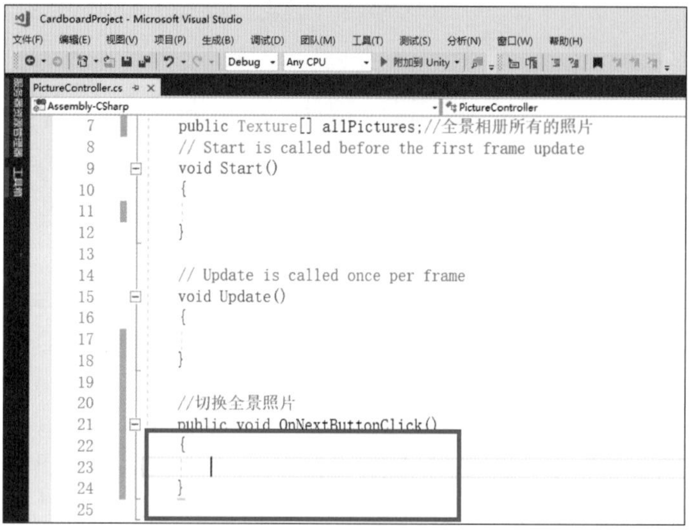

```
CardboardProject - Microsoft Visual Studio
文件(F) 编辑(E) 视图(V) 项目(P) 生成(B) 调试(D) 团队(M) 工具(T) 测试(S) 分析(N) 窗口(W) 帮助(H)
○ - ○ | 🎝 - 🖫 📁 📂 | ᓮ - ᓮ - | Debug - | Any CPU     - | ▶ 附加到 Unity - | 🔎 _ | 🖿 🖿 | ᓮ ᓮ 🖿 | 🖿 🖿 ᓮ 🖿 _
PictureController.cs + ×
Assembly-CSharp                                              - PictureController

   7          public Texture[] allPictures;//全景相册所有的照片
   8          // Start is called before the first frame update
   9          void Start()
  10          {
  11
  12          }
  13
  14          // Update is called once per frame
  15          void Update()
  16          {
  17
  18          }
  19
  20          //切换全景照片
  21          public void OnNextButtonClick()
  22          {
  23              |
  24          }
  25
```

图 7.46　添加函数

单击 Button 按钮,在 Inspector 面板的 Button 参数中单击 On Click()后的加号,添加一个事件,如图 7.47 所示。

图 7.47 添加 Click 事件

由于脚本是挂在全景球上的,所以将 Sphere_Inv 拖曳到 Object 参数中,如图 7.48 所示。

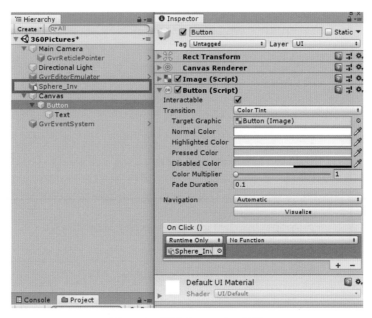

图 7.48 设置 Sphere_Inv 参数

单击 Function 下拉框,选择 PictureController 下的 OnNextButtonClick()选项,如图 7.49 所示。

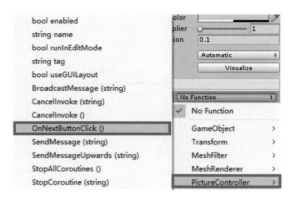

图 7.49　设置全景球 Function 参数

再回到脚本中,添加代码如图 7.50 所示。

```
1   using System.Collections;
2   using System.Collections.Generic;
3   using UnityEngine;
4
5   public class PictureController : MonoBehaviour
6   {
7       public Texture[] allPictures;    //全景相册所有的照片
8
9       int currentIndex = 0;
10
11      Material ballMat;   //全景球的材质
12      // Start is called before the first frame update
13      void Start()
14      {
15          ballMat = GetComponent<MeshRenderer>().material;
16      }
17
18      // Update is called once per frame
19      void Update()
20      {
21
22      }
23
24      //切换全景照片
25      public void OnNextButtonClick()
26      {
27          currentIndex++;
28          if (currentIndex == allPictures.Length)
29              currentIndex = 0;
30          ballMat.mainTexture = allPictures[currentIndex];
31      }
32  }
```

图 7.50　添加全景球脚本代码

单击 Scenes 窗口中运行按钮,查看运行效果。当视点进入 UI 时,会变成一个白色的圆圈,单击触发脚本,切换照片如图 7.51 所示。

图 7.51 切换全景图片效果图

15. 保存场景

在 File 菜单中选择保存场景,将该场景保存在 Assets 文件夹中 Scenes 下,命名为 360Pictures,如图 7.52 所示。

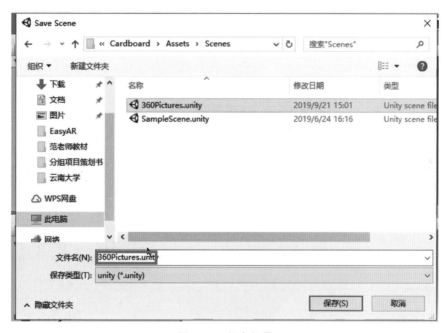

图 7.52 保存场景

7.1.7 Cardboard 全景视频的制作

全景视频是一种用 3D 摄像机进行全方位 360°进行拍摄的视频。用户在观看视频的时候,可以随意调节视频上下左右进行观看。Unity 推出了 VideoPlayer 视频播放器组件后,视频播放也变得很简单了。

1. 新建场景

新建场景并保存场景名为 360Video.unity,如图 7.53 所示。

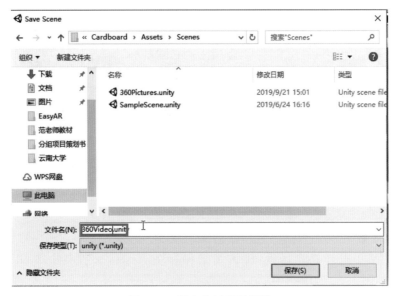

图 7.53　保存全景视频场景

2. 添加视点

在路径 Project→Prefabs→Cardboard 下找到视点对应的文件 GvrReticlePointer，将 GvrReticlePointer 拖曳到 Hierarchy 窗口的 Main Camera，然后在 Hierarchy 窗口中再次拖曳 GvrReticlePointer 到 Main Camera 上，使其成为摄像机的子物体。沿路径 Project→Prefabs→Keyboard 拖曳 GvrEditorEmulator 到 Hierarchy 窗口中，如图 7.54 所示。

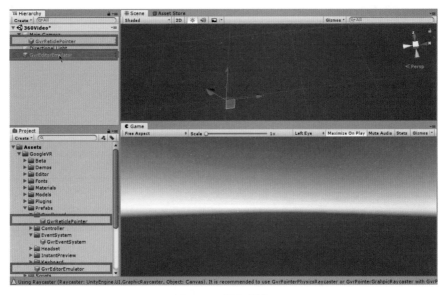

图 7.54　添加视点

3. 设置参数

Project 窗口中拖曳全景球文件 Sphere_Inv 到 Hierarchy 窗口中，单击 Main Camera，在 Inspector 面板中将相机位置设置为 0，如图 7.55 所示。

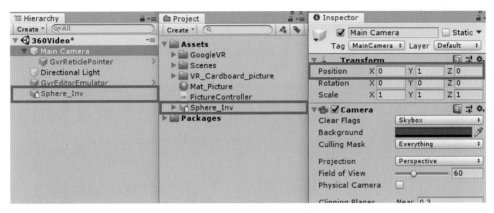

图 7.55　全景球参数设置

4. 导入全景视频

将全景视频文件拖曳到 Project 窗口的 Assets 文件夹，如图 7.56 所示。

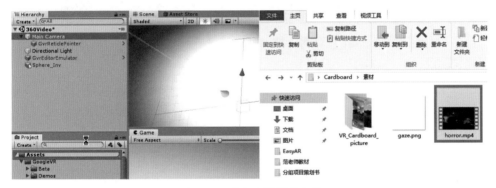

图 7.56　导入全景视频文件

5. 添加组件

在全景球上添加一个组件：单击 Inspector 面板的 Add Component 按钮，为组件命名为 Video Player，如图 7.57 所示。

拖曳 Project 窗口中的全景视频文件 horror 到 Inspector 面板 Video Clip 后的文本框内，如图 7.58 所示。

图 7.57　添加组件

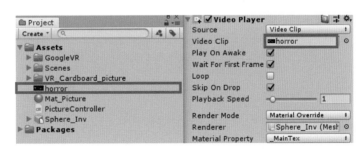

图 7.58　添加组件

6. 播放视频

单击"运行"按钮,视频播放过程中按住 Alt 键,配合光标的移动,可以 360°观看视频,如图 7.59 所示。如果将视频导出到 Cardboard 中,沉浸感和体验感会更加突出。

图 7.59　播放全景视频

7. 导出视频

选中 File 文件菜单并单击 Build Settings 选项,在弹出窗口中单击 Add Open Scenes,将刚才创建的 360Video 勾选,然后单击左下角的 Player Settings 按钮,在右侧 Inspector 面板的 Other Settings 参数中对 Package Name 及对应的 API 版本进行设置后,单击 Scenes In Build 窗口的 Build 按钮,如图 7.60 所示,即可完成全景视频的导出。

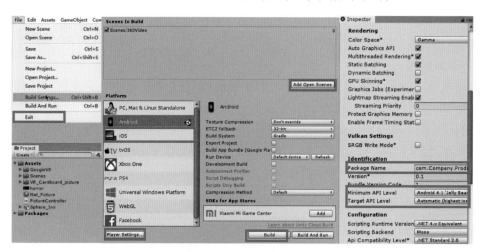

图 7.60　导出全景视频

将导出的视频发送到手机,安装运行后就可插到 Cardboard 眼镜盒中进行体验,也可根据全景相册的制作方法,添加多个全景视频,或为视频添加播放、暂停按钮等,这里不再赘述。

7.1.8　Cardboard 3D 场景

Cardboard 除了播放全景照片、全景视频外，还可以用来制作 VR 游戏，以一种全新的方式让玩家身临其境地感受 3D 游戏的乐趣，如图 7.61 所示。

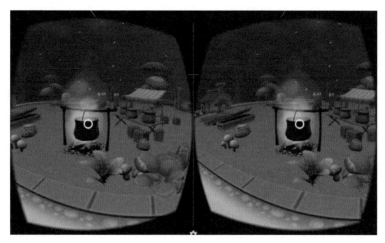

图 7.61　用 Cardboard 制作的 VR 游戏

7.1.9　Cardboard 应用

目前市场上的 Cardboard 主要有 Proton Pulse Google Cardboard 和 Google Cardboard，前者的应用如图 7.62 所示，后者的应用如图 7.63 所示。

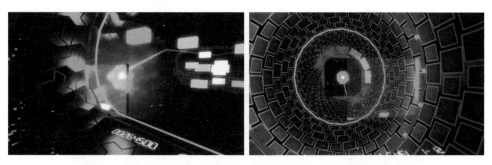

图 7.62　Proton Pulse Google Cardboard 应用

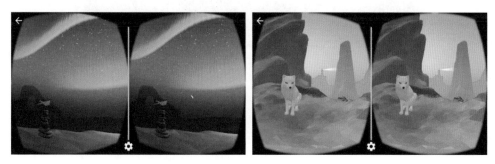

图 7.63　Google Cardboard 官方应用

7.2 Daydream

7.2.1 Daydream 简介

视频讲解

继发布头戴式设备 Cardboard 之后,谷歌公司于 2016 年推出了 Daydream 平台。Daydream 是一个以新升级的 Android N 系统为核心的高质量 VR 平台,主要由手机、控制器、App 三部分组成。相比 Cardboard, Daydream 算是在 Cardboard 基础上有了一个巨大的升级。它使用了更柔软的纤维材质和橡胶材质,重量不足 200g,佩戴感更良好,相比 Gear VR 要轻 30%。并且对近视用户也友好,不需要再摘掉眼镜了。Daydream 拥有 90°视场角,头显前盖可以伸缩以适应不同尺寸的手机,Daydream 优化了 VR 的算法,能够有效地降低延时、减少眩晕感,如图 7.64 所示。

由于 Daydream 的定位是高性能、低延时的 VR 平台,许多低端配置的 Android 手机直接被剔除在外,因此谷歌提出了 Daydream-Ready Smartphones 这一概念,希望与众多 Android 手机厂商合作,研发移动端的 VR-Ready 设备。

图 7.64　Daydream 展示

与 Cardboard 以及消费版 Oculus Rift 不同,Daydream 配有主页屏幕,能使设备启动至某个应用或工具,例如设置菜单。屏幕第一行的"发现窗口"采用了视差效果,使图片看起来像是在移动。"发现窗口"中的图片可以深度链接至应用内的特定内容,如图 7.65 所示。

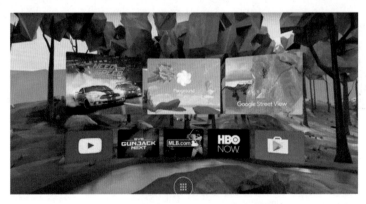

图 7.65　谷歌 Daydream 平台主屏幕

谷歌 Daydream 中的 Play 商店有着独特的呈现方式,不会展示令人眼花缭乱的分类,只有对用户最必要的内容。"特色"标签中展示了谷歌认为用户应当一试的内容,"热门"标签帮助用户找到当前最流行的内容,而"游戏"和"应用"分别对应着相应内容,如图 7.66 所示。

与 Cardboard 不同,Daydream 用户在体验应用的过程中就可以购买应用的高级版本,没有必要从头上摘下设备。此外,在用户使用 Daydream 的过程中,Android N 系统能直接

图 7.66　谷歌 Daydream 平台上的应用商店

显示来电和短信通知。

7.2.2　Daydream 手柄

Daydream 主页屏幕的使用需配合手柄,因此,用户在购买 Daydream 时必须一同购买手柄。Daydream 手柄不大,但功能强劲。手柄上方是触摸板,下方分别是菜单按钮和主页按钮,如图 7.67 所示。带弧边的触摸板位于手柄最上方,可以进行触摸、滑动、甚至单击操作。在触摸板的下方,一个应用按钮可以在不同应用中带来不同功能,例如弹出菜单、暂停/继续或是弹出工具箱,选择需要的工具。在应用按钮的下方是主页按钮,单击该按钮,就会返回至 Daydream 的主页屏幕。侧面有一个专门的音量调节按钮,握着手柄,长按"主页"按钮 1s,就可以重新居中手柄和头戴设备。手柄和头戴设备(Oculus Rift)之间通过 WiFi 和低功耗蓝牙技术(BLE)交换数据。

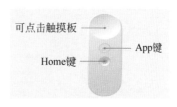

图 7.67　Daydream 手柄

Daydream 手柄不但集成了陀螺仪、加速计、磁力计、触摸板、按钮及方向传感功能,能感知手柄自身在 3D 空间中的位置,还为用户提供了 3 个自由度:方向角、俯仰角和倾斜角。手腕和手臂的所有微小运动都能被该设备感知到。

7.2.3　Daydream 硬件要求

目前 Daydream 平台对硬件的要求主要有以下方面。

- 必须拥有至少 2 个物理核心。
- 必须支持持续性能模式。
- 必须支持 OpenGL ES 3.2。
- 必须支持 Vulkan Hardware Level 0,最好支持 Vulkan Hardware Level 1。
- 必须支持至少 3870×2160 @ 30fps-70Mbps 水平的 H.267 解码。
- 必须支持 HEVC 和 VP9,必须可以至少进行 1920×1080 @ 30 fps-10Mbps 的解码,最好能够解码 3870×2160 @ 30fps-20Mbps。
- 强烈建议支持 android.hardware.sensor.hifi_sensors 功能,必须达到相应的陀螺仪、加速度计和磁强计要求。
- 必须自带屏幕,分辨率必须至少为 1080P,强烈建议采用 Quad HD(1770P)或更高分辨率的屏幕。

- 屏幕尺寸必须在 6～7.7 英寸范围内。
- 在 VR 模式下刷新率必须至少 60Hz。
- 屏幕的灰-灰、白-黑以及黑-白转换延时必须小于或等于 3ms。
- 屏幕必须至少支持一个低持久性模式,持久性小于或等于 5ms。
- 设备必须支持蓝牙 7.2 以及蓝牙低功耗数据长度扩展。
- 目前,用户想要一台支持 Daydream 的手机,Google Pixel、Pixel XL、华为 Mate 9 (OLED 版本)以及华硕 ZenFone 3 Deluxe 应该是较佳选择。

7.2.4　DaydreamVR SDK 的获取与导入

登录 Google VR 官网,进入 Develop 选项卡页面,左侧导航窗格中单击 Daydream Elements 下的 Overview,在页面中部向下滚动可看到两个资源链接按钮:一个是 INSTALL FROM PLAY STORE(通过资源商店进行安装);另一个是 DOWNLOAD ON GITHUB(通过 GITHUB 下载安装文件)。这里选择 DOWNLOAD ON GITHUB,下载完成后,会获得一个 DayDreamElements.unitypackage 的安装包,如图 7.68 所示。

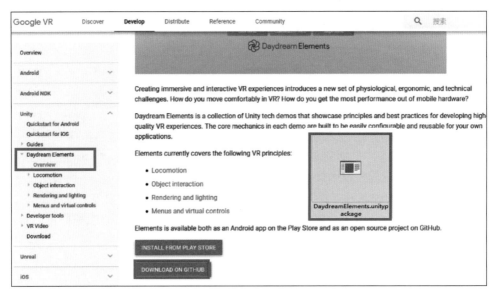

图 7.68　Google VR 官网下载 SDK

将安装包拖曳到 Unity 的 Project 窗口的空白处,在弹出的对话框中,单击 All 按钮,然后单击 Import 按钮进行导入。导入过程中如果检测到当前有最新版本,会弹出对话框,提示用户是否选择更新,这里选择"I Made a Backup. Go Ahead!",如图 7.69 所示,继续完成文件的导入。

7.2.5　Daydream 的预制体文件

预制体是指预先准备好的物体,可以在开发过程中重复使用,类似编程语言中的函数。 Daydream 中有很多预制体,通过使用这些预制体,可以大大简化开发过程,提高开发效率。

Daydream 安装包导入完成后,在 Project 窗口沿文件夹路径 GoogleVR→Demos→

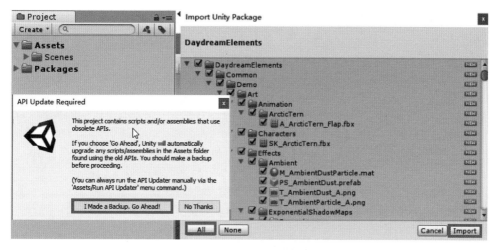

图 7.69　导入安装包

Scenes 可找到一个名为 GVRDemo 的基础案例工程。双击 GVRDemo,在 Scenes 窗口中可看到进行 Google、Daydream 及 Cardboard 应用程序开发的一个最初始的案例工程,如图 7.70 所示。

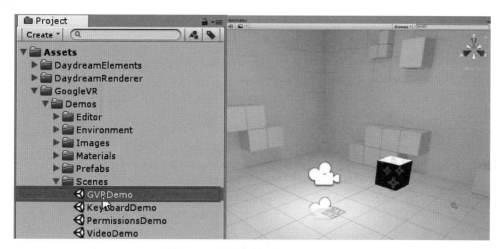

图 7.70　基础案例工程 GVRDemo

在 Hierarchy 窗口可以看到 GVRDemo 中的预制体文件,这些预制体也可以作为用户进行 Cardboard 及 Daydream 开发的基本场景。

1. GvrEventSystem

GvrEventSystem 是 Unity 的一个事件触发系统预制体文件,对应 Inspector 面板上的 GvrPointerInputModule 是该系统的输入模式,在系统需要导出 Android 应用程序包 (Android Application Package,APK)时勾选 Vr Mode Only 选项,如图 7.71 所示。

勾选 Vr Mode Only 选项后,单击 Scenes 窗口中的运行按钮,可看到 Scenes 窗口中信息面板中提示用户确认是否在 Player Settings 中勾选 Virtual Reality Supported 选项,如图 7.72 所示。

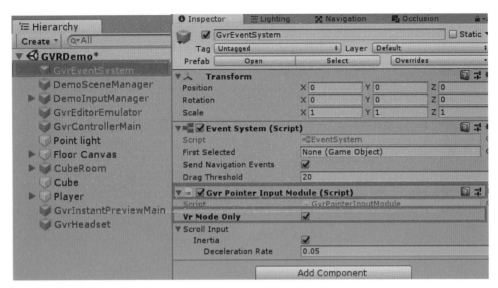

图 7.71　GvrEventSystem 场景组件

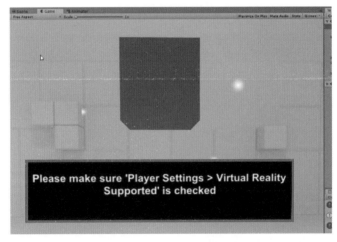

图 7.72　Scene 窗口提示信息

选择 File→Build Settings 选项,在弹出的窗口中确认是否选择 Android 平台,然后在右侧 Inspector 面板中确认 Virtual Reality Supported 是否勾选,再单击 Virtual Reality SDKs 下的加号按钮,可以看到可添加 Cardboard、Daydream、Oculus 等设备。这里选择 Daydream,如图 7.73 所示。

再次单击 Scenes 窗口中的运行按钮,可看到提示信息 Controller disconnected,如图 7.74 所示,表示手柄未连接,这时需检测虚拟手柄是否能正常激活。

在编辑器中,按住 Alt 键＋光标的移动查看是否可以实现头部的左右摆动,并检测按住 Ctrl 键＋光标的移动是否可以实现头部的垂直摇摆,最后检测按住 Shift 键＋光标的移动是否可以激活虚拟手柄。如果激活,可以看到虚拟手柄最上面是一个圆柄(包括左键和右键),中间是菜单键,最下面是电源键。同时按住 Shift＋Ctrl 键,通过图中光标的移动可看到手柄上一个移动的白色圆点,这个原点代表真实环境中手指在手柄上的位置,如图 7.75 所示。

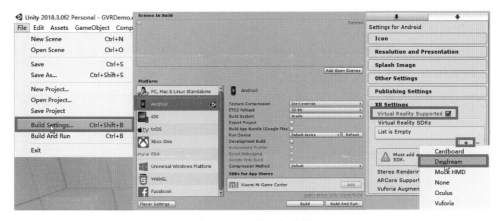

图 7.73　开发平台设置

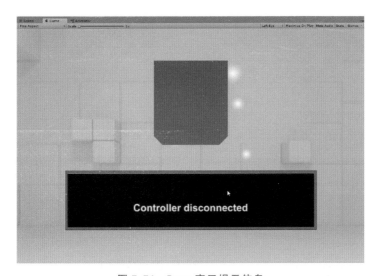

图 7.74　Scene 窗口提示信息

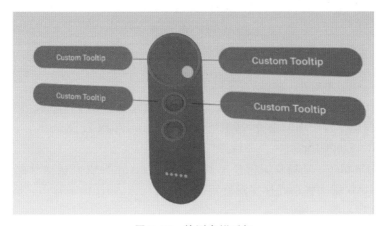

图 7.75　检测虚拟手柄

在 Scenes 窗口中,按住 Shift 键可看到视野正前方有一个白色的小圆点,这是 Daydream 配合手柄操作方式的视点。在视点所在物体上单击,就会触发一个交互事件——视点所在的物体消失,通过移动光标实现头部转动查看场景中的变化,会发现在场景中一个新的位置生成一个新的物体,如图 7.76 所示。

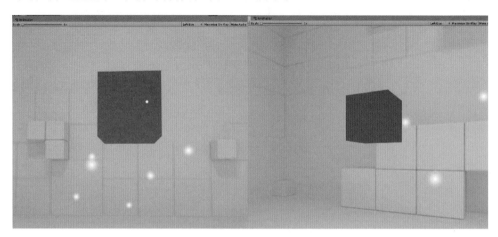

图 7.76　使用虚拟手柄与场景中物体进行交互

2. DemoSceneManger

DemoSceneManger 用来管理场景中事件的响应、日志的打印等,如图 7.77 所示。

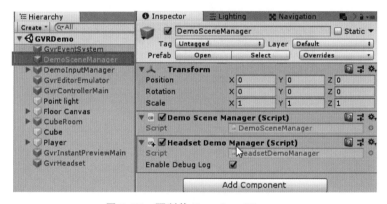

图 7.77　预制体 DemoSceneManger

3. DemoInputManager

DemoInputManager 是提示信息面板。在 Inspector 面板 Gvr Emulated Platform 后面可以选择场景模拟平台使用的设备,这里选择 Daydream,如图 7.78 所示。

4. GvrEditorEmulator

GvrEditorEmulator 是场景编辑模拟器。在 Inspector 检视面板中看到使用该模拟器调试时,可使用 Alt 键＋移动光标实现旋转摄像头的操作,Ctrl 键＋移动光标实现镜头垂直方向的移动操作,如图 7.79 所示。

5. GvrControllerMain

GvrControllerMain 是实现键鼠操作事件响应的快捷方式。例如,Shift＋移动光标可

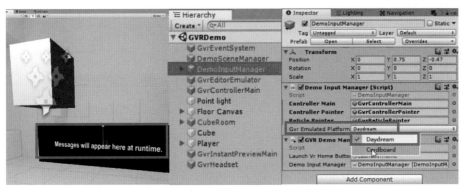

图 7.78　预制体 DemoInputManager

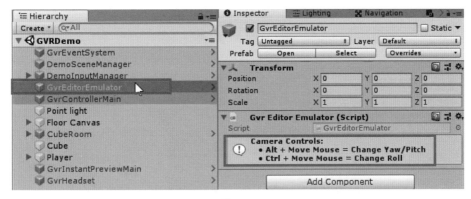

图 7.79　预制体 GvrEditorEmulator

以实现改变方向,Ctrl+移动光标可实现改变触摸屏等,如图 7.80 所示。模拟器的连接可以从 Emulator Connection 后下拉菜单中选择使用 USB 或 WiFi 等。

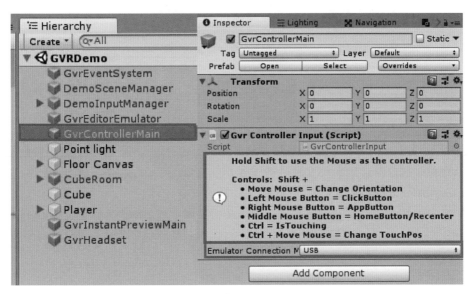

图 7.80　预制体 GvrControllerMain

6. Floor Canvas

Floor Canvas 是场景的底部按钮,包括 Reset(重置)、Recenter(回到中心位置)、Launch VrHome(返回 VrHome)3 个按钮,如图 7.81 所示。

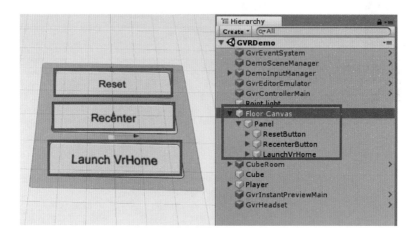

图 7.81　预制体 Floor Canvas

7. CubeRoom

CubeRoom 是房间模型,Cube 是带有交互功能的立方体,通过 Event Trigger(事件触发器)进行触发,如图 7.82 所示。

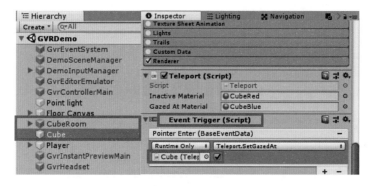

图 7.82　预制体 CubeRoom

8. Player

Player 是 Daydream 的一个摄像机,包含一个 Main Camera(主摄像机)和 GvrControllerPointer (手柄在移动时射线及凝聚点的控制),如图 7.83 所示。

9. GvrInstantPreviewMai

GvrInstantPreviewMain 提供手机直接连接的功能,可以通过一个安装 APK 的手机来观看运行 Daydream 的场景。GvrHeadset 提供 Daydream 独立耳机跟踪 API 功能,如图 7.84 所示。

7.2.6　Daydream 场景体验

可以在模拟器中模拟体验 Daydream 提供的案例场景。Project 窗口中提供了一些基

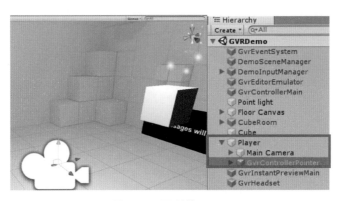

图 7.83　预制体 Player

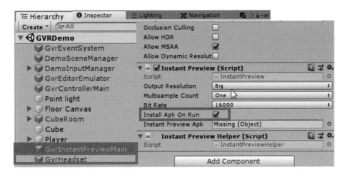

图 7.84　预制体 GvrInstantPreviewMain

础场景可以进行模拟体验,也可以通过单击 Project 窗口右侧的筛选按钮,搜索更多的 Daydream 案例场景进行体验,如图 7.85 所示。

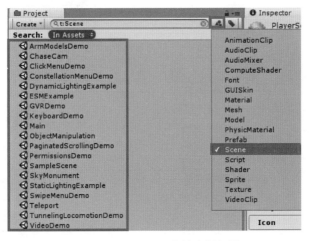

图 7.85　Daydream 中的案例场景

以 ChaseCam 场景为例,单击该场景名称,可看到如图 7.86 所示的一个室外找物体的场景。可通过 Alt 键旋转视角,按住 Shift 键可以指定狐狸当前可以移动到的物体点拾取物体,需要把该场景的拾取物全部都捡完才能继续到下一个场景。

图 7.86　ChaseCam 案例场景

　　单击选择 ObjectManipulation,可看到如图 7.87 所示的一个屋内案例场景,可以通过手柄射线拾取场景中的物体或打开柜门等操作。

图 7.87　ObjectManipulation 案例场景

　　在 Teleport 场景中可以通过手柄射线实现场景中主人公视角的转移,如图 7.88 所示。
　　当按下手柄时,可移动到手柄抛物线指示的位置,如图 7.89 所示。通过鼠标移动,单击手柄左右箭头,实现视野的左右移动。

图 7.88　Teleport 案例场景

图 7.89　使用手柄射线实现场景位置的转移

这些场景也可以导出 Daydream 的安装包,把它安装到 Daydream 的眼镜盒里进行体验。导出场景时在 Inspector 面板 Default Orientation 后的下拉菜单中选择 Landscape Right 横屏向右的模式,最后选择 Build 按钮,如图 7.90 所示。

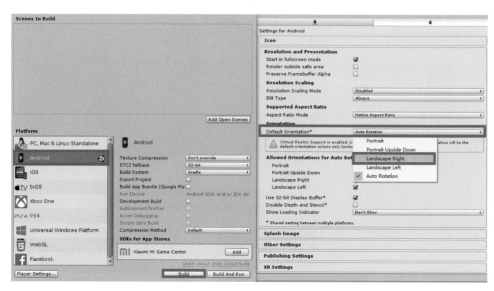

图 7.90　导出 Daydream 案例场景

7.2.7　Daydream 应用

1. Eclipse：Edge of Light

《蚀刻：光之边缘》(*Eclipse：Edge of Light*)是由独立工作室 White Elk 开发的一款移动科幻冒险 VR 游戏,这款游戏在登录谷歌 Daydream 平台之后,斩获了 Daydream 内容下载排行榜榜首。游戏中,玩家扮演一名因为飞船事故而降落在神秘星球的冒险家。游戏开始,玩家会发现具有神秘力量的宝石 The Artifact。它会帮助你击碎岩石,引导动物,甚至移动物体在星球表面建造基地。玩家获得 The Artifact 后便开始了冒险之旅。而后的游戏进程中,玩家会在神秘的古代遗迹中找到新伙伴。游戏设定和环境融合得相当完美,并且融入了更多机械元素,玩家可以通过 VR 头显扫描物体,如图 7.91 所示。

图 7.91　《蚀刻：光之边缘》

《蚀刻：光之边缘》大胆地使用了 Daydream 自带的体感控制器(目前适配 Daydream 体感控制器的游戏并不多见)。游戏的运动元素很多,玩家需要手持控制器进行移动。由于游戏中会遇到各种各样的拐角,建议玩家坐在旋转椅中进行游戏。玩家可以按下控制器上的按钮来打开背包。为了迎合不同玩家的游戏需求,游戏还设置了可调视野,可以根据自身需求来更改游戏设置。

2. Virtual Virtual Reality

《虚拟现实 N 次方》(*Virtual Virtual Reality*)是一款来自移动端的 VR 解谜类休闲游戏。游戏的背景是人类对未来 AI 发展的一次想象,当 AI 未来取代了人类大部分的工作,物理世界的一切都具有了人类的智慧,而人类却沦为了 AI 的"奴隶",终日受着 AI 的压迫。游戏场景被设定在一个个的虚拟空间中,玩家需要在这些空间中找到相关线索,才能通往下一关。玩到最后,玩家还需要和最终的 Boss 进行决斗,如图 7.92 所示。该作品登录 Steam,并突破了一体机 3Dof 手柄的控制。玩家可以通过 6Dof 的形式进行探索。该游戏获得不少 VR 游戏圈人士的认可,是一款高分的 VR 游戏。

图 7.92　《虚拟现实 N 次方》游戏界面

3. Hungry Shark VR

知名游戏厂商育碧在 2017 年 5 月公布了一款 Daydream 作品《饥饿鲨 VR》(*Hungry Shark VR*),玩家在虚拟世界中可化身一只正义的吃货鲨,通过寻找食物并拯救鲨鱼小伙伴的故事亲身站在鲨鱼的角度体验它们的世界,如图 7.93 所示。

图 7.93　《饥饿鲨 VR》游戏界面

4. Virtual Rabbits：The Big Plan

《虚拟疯兔：大计划》(*Virtual Rabbits：The Big Plan*)也是育碧 2017 推出的休闲游戏。游戏中用户将扮演一名兔子政府特工,潜入地方内部寻找被疯兔们偷走的核弹安全密码。游戏有许多不同的场景,比如杂货铺还有手术室,兔子们会竭尽全力阻止玩家找到物品,如图 7.94 所示。

由于 Daydream 平台需要启动一个独立的系统,且沉浸式 3D 应用加速了手机的耗电

图 7.94　《虚拟疯兔：大计划》游戏界面

量,Daydream VR 用户逐渐减少。2019 年 10 月,谷歌宣布放弃 Daydream VR 平台转向发展 AR 产品。虽然这个完全基于手机的虚拟现实平台梦已经结束,但 Daydream 平台在虚拟现实发展中的作用和带给用户的体验是不可磨灭的。

本节开发案例演示效果,请扫描配套资源中二维码进行观看。

习题

一、填空题

1. Google 是 AR/VR 领域的先驱,目前为开发者提供了两个 VR 平台:一个是 2015 年 Google 召开 I/O 大会时推出的_____;另一个是 2016 年 Google 召开 I/O 大会时推出的_____。

2. Cardboard 纸盒内包括了_____、_____、_____、_____、_____和_____等部件。

3. 写出三个全景图片适用领域:_____、_____和_____。

4. Cardboard 除了播放_____、_____外,还可以用来制作_____。

5. Daydream 是一个以新升级的 Android N 系统为核心的高质量 VR 平台,主要由_____、_____和_____三部分组成。

6. 手柄和头戴设备之间通过_____和_____交换数据。

二、选择题

1. 人的双眼正常有效视角和双眼余光视角分别为(　　)。

　　A. 大约水平 90°,垂直 70°;大约水平 180°,垂直 90°

　　B. 大约水平 180°,垂直 90°;大约水平 90°,垂直 70°

　　C. 大约水平 120°,垂直 70°;大约水平 90°,垂直 120°

　　D. 大约水平 70°,垂直 90°;大约水平 90°,垂直 180°

2. Daydream 拥有(　　)视场角,头显前盖可以伸缩以适应不同尺寸的手机,Daydream 优化了 VR 的算法,能够有效地降低延时、减少眩晕感。

　　A. 360°　　　　　　　B. 180°　　　　　　　C. 120°　　　　　　　D. 90°

三、简答题

1. 请写出 Daydream 的硬件要求。

2. 列举 Daydream 的应用。

第8章

HTC Vive开发

视频讲解

本章学习目标
- 了解使用 HTC Vive 开发的案例。
- 掌握使用 HTC Vive 进行游戏开发的步骤。
- 了解 HTC Vive 的经典案例。

本章介绍 HTC Vive 开发技术。首先介绍使用 HTC Vive 进行项目开发的软硬件配置,然后重点介绍使用 Unity 3D 进行 HTC Vive 游戏开发的详细步骤,最后介绍 HTC Vive 的经典案例。

8.1 HTC Vive 简介

Vive 是首款由 HTC 和 Valve 合作共同开发的虚拟现实系统,结合了当前最先进的影音与动作捕捉技术。Vive 最初就以房间规模的虚拟现实为目标,给用户带来最完整的虚拟现实体验。

Vive 头戴式显示器上共有 32 个定位感应器,其准确定位所带来的临场感能使用户沉浸在 110°视场中,体会精彩绝伦的视觉内容。精细的图像在 2160×1200 的分辨率及 90Hz 刷新率的推送下,带来了流畅的游戏体验和逼真的感受与动作。2 个握在手中的无线控制器各有 24 个定位感应器,提供了 360° 1∶1 的精密动作捕捉。控制器上搭载二段式扳机、多功能触摸板和 HD 触感反馈。有了它们就能行云流水、随心所欲地与游戏内容交互。而房间规模的动作捕捉则是透过 2 个定位器来完成的,定位器能直接无线同步,如此一来就无须使用额外的电线。

为了能让体验不中断,Vive 也内置了便利与安全功能。Chaperone 系统将在用户接近游戏空间边缘时做出提醒,而显示器上的前置摄像镜头也能将现实中的物体融入虚拟世界。这些特点使得 Vive 能让体验者感受到一个超乎想象的世界。

8.2 HTC Vive 硬件

8.2.1 HTC Vive 主体硬件

HTC Vive 为了保证良好的用户体验,附带了大量的硬件设备,如图 8.1 和表 8.1 所示。

图 8.1   HTC Vive 配件全图

表 8.1   HTC Vive 主体硬件

主 设 备	配 件
Vive 头戴式设备	三合一连接线(已装上)
	音频线(已装上)
	耳塞式耳机
	面部衬垫(一个已装上,另一个供窄脸人士选用)
	清洁布
串流盒	电源适配器
	HDMI 连接线
	USB 数据线
	固定贴片
Vive 操控手柄	电源适配器
	挂绳(2 根,已装上)
	Micro-USB 数据线
定位器	电源适配器
	安装工具包(2 个支架、4 颗螺丝和 4 个锚固螺栓)
	同步数据线(可选)

8.2.2　HTC Vive 主机配置

HTC Vive 的主机配置如图 8.2 所示,包括以下内容。

- GPU:NVIDIA GeForce GTX 1060 / AMD Radeon RX 480 同等或更高配置。
- CPU:Intel i8-4890 / AMD FX 8380 同等或更高配置。
- RAM:4GB+。
- Video 视频输出:HDMI 1.4 或 DisplayPort 1.2 或更高版本。
- USB 端口:1×USB 2.0 或更高版本的端口。
- 操作系统:Windows 7 SP1、Windows 8.1 或更高版本、Windows 10。

图 8.2　主机、CPU、显卡

8.2.3　HTC Vive 其他配件

1. Vive 追踪器

Vive 追踪器如图 8.3 所示,能够将真实的物体带入虚拟世界。将 Vive 追踪器装在不同的配件上,能给予玩家不同虚拟世界的体验:装在相机上,能拍摄专属个人的混合现实视频;装在手套上,可以虚拟弹奏乐器;装在玩具枪上,可以体验疯狂射击的快感,如图 8.4所示。

图 8.3　Vive 追踪器　　　　图 8.4　Vive 追踪器拍摄的混合现实视频及在手套、游戏枪上的应用

2. Vive 畅听智能头带

Vive 畅听智能头带内建一体式耳机、舒适的内部衬垫及操作简单的头盔尺寸调节旋钮,让 VR 虚拟实境体验更加沉浸,如图 8.5 所示。

3. TPCAST Vive 无线升级套件

TPCAST(传送科技)开发的 Vive 无线升级套件支持市场上所有 HTC Vive,可让头显与计算机之间的连接方式从原有的多根数据线连接升级为无线连接,透过简单的设置,即可享受毫无线缆牵绊、完全沉浸的虚拟现实体验,如图 8.6 所示。

图 8.5　Vive 畅听智能头带　　　　图 8.6　TPCAST Vive 无线升级套件

8.3　HTC Vive 软件配置

当所有的硬件设备都准备好并搭建成功后,就可以开始着手配置 HTC Vive 软件设置。从 Steam 的官方网站上下载 Steam 平台安装在本地,如图 8.7 所示。

图 8.7　Steam 安装界面

打开安装好的 Steam 平台,在"库"→"工具"里面搜索 SteamVR 并下载,如图 8.8 所示。

图 8.8　库中搜索 SteamVR

启动 SteamVR 之后,系统会自动检测当前所连接的设备,如果所有设备都正常连接,则显示如图 8.9 所示的界面。

单击 SteamVR 下拉菜单,选择房间设置,如图 8.10 所示。

图 8.9　SteamVR 显示界面

如果当前环境有足够的空间,则选择房间模式进行设置;如果空间太狭窄,则选择站立模式。这里选择房间规模进行调试,如图 8.11 所示。

根据提示进行操作,如图 8.12 所示。

在这些步骤都完成之后,最后一步进行范围划定,Vive 最远范围要求不超过 8m,如图 8.13 所示。

当这一步完成之后,就可以进行 Vive 体验了。

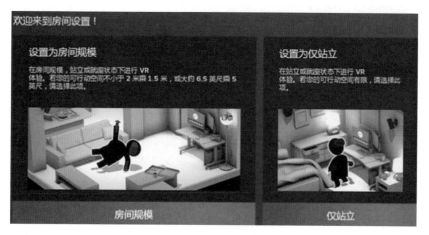

图 8.10 房间设置界面

图 8.11 按照指令操作

图 8.12 定位显示器

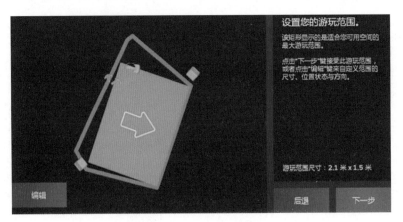

图 8.13　设置游玩范围

8.4　HTC Vive **案例开发**

配置好 HTC Vive 的软硬件,就可以开始结合 Unity 3D 进行项目的开发了。

8.4.1　导入开发工具包

在 unity Asset Store 资源商店搜索 SteamVR Plugin,如图 8.14 所示,下载后导入 Unity。

图 8.14　资源商店搜索 SteamVR Plugin 开发工具包

导入成功后会在 Project 窗口中出现一个 SteamVR 文件夹和 SteamVR_Input 文件夹。

8.4.2　导入资源素材

在资源商店 3D 资源中搜索环境类的免费资源,如图 8.15 所示。

这里以 Dark Fantasy Kit 为例,选择下载并导入到项目中,如图 8.16 所示。

8.4.3　功能面板介绍

Unity 的 Window 菜单下有两个标签: SteamVR Input 和 SteamVR Input Live View,如图 8.17 所示。

单击 SteamVR Input,会弹出 SteamVR 提供的一个功能面板窗口。该窗口中 Actions 下面列出的是一些可能会触发的一系列手势动作。用户还可以通过设置 mixedreality 等选

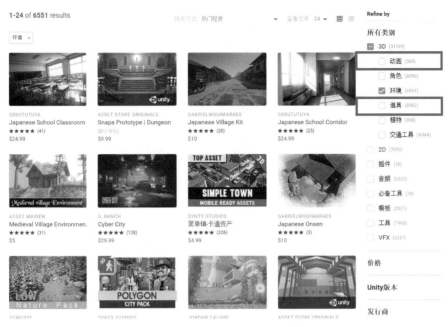

图 8.15　在资源商店搜索免费资源

图 8.16　下载并导入 Dark Fantasy Kit

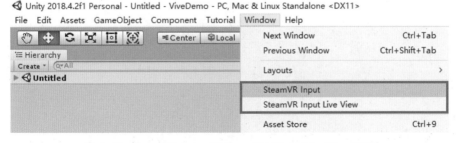

图 8.17　SteamVR Input 和 SteamVR Input Live View 标签

择按钮来自定义功能面板,没有新的自定义功能就可以使用系统默认的功能面板。单击该界面左下方的 Save and generate 按钮,可以将用户自定义的一些命令、功能等添加到 SteamVR 的动作库,保存完成后,单击界面右下方的 Open binding UI 按钮,如图 8.18 所示,就可打开本地的 UI 配置界面。

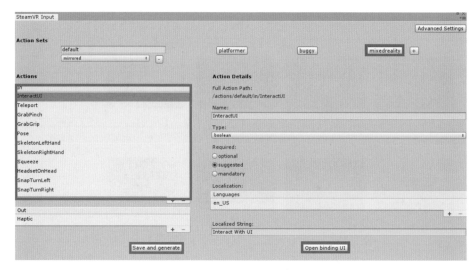

图 8.18　SteamVR Input 功能面板

　　单击 UI 配置界面中 Vive Controller 右侧的编辑按钮,就可以进入手柄功能的指令和编辑面板,如图 8.19 和图 8.20 所示。

图 8.19　本地 UI 配置界面

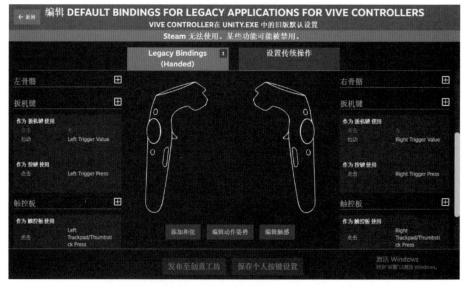

图 8.20　手柄功能编辑面板

这些指令分别对应手柄上的功能按键,这些功能在指认完成后才能生效。

沿路径 Project→DarkFantasyKit→Scenes 找到 DemoScene 场景屋文件,如图 8.21 所示。双击 DemoScene,可看到屋内场景。

图 8.21 DemoScene 场景屋

8.4.4 添加 VR 摄像机

在 Project 窗口搜索框搜索 Player,将 Player 拖曳到场景中的地板上,如图 8.22 所示。这个 Player 就是场景中的摄像机。

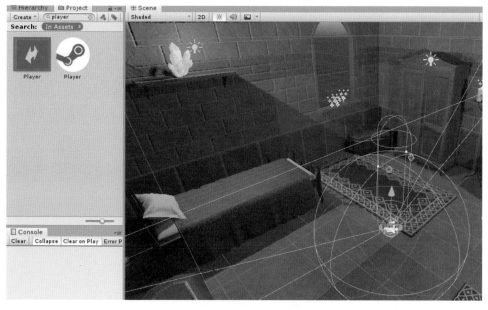

图 8.22 添加 VR 摄像机

在 Hierarchy 窗口中将原来的 Camera 删除,如图 8.23 所示。保存场景,并运行查看摄像机是否能正常启用。

这时如果可在头盔中看到房屋中的情况,代表摄像机启动正常。

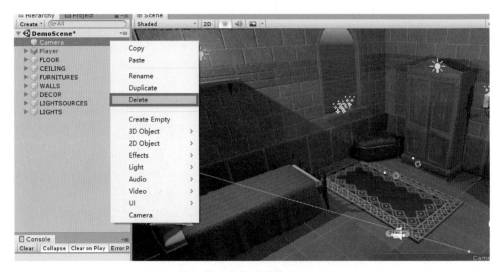

图 8.23　删除原有的 Camera

8.4.5　添加移动功能

选择其中一块地面 dfk_floor_01(1)，在 Hierarchy 窗口中复制该地面文件得到 dfk_floor_01(4)，将该文件拖曳到 FLOOR 文件夹外，如图 8.24 所示。

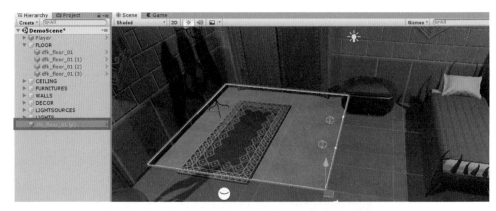

图 8.24　复制地面文件

在 Inspector 面板中将该地面的高度提高 0.02，如图 8.25 所示，避免其与地面重合。

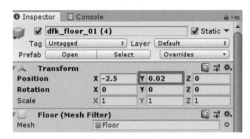

图 8.25　修改地面文件高度参数

为了使整个地面都能移动,对该地面进行扩充,使其填满整个房屋。单击 Scenes 窗口右上角的方向标记,选择以顶视图的方式进行添加,如图 8.26 所示。

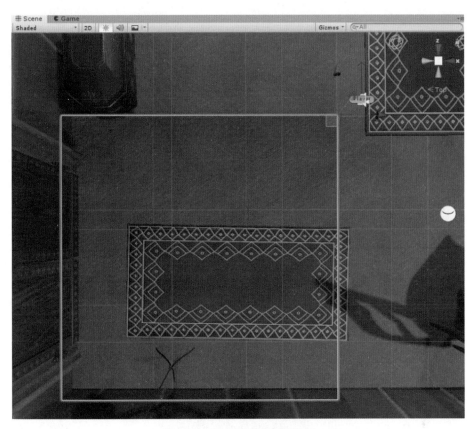

图 8.26 顶视图方式查看地面

沿选中地面的边框将其拖曳到最大,这里只能到床边位置,如图 8.27 所示。

复制地面文件 dfk_floor_01(4)得到 dfk_floor_01(8),将 dfk_floor_01(8)移动到床和柜子中间部分,使其与 dfk_floor_01(4)对应的地板地面边缘刚好完全接缝,如图 8.28 所示。dfk_floor_01(4)和 dfk_floor_01(8)就作为房屋场景中可以移动的区域。

更换地面材质,使其与原来的地面有所区别。在 Inspector 面板中,选择 Materials→Element 0 右侧的扩展按钮,在弹出的材质选择框内搜索 area,选择可移动区域地面为蓝色的材质,如图 8.29 所示。

Scene 窗口中运行场景查看可移动地面变成蓝色的方格,如图 8.30 所示。

8.4.6 添加脚本

同时选中 dfk_floor_01(4)和 dfk_floor_01(8)两个脚本,在 Inspector 面板中单击 Add Component 按钮,添加名字为 Teleport Area 的脚本,如图 8.31 所示。该脚本代表在 VR 中可行走的区域。

单击 dfk_floor_01(8)脚本,在 Inspector 面板的 Teleport Area 脚本下勾选 Locked,使该区域被锁定,成为无法行走的区域,如图 8.32 所示。dfk_floor_01(4)脚本不变,即对应的区域没有被锁定,可以行走。

图 8.27　拖曳地面边框到最大化

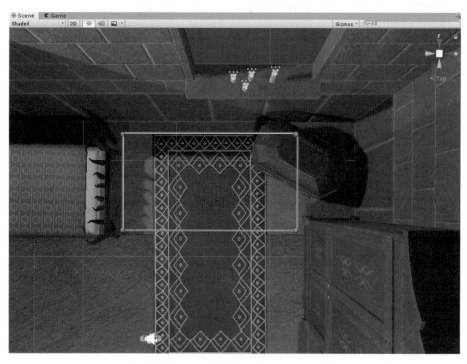

图 8.28　复制地面文件并调整地面边框

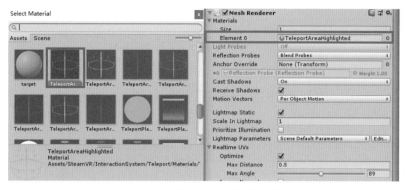

图 8.29 设置可移动地面材质

图 8.30 查看可移动地面材质

图 8.31 添加脚本文件

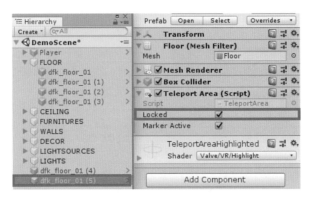

图 8.32　设置锁定区域

8.4.7　添加预制体

在 Project 窗口搜索预制体 Teleporting,将该预制体拖曳到 Hierarchy 窗口中,如图 8.33 所示。

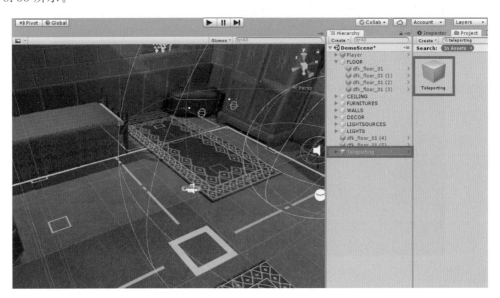

图 8.33　添加预制体

8.4.8　保存场景

保存场景并运行,可看到场景中有一个手柄。当没有按手柄时,手柄上会有一个黄色的高亮提示和一个信息提示标签 Teleport,如图 8.34 所示,表示可以通过手柄进行移动。

当在可行走区域内按下手柄,会有一个绿色的抛物线和圆环出现,松开手柄可以移动到圆环所在位置,如图 8.35 所示。当抛物线出现在锁定区域时,圆环会变成一个红色的禁止符号,如图 8.36 所示,表示无法进入到该区域。这样就实现了在房间场景中的移动功能。

如果不想在房间中设置锁定区域,可以在 Inspector 面板中将 Teleport Area 组件的 Locked 的勾选去除即可。

图 8.34　场景中的手柄

图 8.35　可移动区域

图 8.36　锁定区域

8.4.9　添加拾取功能

在 Project 窗口中找到 Lightsources 文件夹，将该文件夹下的蓝水晶文件 dfk_crystal_01_blue 拖曳到场景桌面上，如图 8.37 所示。该水晶作为场景中的可拾取物体。

在 Inspector 窗口中可以看到，水晶的 Static 参数默认被勾选，说明水晶属于静态类型，不参与场景中的逻辑运算。这里需要把 Static 参数的勾选去除，如图 8.38 所示。

SteamVR 本身已经提供了一些完整的可拾取物体的功能，用户可以直接使用。在 Project 窗口中搜索 throwablecube，将其拖曳到 Scene 窗口的桌面上，如图 8.39 所示。

运行查看效果，可看到当手柄靠近立方体时，立方体会变成蓝色，当按下手柄时可拾取该立方体，这时物体颜色变成白色，如图 8.40 所示。

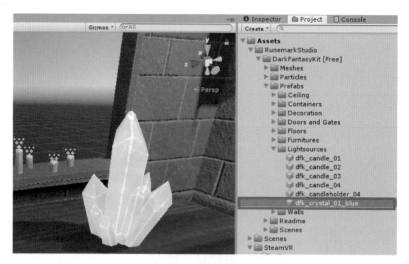

图 8.37　在场景中添加可拾取物

图 8.38　去除可拾取物体的静态参数设置

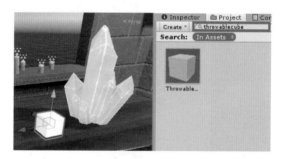

图 8.39　添加具有可拾取功能的立方体

图 8.40　手柄靠近拾取物体时可拾取物体颜色的变化

接下来就可以根据该立方体的可拾取功能对水晶进行改写。Hierarchy 窗口中单击选择 ThrowableCube,右键选择 Unpack Prefab(解包打开该预制体),如图 8.41 所示。

图 8.41　解压立方体预制体文件

把蓝水晶文件 dfk_crystal_01_blue 拖曳到 ThrowableCube 文件下,如图 8.42 所示,然后单击 Inspector 面板中 Transform 后的齿轮状按钮,在弹出菜单中选择 Reset Position,对水晶的位置进行重新设置。

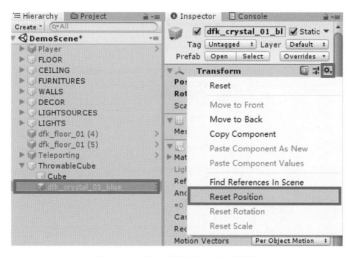

图 8.42　重新设置水晶位置参数

在 Hierarchy 窗口中单击 Cube,将 Inspector 窗口最上方 Cube 前方框中的勾选去除,在场景窗口中就看不到立方体了,如图 8.43 所示。这样就完成了两个模型之间的替换。

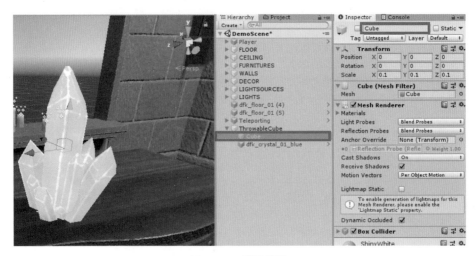

图 8.43　模型替换

1. 交互组件 Interactable

给一个物体或者 UI 添加 Interactable 组件后,这个物体就可以通过手柄进行交互了。由于 Cube 被添加了 Interactable 组件,当手柄接触到 Cube 时,手柄会高亮,并振动一下。

2. 物体响应 Hand 交互事件

要想通过手柄拾取或放下物体时,需对物体进行响应 Hand 交互事件设置。Hierarchy 窗口中单击 ThrowableCube,将滚动条滑到 Inspector 窗口下部,可看到一个交互组件 Interactable Hover Events(悬停事件),下面对应 4 个事件: On Hand Hover Begin() 代表手柄碰到物体的开始事件; On Hand Hover End() 代表手柄离开物体的结束事件; On Attached To Hand() 代表手柄可响应抓取物体的事件; On Detached From Hand() 代表手柄响应放下物体的事件,如图 8.44 所示。

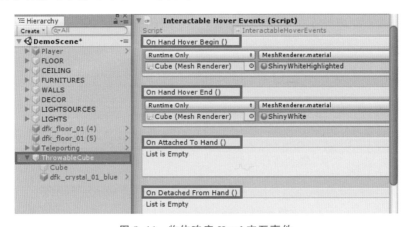

图 8.44　物体响应 Hand 交互事件

将 Hierarchy 窗口中的 dfk_crystal_01_blue 分别拖曳到 Inspector 窗口下的 On Hand Hover Begin()和 On Hand Hover End() 事件下方第一列第二行的方框中,再分别单击 On

Hand Hover Begin()事件和 On Hand Hover End() 事件后的 No Function 按钮,从下拉菜单中依次选择 MeshRenderer→Material material 命令,如图 8.45 所示。

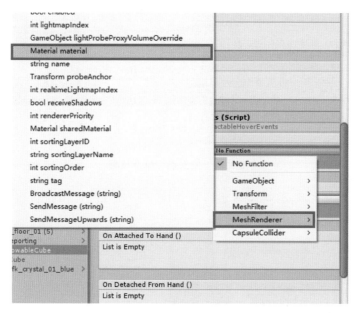

图 8.45　Hand 交互事件参数设置

找到水晶原有的材质球,单击 Element 0 后的 dfk_crystal_blue,找到 Project 窗口中对应的材质球,以这个材质球为默认的颜色,在手柄退出时会采用这个默认的蓝色,如图 8.46 所示。

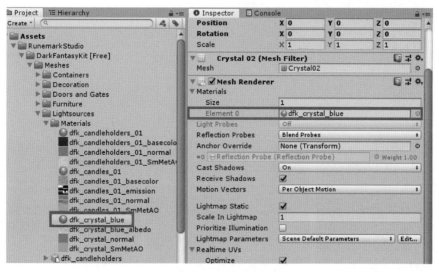

图 8.46　找到默认材质球

将其拖曳到 On Hand Hover End() 事件后的方框内,如图 8.47 所示,再找到文件名为 dfk_candles_01 的材质球,将其拖曳到 On Hand Hover Begin() 事件后的方框内,将该黄色材质球作为手柄,进入时使用的默认颜色。

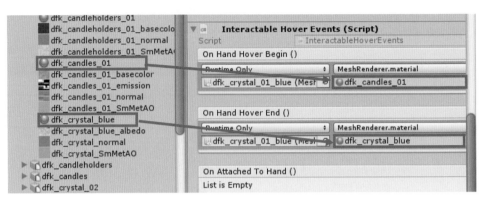

图 8.47　交互响应颜色设置

至此对蓝色水晶的状态、响应等进行了替换,在 Hierarchy 窗口将蓝色水晶的名字由 ThrowableCube 修改为 ThrowableWapan,如图 8.48 所示。

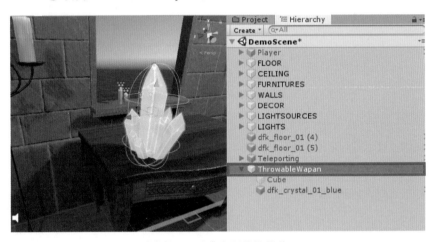

图 8.48　重命名可拾取物体

运行查看效果,当手柄进入交互区可拾取物体交互区域时,可拾取物体变为黄色;当手柄离开时,可拾取物体变为蓝色;当使用手柄拾取物体时,物体也是蓝色,如图 8.49 所示。

图 8.49　查看交互效果

8.4.11　导出场景

单击 File 菜单,选择 Build Settings 选项。然后在弹出窗口中单击选择 PC,Mac & Linux Standalone 平台,在单击右侧的 Add Open Scenes 按钮,将刚才创建的场景勾选上。最后单击窗口左下角的 Player Settings 按钮,如图 8.50 所示。

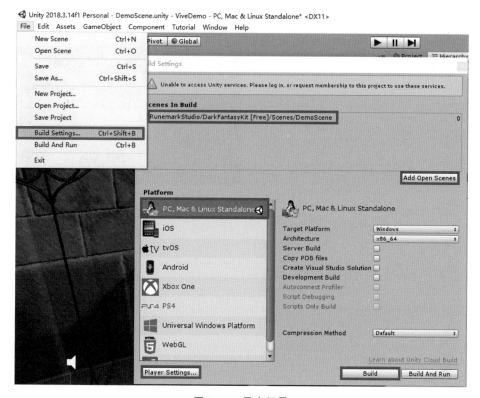

图 8.50　导出场景

在 Inspector 窗口的 Other Setting 中将 Bundle Identifier 修改为 com.think.VIVEDemo,如图 8.51 所示。

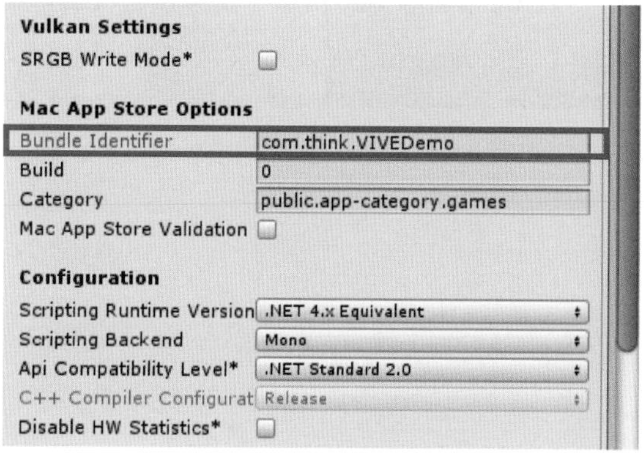

图 8.51　导出参数设置

然后再单击如图 8.50 所示的弹出窗口中的 Build 按钮,完成场景的导出。

8.5 HTC Vive 经典案例赏析

8.5.1 Tilt Brush

Tilt Brush 是 Google 出品的一款虚拟现实绘画软件。使用该软件用户可以在三维空间中进行 360°全方位的绘画制作,可以用三维画笔、星星、光线甚至火焰等特效释放用户的创造力,如图 8.52 所示。

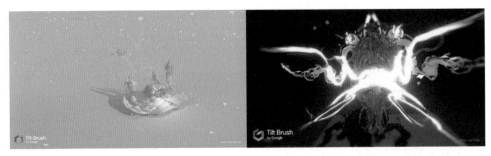

图 8.52 使用 Tilt Brush 绘制的作品

8.5.2 The Lab

《实验室》(*The Lab*)是一款由 V 社(即 Valve Software)建立在名为光圈科技口袋宇宙的虚拟世界里的 VR 实验模拟游戏。游戏包含修理机器人、保卫城堡、遛狗等 8 种不同的虚拟实境体验游戏。*Human Medical Scan* 是一款探索人体器官中的种种奥秘的寓教于乐的游戏作品。*Xortex* 是一款模拟一艘战斗飞机运用摇杆放出光线击退敌人的弹幕游戏。在 *Longbow* 中,用户需要控制士兵来保护自己的领地,战斗模式需要玩家们模拟射箭的过程,如图 8.53 所示。

图 8.53 *The Lab* 中的游戏实景

习题

一、填空题

1. Vive 是由_____和_____合作共同开发的虚拟现实系统,结合了最先进的影音与动作捕捉技术。

2. HTC Vive 为了保证良好的用户体验,附带了大量的硬件设备,包括 Vive 头戴式设备、串流盒、_____和_____。

二、选择题

1. 下列不属于 HTC Vive 配件的是(　　)。

    A. Vive 追踪器　　　　　　　　　　　B. Vive 畅听智能头带

    C. Vive 操控手柄　　　　　　　　　　D. TPCAST Vive 无线升级套件

2. Tilt Brush 是(　　)出品的一款虚拟现实绘画软件。

    A. HTC　　　　　　　B. Vive　　　　　　　C. Google　　　　　D. Microsoft

三、简答题

简单介绍 HTC Vive。

第9章

HoloLens

本章学习目标

- 了解 HoloLens 硬件、配件及 HoloLens shell。
- 了解 Hologram 全息图与 MRC。
- 掌握 HoloLens 开发环境的配置。
- 掌握使用 Unity 开发 HoloLens 全息应用的基本操作。
- 了解 HoloLens 的经典应用。

本章首先介绍 HoloLens 基础,包括 HoloLens 简介、Hologram 全息图、HoloLens 硬件、HoloLens shell、混合现实拍摄及 HoloLens 配件。其次介绍 HoloLens 开发环境的配置,包括使用 Windows Device Portal、安装 HoloLens 开发工具及 HoloLens 模拟器的使用。然后重点通过案例介绍使用 unity 开发 HoloLens 全息应用的基本操作,包括 HoloLens 的凝视功能、手势功能、语音输入功能、世界锚与场景保持功能、空间音功能和空间映射功能,为读者以后从事更复杂的 HoloLens 混合现实开发奠定一定的基础。最后介绍 HoloLens 的经典应用。

9.1 HoloLens 基础

9.1.1 HoloLens 简介

HoloLens 是由微软公司在 2015 年 1 月 21 日与 Windows 10 同时公布的智能眼镜产品,如图 9.1 所示。它采用 Windows 10 系统,拥有先进的传感器、高清晰度 3D 光学透镜显示器及环绕音效,允许用户在增强现实场景中通过凝视(Gaze Input)、语音输入(Voice Input)以及手势(Gesture)与虚拟世界进行互相交流。

9.1.2 Hologram 全息图

图 9.1 HoloLens

HoloLens 中创建的 Hologram(全息图)是一种包含光线和声音的物体,这种物体可以出现在用户周围的真实环境中。Hologram 跟真实物体一样能够对用户的手势、语音等动作做出响应,并且能够与真实世界的表面产生互动。

Hologram 在渲染过程中,向真实世界中增加了光线,即用户通过 HoloLens 的全息透镜,不但可以观察到由 HoloLens 渲染的 Hologram,也可以看到真实的世界。如图 9.2 所示,站在地板上的宠物狗就是一个 Hologram,而图中其他信息都是真实的场景。

图 9.2　Hologram 场景

HoloLens 不能够将光线从用户的眼睛移除,这就意味着,Hologram 没有办法渲染出黑色的物体,黑色的内容在 HoloLens 中的效果是透明的,这也是该章中将 Camera 背景颜色设置为黑色的原因所在。每一个 Hologram 都可以为其添加音效,而这种音效是从 Hologram 在所处空间的真实位置上发出的,HoloLens 的这种空间环绕音效是通过两个耳朵上方的扬声器实现的。

Hologram 在真实世界中有两种处理方式。

第一种处理方式是放置。用户可以非常精确地将一个 Hologram 放置在某个位置,不论从哪个角度去观察它,它都会非常稳定地显示在真实场景中,不会发生抖动或丢失的现象。而且,一旦用户为 Hologram 添加了空间锚(Spatial Anchor),就可以将 Hologram 钉在固定的位置,这个时候用户离开房间一段时间之后再回来,会发现 Hologram 已经被系统记忆了刚才的位置和操作,Hologram 依然保持在原来的位置上,如图 9.3 所示。

图 9.3　放置式 Hologram 场景

第二种处理方式是跟随。用户可以设置某个 Hologram 的相对位置。例如一直保持在用户面前一定距离,或者跟随在用户身后,如图 9.4 所示的 Skype。用户跟亲友视频通话的过程中,视频窗口会一直保持在用户视线前方。

图 9.4　跟随式 Hologram 场景

　　Hologram 不仅仅是一个将光线和声音融合的数字物体,更为激动人心的是它可以和真实的世界进行互动。HoloLens 知道每一个 Hologram 在真实场景的位置,用户可以通过凝视、手势或语音的方式发出指令。而每一种指令所产生的回应,需要在程序中去实现。

　　除了可以和用户互动外,Hologram 还可以跟它所在的真实场景产生互动。HoloLens 会在程序进入时扫描真实环境的表面,并产生网格信息(也就是 3D 软件中的 Mesh)。用户可以将一个 3D 的虚拟篮球(Hologram 表现为 3D 篮球)放置在空中,让其自由落体,当篮球与真实场景地面的网格发生碰撞时会弹回空中。在程序开发者看来,是虚拟的篮球与真实的地面发生了碰撞,而对于非程序开发者或用户,这无疑是一种神奇的体验。

　　Hologram 还可以将一个虚拟物体放置在真实的物体后面,会产生真实物体遮挡虚拟物体的效果,这种遮挡效果是很难在其他智能眼镜中看到的。HoloLens 的开发者,可以尽情发挥想象力,创造出更多精彩的 Hologram。

9.1.3　HoloLens 硬件

　　微软的 HoloLens 是世界上第一台功能完整的全息计算机,包含以下 10 个模块,如表 9.1 所示。

表 9.1　HoloLens 设备的主要模块

模块	器件、参数	模块	器件、参数
光学部件	透视全息透镜(波导);2 个 HD 16:9 光引擎;自动瞳距校准;全息分辨率:最高 230 万光学点;全息密度:大于 2.5k 弧度(每弧度光点)	电源	电池使用时间(视具体使用情况可能有所差异):最长 2～3h 的有效使用时间;最长 2 周待机时间;充电时功能齐全;被动式散热系统(无风扇)
传感器	1 个 IMU;4 个环境感知摄像头;1 个深度摄像头;1 个 2MP 照片/HD 视频摄像头;混合现实捕获;4 个麦克风;1 个环境光传感器	内存	64GB 闪存 2GB RAM(2GB CPU 和 1GB HPU)
人体感知	立体声效;视线跟踪;手势输入;语音支持	重量	579g

续表

模块	器件、参数	模块	器件、参数
输入/ 输出/ 连接	内置扬声器；3.5mm 音频插孔；音量调高/调低按钮；亮度调高/调低按钮；电源按钮；电池状态指示灯；WiFi 802.11ac；Micro USB 2.0；电缆	操作系统和应用	Windows 10 Windows 应用商店
处理器	Intel 32 位体系结构；定制的 Microsoft 全息处理单元(HPU 1.0) 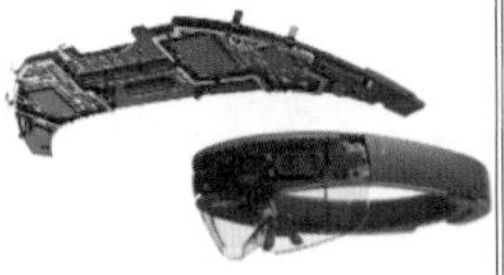 	开发所需的准备	可运行 Visual Studio 2015 和 Unity 5.4 的 Windows 10 PC

另外,用户在购买 HoloLens 开发版后,HoloLens 包装盒中会有一个电击器,用于改善用户操作,如图 9.5 所示。

9.1.4 HoloLens shell

1. 开始菜单

HoloLens shell 是由用户周围的世界和系统级的

图 9.5 HoloLens 电击器

Hologram 组成的空间,称为混合的世界(Mixed World)。
HoloLens shell 包含一个用来让用户启动各个全息应用的开始菜单,类似 Windows 桌面,如图 9.6 所示。

图 9.6 HoloLens shell 界面

HoloLens shell 中各部分的功能如下。
(1) System Information:系统信息,包括 WiFi 状态、电池状态、当前时间和音量。
(2) Cortana:唤起 Windows 10 内置机器人助理按钮。
(3) Pinned Application Launchers:应用程序启动界面。
(4) All Apps:打开所有 App 的列表。
(5) Mixed Reality Capture:混合现实拍摄。

2. 运行应用

全息应用程序可以放置在真实世界中。开始菜单是所有应用的总目录,放置的资产(asset)可以是 2D 的面板,也可以是 3D 的模型。放置完成后的资产会停留在环境中,用来后续开启应用,可以将这种资产称之为应用启动器(App Launcher)。用户可以在真实世界中拥有多个启动器的复制,同一个应用也可以同时在不同的房间启动,如图9.7所示。

图9.7　应用启动器

在 Windows 系统的 PC、手机或 Xbox 应用,可以通过 HolographicSpace API 将其转换为可在 HoloLens 中运行的全息应用。当一个全息应用在全息视图(Holographic View)中运行时,其他应用程序会隐藏起来,直到用户通过 Bloom 手势返回到主界面。HoloLens 中的应用程序也可以通过 App-to-App API 启动,也就是在一个应用程序中启动另外一个应用程序,或者通过 Cortana 语音助手唤起其他应用程序。

3. 放置(Placement)

当用户在开始菜单中单击应用图标后,界面将会从开始菜单切换到放置模式。放置分为两个阶段:初始位置和调整。

应用的初始位置是自动适配的。系统会根据用户看向的真实世界方向在尺寸和位置上进行对齐。应用被放置完成后即开始运行。这个过程会用到 HoloLens 中最重要的两种手势:Air-tap 和 Bloom。Air-tap 类似于鼠标单击,一般用于确认功能,如图9.8所示;Bloom则一般用于取消功能或回到主界面,如图9.9所示。

图9.8　Air-tap 手势

图9.9　Bloom 手势

每一个应用都会有一个应用程序栏(App Bar),单击应用程序栏的 Adjust 按钮,将会看到如图9.10所示的效果。

在这种模式下可以用手势拖动改变视图的大小或者移动其位置。3D 的 Hologram 还

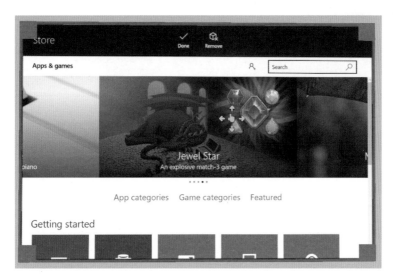

图 9.10　调整模式

可以被旋转。调整合适之后可以单击 Done 按钮或者发送 Done 语音指令。

4. 应用程序栏（App Bar）

应用程序栏出现在 App 的 2D 视图上方，默认情况下可以根据用户需求进行调整或移除。不同的 App Bar 包含的属性不同，主要包含滚动（Scroll Toll）、拖动（Drag Toll）、缩放（Zoom Toll）等，如图 9.11 所示。

图 9.11　应用程序属性栏

5. Cortana

Cortana 就是 Windows 系统中的个人语音助手，可以帮用户完成 HoloLens 中的诸多任务，比如启动应用、重启设备、检索信息等。合理利用 Cortana 可以让用户的操作更加轻松便捷。

9.1.5　混合现实拍摄

HoloLens 能够提供给用户一种混合现实体验，混合现实拍摄（Mixed Reality Capture，MRC）能够让用户将体验场景以图片（.jpg）或视频（.mp4）的形式保存下来。拍摄下来的视频或图片不仅可以在朋友圈分享，还可以指导其他用户进行某个 App 的操作。

获取 MRC 的方法如下。

（1）发送语音指令。可以给 Cortana 发送语音指令：Hey Cortana，take a picture，告诉

Cortana 截取一张图片。给 Cortana 发送语音指令：Hey Cortana, start recording, 告诉 Cortana 开始录制视频。Hey Cortana, stop recording 则是停止录制的指令。也可以在某个 App 正在运行时, 同时按下音量＋和音量－两个实体按键, 截取一张当前视图的图片。

(2) 在开始菜单单击 Photo 或 Video 按钮。

(3) 在 Windows Device Portal 页面中获取 MRC。

9.1.6 HoloLens 配件使用

HoloLens 配件主要有 HoloLens Clicker(单击器)和蓝牙键盘。这两个配件都可以通过蓝牙配对连接到 HoloLens 从而进行一些输入。

1. HoloLens 单击器

HoloLens 单击器(HoloLens Clicker)是第一款专门为 HoloLens 定制的配件。HoloLens Clicker 允许用户以手部移动和单击来实现单击和滑动操作, 如图 9.12 所示。可以用来替换 Air-tap(单击手势), 但并不是所有的手势都可以通过 Clicker 完成。

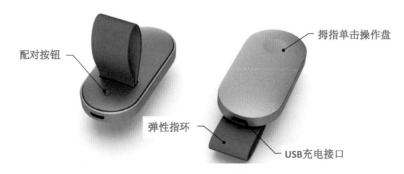

图 9.12 HoloLens 单击器

配件的配对方式很简单, 进入 HoloLens 设置中, 打开蓝牙开关, 按住单击器的配对按钮即可实现配对。

2. 蓝牙键盘

在 HoloLens 应用中, 需要使用键盘的地方都可以通过蓝牙键盘进行输入。这里推荐 Microsoft Universal Foldable Keyboard 和 Microsoft Designer Bluetooth Desktop 这两种蓝牙键盘。

9.2 HoloLens 开发环境配置

9.2.1 使用 Windows Device Portal

Windows Device Portal 其实是 HoloLens 上的一个 Web Server。用户可以通过 WiFi 或 USB 连接访问 Windows Device Portal, 通过 Windows Device Portal 去配置或管理 HoloLens 设备。

1. 安装 Windows Device Portal

在 HoloLens 设置(Settings)中, 进入 Update & Security→For developers 选项, 如图 9.13(a)所示, 并打开 Enable Device Portal, 进入 Developer mode(开发者模式), 如图 9.13(b)所示。

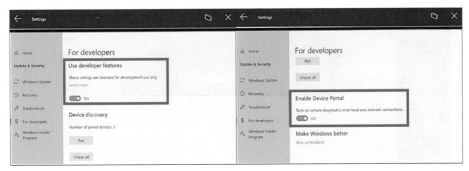

(a) For developers设置界面　　　　(b) Windows Device Portal设置界面

图 9.13　Windows Device Portal 设置界面

2. 通过 WiFi 连接访问 Windows Device Portal

WiFi 连接步骤如下。

(1) 将 HoloLens 连接到 WiFi 中。

(2) 在 HoloLens 上查看设备 IP 地址，查看方式为 Settings→Network & Internet→WiFi→Advanced Options。

(3) 打开浏览器并输入 https://＜HoloLensIP 地址＞，例如：https://192.168.1.2，如果浏览器提示不安全，则继续访问或者添加例外。

(4) 如果进入 Set up access 界面，如图 9.14 所示，则根据提示创建用户名、密码以及 HoloLens 设备上显示的 PIN 码，单击 Pair 按钮进行配对。

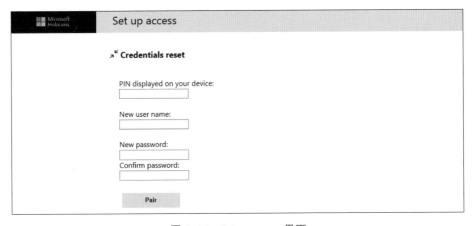

图 9.14　Set up access 界面

(5) 进入 Windows Device Portal 窗口，如图 9.15 所示。

3. 通过 USB 连接访问 Windows Device Portal

USB 连接步骤如下。

(1) 确保安装了 Visual Studio Update 1 with the Windows 10 developer tools 工具。

(2) 用 USB 数据线连接 PC 和 HoloLens 设备。

(3) 打开 PC 浏览器，输入 http://127.0.0.1:10080。

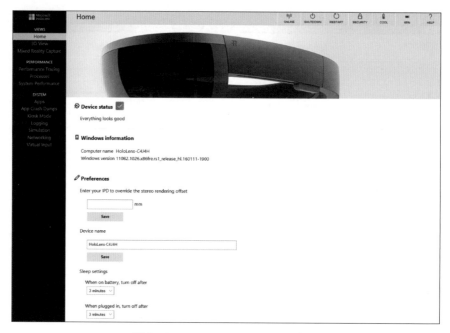

图 9.15　Windows Device Portal 窗口

9.2.2　安装 HoloLens 开发工具

开发 HoloLens 应用程序需要安装以下软件和工具(在 Windows 10 操作系统下):
Visual Studio 2017 或 Visual Studio 2015 Update 3、HoloLens 模拟器和 Unity 5.5。这些
软件的下载地址可以从以下链接中获取:

https://developer.microsoft.com/en-us/windows/mixed-reality/install_the_tools

9.2.3　HoloLens 模拟器的使用

就目前 AR 技术相关行业的发展来看,HoloLens 这种具有革命意义的 AR 硬件产品,
其昂贵的价格让大多数开发者望而却步。如果一个团队想开发基于 HoloLens 的产品,对
于团队来说,人手一台 HoloLens 测试机无疑是不现实的,因此,HoloLens 官方提供了一款
模拟器,可以让开发者脱离 HoloLens 真机在 PC 上进行测试全息应用。一些 HoloLens 中
利用传感器的输入方式,在模拟器中用鼠标、键盘或者 Xbox 控制器进行模拟。当用户需要
在真机上测试时,也不需要修改程序,这无疑是 HoloLens 开发者的福音。

模拟器的下载地址可以从以下链接中获取:

https://developer.microsoft.com/en-us/windows/mixed-reality/install_the_tools

HoloLens模拟器的安装对系统有一定的要求,在开始安装之前,用户首先要确认计算
机和操作系统是否符合以下条件。

(1) 64 位 Windows 10 操作系统,企业版或教育版。

(2) 64 位 CPU。

(3) CPU 四核。

（4）8GB 内存。

（5）BIOS 支持 SLAT、DEP 以及硬件辅助虚拟化特征。

（6）GPU 支持 DirectX 11.0 和 WDDM 1.2 驱动及后续版本。

在硬件和系统满足以上条件的情况下，请打开控制面板→程序→程序和功能→启用或关闭 Windows 功能，然后在弹出面板中开启 Hyper-V 选项，如图 9.16 所示。

图 9.16　开启 Hyper-V 选项

设置完成并下载安装后，打开一个已经导出到 Visual Studio 的工程，如图 9.17 所示进行模拟器参数的设置。

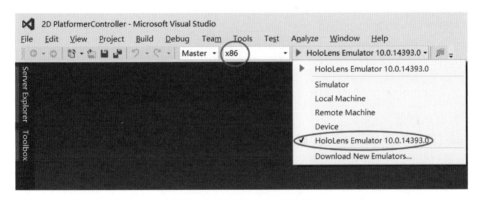

图 9.17　开启 Hyper-V 选项

单击模拟器界面三角符号的运行按钮，即打开模拟器运行程序，如图 9.18 所示。

模拟器可以模拟 HoloLens 的使用，操作方式类似于 3D 游戏，基本的使用方法如下。

（1）模拟移动：使用键盘按键 W、A、S、D 模拟用户在场景中移动。

（2）上下左右查看：单击并拖动鼠标，键盘上下左右按键。

（3）Air-tap 手势：鼠标右击或按 Enter 键。

图 9.18　HoloLens 模拟器运行界面

（4）Bloom 手势：键盘 Windows 按键或 F2 键。

（5）用手拖动：按下 Alt 键并按住鼠标右键拖动鼠标。

当然，有 HoloLens 设备，直接使用设备调试是最好的方式。

9.3　使用 Unity 开发 HoloLens 全息应用

在开始开发之前，确保已经按照 9.2 节中的内容完成了基础环境的搭建和测试。开发 HoloLens 全息应用最为便捷高效的方式是使用 Unity 引擎进行开发。Unity 也是 Microsoft 官方推荐的 HoloLens 开发工具。因此，熟练使用 Unity 的开发是学习 HoloLens 开发的前提。

Unity 5.4 版本推出了 Unity HoloLens Technical Preview 版本，用来支持 HoloLens 的导出。当然，在 Unity 5.5 推出之后，HoloLens 开发所需模块已经内置到 Unity 5.5 版本中，因此，用户只需要安装 Unity 5.5 即可开发 HoloLens 应用。

9.3.1　配置适用于 HoloLens 开发的 Unity 工程

配置适用于 HoloLens 开发的 Unity 环境需要一系列操作，总体可分为两部分。

1. 场景的设置

当用户戴上 HoloLens 设备后，用户的头部就成为全息世界的中心。在全息应用中，Unity 场景（Per-Scene）里面的 Camera 会跟随用户头部的移动或转动进行相应的改变。因此，在开发前必须对 Camera 进行一系列的设置操作，才能达到开发的预期效果。

1）混合现实渲染设置（Mixed Reality Rendering）

Unity 场景中的 Camera，默认是有一个天空盒作为背景，并不会有真实环境的显示。但是 HoloLens 是混合现实设备，用户通过 HoloLens 光学镜片看到的除了真实世界之外，还应有虚拟世界，即用户在 Unity 场景中制作的 3D 模型、动画、特效等。这样用户就需要有一种方式，让不显示虚拟物体的地方，都能够显示背后的真实环境。HoloLens 官方提供的做法是将 Camera 的背景颜色设置为黑色。HoloLens 渲染时，如果是黑色则处理成透明，而不是天空盒背景。因此，设置 Main Camera 的 Background 颜色值 RGBA 为（0，0，0，0）。

2) 设置 Camera 位置

由于 Camera 的位置会跟随用户头部的移动和旋转做出相应的动作,因此,可以认为 Camera 的位置与用户眼睛的位置是一致的。当用户打开一个应用时,用户的眼睛的位置就是全息世界的起点,因此要将 Camera 的位置设置为(0,0,0),同时设置 Main Camera 的 Clear Flags 为 Solid Color 模式。

3) 裁剪面(Clip Planes)

根据 HoloLens 官方建议,需要将 Camera 的近裁剪面(Near)设置为 0.3～0.85。这里将 Clipping Planes-Near 的值设置为 0.85(米)。

这里要注意的是,如果用户将场景中自带的 Main Camera 删除了,那么新建的 Camera 物体一定要标记为 MainCamera,标记位置如图 9.19 所示。

图 9.19 标记 MainCamera

2. 工程(per-project)的设置

首先,根据不同应用的功能需求,用户要在 Unity 中将对应的特性在 manifest 文件中声明。在 Unity 中可以依次在 Player Settings→Windows Store→Publishing Settings→Capabilities 属性下进行选择设置,如图 9.20 所示。

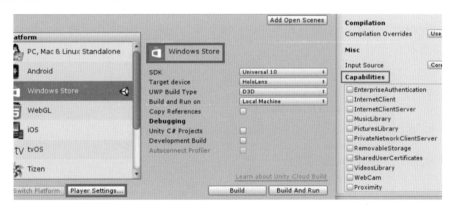

图 9.20 工程属性设置

表 9.2 列举了常用功能选项和功能需求的对应关系,实现第二列中的功能需要开启第一列对应的功能选项。

表 9.2 常用功能选项和功能需求对应表

功能选项(Capability)	需求(API's requiring capability)
WebCam	截屏和录屏功能
SpatialPerception	SurfaceObserver 和空间锚
Microphone	录屏、听写识别、键盘识别等
PicturesLibrary / VideosLibrary / MusicLibrary	截屏和录屏
InternetClient	听写识别

其次,需要指定 Unity 导出为 Universal Windows Platform 平台。将 Windows Store 选项中 SDK 设置为 Universal 10,Build Type 设置为 D3D。为了保证在 HoloLens 中渲染的高效率,用户必须对 Unity 渲染的质量进行限制,在 Quality Settings 选项中,将质量设置为 Fastest,如图 9.21 所示。

图 9.21　设置 Unity 渲染质量

最后,需要让 Unity 知道用户导出的应用是一个全息视图而不是 2D 视图,因此要将 HoloLens 设置为 Virtual Reality Device(虚拟现实设备)。设置方式为 Player Settings→Windows Store→Other Settings,在 Rendering 栏中,勾选 Virtual Reality Supported 选项,如图 9.22 所示。

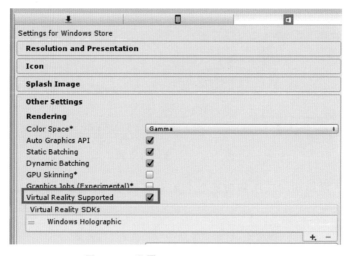

图 9.22　设置 Virtual Reality Device

视频讲解

9.3.2　开发第一个基于 HoloLens 的全息应用

新建一个工程,并依照9.3.1节的步骤将工程设置好后,在场景中创建一个立方体,并将立方体的位置设置为(0,0,2),也就是在摄像机前方 2m 的位置，如图 9.23 所示。

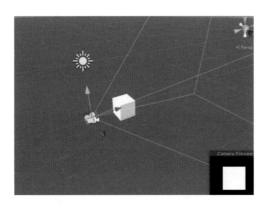

图 9.23　设置立方体的初始位置

新建一个名为 cube.cs 的脚本，将该脚本添加到立方体上，然后在脚本中添加如下代码：

```
using System.Collections;
using System.Collections.Generic;
using UnityEngine;
public class cube : MonoBehaviour
{
    void Start()
    {
    }
    void Update()
    {
        //让立方体绕 Y 轴旋转
        transform.Rotate(new Vector3(0, 1, 0));
    }
}
```

保存场景，并在 Build Settings 中按照图 9.24 所示进行设置。

图 9.24　参数设置

单击 Build 按钮,将会生成一个 VS 工程,如图 9.25 所示。

图 9.25　生成 VS 工程

双击图 9.25 中的.sln 文件,就会在 VS 中打开工程,然后使用 USB 连接 HoloLens 设备,并在 HoloLens 中打开开发者模式,依照图 9.26 所示进行设置。

图 9.26　设置.sln 文件对应的设备参数

部署完成后,单击运行,进入 HoloLens 找到刚才创建的应用程序,打开可以看到创建的旋转立方体,如图 9.27 所示。这样,就完成了第一个全息应用的开发。

图 9.27　通过 HoloLens 看到创建的立方体

9.3.3　凝视功能实现

凝视(Gaze)是 HoloLens 中的主要交互方式,但是 Unity 中并无自带的 API 为用户所用,因此,用户只能自己实现 Gaze 功能。HoloLens 中 Gaze 的功能与 VR 中的 Gaze 并无多大区别,其主要实现原理就是以用户头部为起点,朝用户眼睛的方向发射一条射线,然后判断射线是否和场景中的物体发生了物理碰撞,如果发生物理碰撞,则被认为用户用目光选中了该物体。

视频讲解

这里说到的用户头部位置和方向,也就是 MainCamera 的位置和方向,可以通过下面两个变量获取:

```
UnityEngine.Camera.main.transform.forward    //获取主摄像机方向
UnityEngine.Camera.main.transform.position   //获取主摄像机位置
```

而判断碰撞可以调用 Unity 中的 Physics.RayCast 函数,根据函数返回结果判断是否选中物体。

接下来,通过一个简单案例来实现 Gaze 的功能。

新建一个工程,进行环境配置后,在场景中添加两个 3D 物体:一架飞机模型和一辆卡车模型,如图 9.28 所示。

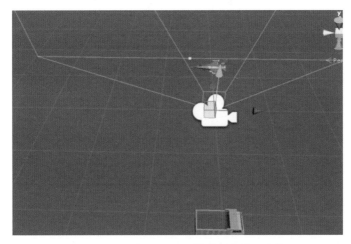

图 9.28　通过 HoloLens 看到创建的立方体

分别将飞机模型和卡车模型放在摄像机的前方和后方,飞机和卡车距离摄像机的位置都为 2m。当用户转动头部看到飞机的时候飞机开始旋转,转身看到身后的卡车的时候,卡车开始旋转。接下来演示如何通过 Gaze 实现这个功能。

给两个需要通过 Gaze 的方式实现选择的物体添加碰撞器组件,如图 9.29 所示。

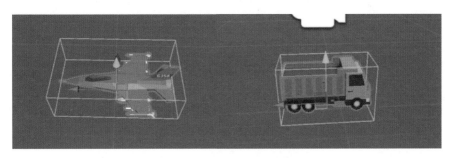

图 9.29　为两个物体模型添加碰撞体组件

新建 gaze.cs 脚本并添加到 Camera 所属游戏对象上,在脚本中添加如下代码:

```
//凝视触发操作
public class gaze : MonoBehaviour
{
void Start()
    {
}
void Update()
    {
```

```
                    //通过 Physics.Raycast 方法检测是否与某物体有碰撞
                    RaycastHit hitInfo;
                    if (Physics.Raycast(Camera.main.transform.position,
    Camera.main.transform.forward,
                        out hitInfo, 20f, Physics.DefaultRaycastLayers))
                    {
                        Transform tran = hitInfo.transform;
                        //控制物体旋转
                        tran.Rotate(new Vector3(0, 1, 0));
                    }
                }
            }
```

导出并测试。

9.3.4　手势功能实现

视频讲解

　　手势(Gesture)是 HoloLens 中另一种交互方式。Unity 引擎本身为用户提供了低级手势识别和高级手势识别(可以识别复杂手势)。高级手势识别包括 Tap(单击)、Double Tap(双击)、Hold(按住)、Manipulation、Navigation (导航手势)。

　　HoloLens 低级手势主要有两种：一种用来选择(Air-Tap)；另一种用来回到主菜单(Bloom)。高级手势 Hold 有几秒钟的持续时间,类似于鼠标的按住事件,Manipulation 手势可以用来移动、缩放或旋转某个全息物体,Navigation 手势类似于游戏中的虚拟操纵杆,通过单击手势开始,然后在以单击处为中心的标准立方体范围内移动手部,获得−1 到 1 的坐标变化,从而控制场景中的 UI 或游戏物体等。

　　接下来讲解一下如何在 Unity 中实现手势识别的功能。在 Unity 中实现手势识别主要有以下 5 个步骤。

　　(1) 创建 Gesture Recognizer。

```
GestureRecognizer recognizer = new GestureRecognizer();
```

　　(2) 指定需要捕捉的手势类型。

```
recognizer.SetRecognizableGestures(GestureSettings.Tap);
```

　　(3) 捕捉到手势后的处理。

```
recognizer.TappedEvent + = TapEventHandler;
```

　　(4) 开始捕捉手势。

```
recognizer.StartCapturingGestures();
```

　　(5) 结束手势捕捉。

```
recognizer.StopCapturingGestures();
```

　　通过上述步骤就能够实现手势捕捉的功能。接下来通过一个简单的案例来讲解整个实现过程。

在9.3.3节给场景中的两个物体添加了Collider碰撞器。接下来创建一个gesture.cs脚本,并作为组件添加在Camera物体上,脚本中的代码如下:

```csharp
using System.Collections;
using System.Collections.Generic;
using UnityEngine;
//需引用以下命名空间
using UnityEngine.VR.WSA.Input;
public class gesture : MonoBehaviour
{
    //定义一个手势识别器
    GestureRecognizer recognizer;
    void Start()
    {
        //初始化识别器
        recognizer = new GestureRecognizer();
        //设置识别类型,这里为识别单击和双击
        recognizer.SetRecognizableGestures(GestureSettings.Tap | GestureSettings.DoubleTap);
        //注册手势识别事件
        recognizer.TappedEvent += TapEventHandler;
        //开启手势捕捉功能
        recognizer.StartCapturingGestures();
    }
    //手势识别事件
    //InteractionSourceKind为事件的来源,是一个枚举值,有以下四个取值
    //Other: 其他
    //Hand: 手
    //Voice:语音
    //Controller: 控制器
    //tapCount:单击次数,如果tapCount = 1 则表示单击,tapCount = 2 表示双击
    //headRay:当前从用户头部前方发射的射线,可以用来检测选取物体
    void TapEventHandler(InteractionSourceKind source, int tapCount, Ray headRay)
    {
        //进入该函数表示已经捕捉到手势
        if (source == InteractionSourceKind.Hand)
        {
            //通过Physics.Raycast方法检测头部射线是否与场景物体有碰撞
            //简单来说,就是用户是不是盯着某个3D物体,如果盯着则放大,否则不放大
            RaycastHit hitInfo;
            if (Physics.Raycast(headRay, out hitInfo, Mathf.Infinity))
            {
                Transform tran = hitInfo.transform;
                //单击后放大物体比例
                tran.localScale += new Vector3(0.01f, 0.01f, 0.01f);
            }
        }
    }
    void OnDestroy()
    {
        //停止捕捉手势
        recognizer.StopCapturingGestures();
        //取消手势事件
        recognizer.TappedEvent -= TapEventHandler;
    }
}
```

导出到 HoloLens 运行之后的效果如图 9.30 所示。

(a) 进入应用时的飞机模型大小　　　　　　　　(b) 手势单击后飞机变大

图 9.30　运行结果

9.3.5　语音输入功能实现

视频讲解

语音输入(Voice Input)是 HoloLens 中继 Gaze、Gesture 之后的第三种交互方式,在 Unity 中可以通过 3 种方式实现语音输入。

(1) KeywordRecognizer(关键字识别),提供一个 string 类型的关键字数组,用户在读出数组对应单词后将会识别。

(2) GrammarRecognizer(语法识别),通过指定一个 SRGS 语法规范文件定义识别。

上面两种识别方式统称为 PhraseRecognizers(短语识别)。

(3) DictationRecognizer(听写识别),用户可以说出任何单词,识别后可以用来显示用户说话的内容。

语音输入目前并不支持中文,所以基本上都是针对英语进行开发的。另外需要注意的一点是,DictationRecognizer 和 PhraseRecognizers 在同一时刻只能使用一种,不能同时开启两种识别功能。识别关键字的基本步骤如下。

(1) 引用必要的命名空间。

```
UnityEngine.Windows.Speech
```

(2) 定义关键字识别器。

```
KeywordRecognizer recognizer;
```

(3) 定义识别关键字。

```
Dictionary< string, Action> keywords = new Dictionary< string, Action>();
```

(4) 注册识别事件。

```
recognizer.OnPhraseRecognized += OnPhraseRecognized;
```

(5) 开启识别功能。

```
recognizer.Start();
```

接下来通过案例演示实现关键字识别功能。依然采用前面章节的场景,该场景中的飞机模型下有子物体导弹,默认导弹和飞机是在一起的。在运行中,如果用户说出 Fire,程序会识别 Fire 关键词,并让导弹发射出去。飞机与导弹模型如图 9.31 所示。

图 9.31 飞机与导弹模型

创建一个 fighter_jet.cs 脚本添加到飞机模型上,并添加如下代码:

```
using System.Collections;
using System.Collections.Generic;
using UnityEngine;
public class fighter_jet : MonoBehaviour
{
    //所有的导弹子物体
    public Rigidbody[] missles;
    //记录发射导弹的 ID
    int fireIndex = 0;

    //通过给导弹子物体一个向前的速度,实现发射导弹功能
    public void Fire()
    {
        if(fireIndex < missles.Length)
        {
            missles[fireIndex].velocity = missles[fireIndex].transform.forward;
            fireIndex++;
        }
    }
}
```

将该脚本添加到飞机模型上后,将导弹子物体赋值到对应数组上,如图 9.32 所示。

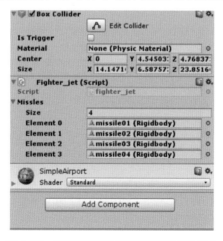

图 9.32 将导弹子物体赋值到对应数组上

飞机的发射功能处理完之后,再创建一个 voice. cs 脚本并添加到 Camera 物体上,voice. cs 脚本中的代码如下:

```
using System.Collections;
using System.Collections.Generic;
using UnityEngine;
//引用命名空间
using UnityEngine.Windows.Speech;
using System.Linq;
using System;
public class voice : MonoBehaviour
{
    //存储待识别单词与事件
    Dictionary< string, Action> keywords = new Dictionary< string, Action>();
    //关键字识别器
    KeywordRecognizer recognizer;
    void Awake()
    {
        //添加关键字并处理发射功能
        keywords.Add("Fire", () =>
        {
            //识别后发射导弹
            fighter_jet jet = FindObjectOfType< fighter_jet>();
            jet.Fire();
        });
        //创建识别器
        recognizer = new KeywordRecognizer(keywords.Keys.ToArray());
        //开启识别
        recognizer.Start();
    }
    //事件监听
    private void OnEnable()
    {
        recognizer.OnPhraseRecognized += OnPhraseRecognized;
    }
    //取消监听
    private void OnDisable()
    {
        recognizer.OnPhraseRecognized -= OnPhraseRecognized;
    }
    void OnPhraseRecognized(PhraseRecognizedEventArgs args)
    {
        Action keywordAction;
        if (keywords.TryGetValue(args.text, out keywordAction))
        {
            //调用关键字识别事件
            keywordAction.Invoke();
        }
    }
}
```

代码完成之后,需要在 Unity Player Settings→Publishing Settings→Capabilities 中打开 Microphone 选项,如图 9.33 所示。

图 9.33　打开 Microphone 选项

导出运行之后，发出 Fire 指令，可以看到导弹从飞机机身发射向前飞走，如图 9.34 所示。

(a) 发射导弹前　　　　　　　　　　　　(b) 发射导弹后

图 9.34　发射导弹

9.3.6　世界锚与场景保持功能实现

在学习本节内容之前，首先需要明确两个概念：Real World 和 Unity World。当用户打开 HoloLens 的某个全息应用时，将会产生两个世界：一个是我们看到的真实世界，即 Real World；另一个就是由全息应用创建的虚拟世界，由于是采用 unity 进行开发的，故也称为 Unity World。HoloLens 给用户带来的是混合现实（Mixed Reality）体验，也就是将 Real World 和 Unity World 进行了混合。

HoloLens 中的混合现实体验不仅是让用户能同时看到真实与虚拟世界，其核心在于用户能够通过程序控制，让虚拟物体与真实世界产生有机结合，这是 HoloLens 强大的地方，也是最值得用户去探究的奥秘。

世界锚（World Anchor）就是这种真实与虚拟有机结合的桥梁，World Anchor 能够让我们将一个 Unity 中的 GameObject 定位到真实世界中的某个位置并保持它的旋转状态。场景保持（Persistence）与世界锚相互结合，能够将物体定位在真实世界中并保存下来。例如，当打开一个全息应用时，将场景中某个物体移动到特定位置，然后添加世界锚并保存下来，关闭应用，当下次再进入时，物体会恢复到上次保存的位置。

1. World Anchor 实现的主要内容

（1）引用命名空间。

```
using UnityEngine.VR.WSA;
```

（2）添加 World Anchor。

```
WorldAnchor anchor = fighter_jet.AddComponent<WorldAnchor>();
```

（3）删除 World Anchor。

```
DestroyImmediate(fighter_jet.GetComponent<WorldAnchor>());
```

2. Persistence 实现的主要内容

（1）引用命名空间。

```
using UnityEngine.VR.WSA.Persistence;
```

（2）加载 World Anchor 仓库 WorldAnchorStore。

```
WorldAnchorStore.GetAsync(OnStoreLoad);
```

（3）保存 World Anchor。

```
store.Save("fighter_jet", anchor);
```

（4）加载 World Anchor。

```
this.store.Load("fighter_jet", fighter_jet);
```

为了让读者更好地理解 World Anchor 和 Persistence 的特性，依然采用一个案例来说明这两大功能。在打开应用后，场景中的飞机模型是处在 Unity World 中的固定位置，用户用双击事件，让飞机模型跟随用户的头部进行移动，也就是不论用户在哪里，飞机总会跟随用户。再次双击之后，飞机就会被 World Anchor 锁定在 Real World 当前位置并保存在 WorldAnchorStore 中，这时用户用 Bloom 手势退出程序，再次进入应用时，可以看到飞机的位置保持在上次关闭之前的位置。

首先，依然采用之前场景的飞机模型，在场景中配置 Camera，接下来将飞机模型放在 Camera 前方(0,0,2)的位置，如图 9.35 所示。

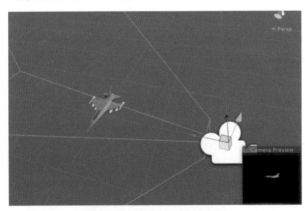

图 9.35　放置飞机模型位置

创建脚本 SetAnchor.cs 并添加如下代码：

```
using System.Collections;
using System.Collections.Generic;
using UnityEngine;
//引入以下 3 个命名空间
using UnityEngine.VR.WSA;
using UnityEngine.VR.WSA.Input;
using UnityEngine.VR.WSA.Persistence;

public class SetAnchor : MonoBehaviour
{
    //场景中的飞机
    public GameObject fighter_jet;
    //手势识别,用来触发事件
    GestureRecognizer recognizer;
    //表示飞机是否跟随 Camera 移动和旋转
    bool followCamera = false;
    //World Anchor 仓库,用来存储和加载 World Anchor
    WorldAnchorStore store;
    void Start()
    {
        //初始化手势捕捉相关功能
        recognizer = new GestureRecognizer();
        recognizer.SetRecognizableGestures(GestureSettings.Tap | GestureSettings.DoubleTap);
        recognizer.TappedEvent += TapEventHandler;
        recognizer.StartCapturingGestures();
        //开始时飞机不跟随摄像机
        followCamera = false;
        //异步加载 World Anchor 仓库
        WorldAnchorStore.GetAsync(OnStoreLoad);
    }
    //World Anchor 加载完成回调函数
    void OnStoreLoad(WorldAnchorStore store)
    {
        //将加载后的 WorldAnchorStore 保存在变量 this.store 中
        this.store = store;
        //遍历查找已经存储的 World Anchor
        string[] ids = this.store.GetAllIds();
        for(int i = 0; i < ids.Length; i++)
        {
            //如果找到飞机的 World Anchor 信息
            if (ids[i] == "fighter_jet")
            {
                //将保存的 World Anchor 加载并应用到飞机模型上
                this.store.Load("fighter_jet", fighter_jet);
                break;
            }
        }
    }
```

```
//双击手势事件触发
void TapEventHandler(InteractionSourceKind source, int tapCount, Ray headRay)
{
    //是否是双击事件
    if (source == InteractionSourceKind.Hand && tapCount == 2)
    {
        //飞机不跟随摄像机时,双击会让飞机跟随摄像机移动,以固定到用户想要的位置
        if (followCamera == false)
        {
            //删除已有 World Anchor
            WorldAnchor oldAnchor = fighter_jet.GetComponent<WorldAnchor>();
            if (oldAnchor != null)
            {
                DestroyImmediate(oldAnchor);
            }
            //设置飞机模型与摄像机相对位置并跟随相机
            fighter_jet.transform.localPosition = new Vector3(0, 0, 2);
            fighter_jet.transform.parent = Camera.main.transform;
            followCamera = true;
        }
        //在飞机模型跟随摄像机时,双击会将飞机锁定在 World Anchor 上并保存在
        //WorldAnchorStore 中
        else
        {
            //取消跟随
            fighter_jet.transform.parent = Camera.main.transform.parent;
            if(this.store != null)
            {
                //添加 World Anchor
                WorldAnchor anchor = fighter_jet.AddComponent<WorldAnchor>();
                //保存 World Anchor
                store.Save("fighter_jet", anchor);
            }
            followCamera = false;
        }
    }
}
void OnDestroy()
{
    //停止捕捉手势
    recognizer.StopCapturingGestures();
    //取消手势事件
    recognizer.TappedEvent -= TapEventHandler;
}
```

　　代码添加完成后,将脚本添加在 Camera 上,并将飞机的游戏物体赋值到脚本上,如图 9.36 所示。

　　保存并导出场景,在 HoloLens 中运行得到的效果如图 9.37 所示。

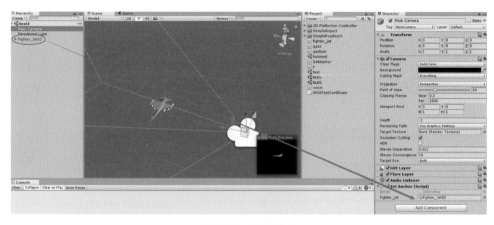

图 9.36 添加脚本

图 9.37 第一次打开时飞机的位置

将飞机固定到如图 9.38 所示的位置后,退出应用。

当再次打开应用,从另一角度查看飞机位置,发现位置被放置在上次退出之前的地方,如图 9.39 所示。

图 9.38 固定飞机到某个位置

图 9.39 重新打开应用查看飞机位置

9.3.7 空间音功能实现

空间音效,是 HoloLens 混合现实体验的又一重要特点。在 HoloLens 应用中,能看到的全息影像都是在用户凝视的方向,而用户左侧、右侧、身后的这些全息影像到底在哪里? 它们在做什么? 在用户视线离开它们的时候就

视频讲解

无从得知了。而空间音效能够完美地解决这个问题,当用户给一个物体添加了空间音效时,即使它身处用户身后,但是当它发出声音时,用户可以判断出物体此时的方位及距离用户的远近,如同真实世界一样。

那么,如何实现空间音(Spatial Sound)功能呢?本节就介绍 Spatial Sound 的实现。

首先,要在 Unity 中开启 Spatial Sound。开启的方法很简单,通过 Edit→Project Settings→Audio→Spatializer Plugin 开启 MS HRTF Spatializer,并将 System Sample Rate 设置为 48000 即可,如图 9.40 所示。

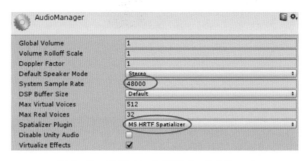

图 9.40　在 Unity 中开启 Spatial Sound

接下来,在 9.3.6 节的飞机模型上添加一个 Audio Source 组件,按照如下步骤设置 Audio Source 属性。选中 Spatialize 属性;设置 Spatial Blend 模式为 3D。展开 3D Sound Settings,并将 Volumn Rolloff 值设置为 Custom Rolloff;为 AudioSource 添加一个音效片段,如图 9.41 所示。

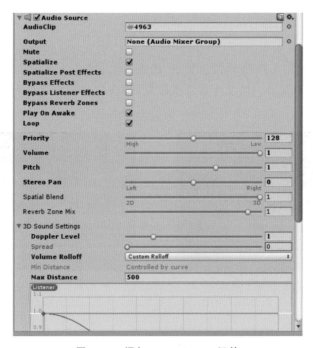

图 9.41　添加 Audio Source 组件

保存场景并在 HoloLens 上测试空间音效果。

视频讲解

9.3.8 空间映射功能实现

空间映射(Spatial Mapping)是 HoloLens 中最重要的特性。它能够让虚拟物体与真实物体产生交互,比如让虚拟世界的篮球在真实世界的桌面上进行弹跳。它能将周围的环境扫描后生成 Mesh,对于用户来说,它就像魔法一样,让用户体验到混合现实加全息应用的神奇之处。如图 9.42 所示是空间映射的效果。

图 9.42　空间映射效果

空间映射功能有以下 4 个常见的应用场景:Placement 放置,比如将全息画贴在墙面上。Occlusion 遮挡,让真实世界遮挡全息影像;Physics 物理,全息物体与真实世界发生物理碰撞;Navigation 导航,全息物体在真实场景中运动并绕开真实世界的障碍物,如图 9.43 所示。

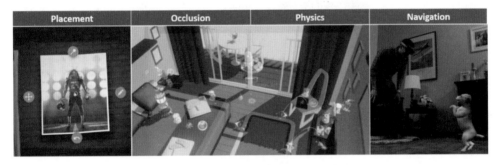

图 9.43　空间映射常见的应用场景

接下来了解空间映射的功能实现。实现空间映射有两种方式:第一种是通过 HoloToolKit Unity 插件工具(可以在 github 中获取,链接 https://github.com/Microsoft/HoloToolkit-Unity)进行傻瓜式的开发;第二种是通过低级别空间映射的 API 进行开发,这种方式可以让用户实现更复杂的应用程序。本节主要通过第一种方式为读者讲解。

HoloToolKit 项目是基于 Unity API 封装的一系列很有用的全息开发代码工具集合,能帮助开发者快速集成 HoloLens 特性。

(1) 下载并导入插件包。从前面的 github 链接中下载 HoloToolKit-Unity-v1.5.5.0.unitypackage 插件包,新建 Unity 工程,并导入插件包到新的工程中。

(2) 新建一个场景,然后将场景中自带的 MainCamera 删除,找到 HoloLensCamera.prefab 预制件并将其拖入场景中,接下来再找到 SpatialMapping.prefab 预制件并将其拖入场景中。

(3) 保存场景,并在 Build Settings→Player Settings→Publishing Settings→Capabilities 中打开 SpatialPerception 选项,如图 9.44 所示。

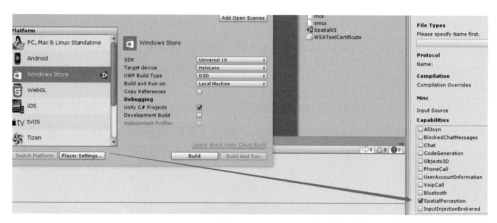

图 9.44　保存场景

将保存的场景导出到 HoloLens 运行后,观察周围环境,会发现程序在扫描周围环境的过程中会在环境表面生成网格,如图 9.45 所示。

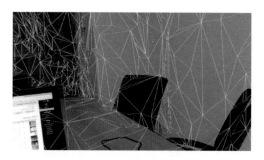

图 9.45　在环境表面生成网格状

结合前面手势捕捉的功能,当用户双击的时候,创建一个立方体,并设置刚体,让立方体受重力作用。

新建 CreateCube. cs 脚本添加到场景中,并添加以下代码:

```csharp
using System.Collections;
using System.Collections.Generic;
using UnityEngine;
using UnityEngine.VR.WSA.Input;
public class CreateCube : MonoBehaviour
{
    //定义一个手势识别器
    GestureRecognizer recognizer;
    void Start()
    {
        recognizer = new GestureRecognizer();
        //设置识别类型,这里为识别单击和双击
        recognizer.SetRecognizableGestures(GestureSettings.Tap | GestureSettings.DoubleTap);
        recognizer.TappedEvent += TapEventHandler;
        recognizer.StartCapturingGestures();
    }
```

```
//手势识别事件
void TapEventHandler(InteractionSourceKind source, int tapCount, Ray headRay)
{
    //双击生成 Cube
    if (source == InteractionSourceKind.Hand && tapCount == 2)
    {
        //创建立方体
        GameObject cube = GameObject.CreatePrimitive(PrimitiveType.Cube);
        //设置立方体位置
        cube.transform.position = new Vector3(0, 0, 2);
        //设置立方体大小
        cube.transform.localScale = new Vector3(0.3f, 0.3f, 0.3f);
        //为立方体添加刚体
        Rigidbody body = cube.AddComponent<Rigidbody>();

    }
}
void OnDestroy()
{
    //停止捕捉手势
    recognizer.StopCapturingGestures();
    //取消手势事件
    recognizer.TappedEvent -= TapEventHandler;
}
}
```

导出运行之后,双击创建立方体,可以从图 9.46 中看到,立方体在掉落的过程中与真实的椅子和桌面发生碰撞并停止掉落,这就是空间映射的功能。

图 9.46　空间映射功能

9.4 HoloLens 的经典应用

9.4.1 Skype

Skype 是一款即时通信软件,其具备 IM(Intelligent Manufacturing)所需的功能,比如视频聊天、多人语音会议、多人聊天、传送文件、文字聊天等。它不但具有高清语音视频通话功能,也可以拨打国内国际电话,且固定电话、手机均可直接拨打,还可以实现呼叫转移、短信发送等功能。现在更推出了 Skype for HoloLens,可以使用 Skype for HoloLens 联系好友、家人和同事。他们可以看到你所看到的内容,并可以将全息影像放置到你的世界里,如图 9.47 所示。

图 9.47　Skype for HoloLens

9.4.2　HoloStudio

　　用户可以使用手势在现实空间中构建 3D 空间,并且可以使用由现实世界中的工具建模而成的全息工具,创建全息影像。

1. 创建自己的全息影像

　　当用户在 3D 空间工作时,设计 3D 对象就变得很容易。这个快速简单的工作间拥有各种全息形状和工具,如图 9.48 所示。

图 9.48　创造全息影像

2. 让设计与现实比例完美契合

　　按现实世界中的比例来设计项目,甚至可以将全息设计放置在房间里的各种平面或物体上,还有放大超过实际尺寸的设计功能,用来查看和设计细节,如图 9.49 所示。

3. 将创作变为现实

　　捕获用户的全息项目的照片和视频,或者使用 3D 打印,查看实物打印作品是否符合创作,如图 9.50 所示。

图 9.49　设置全息影像　　　　　图 9.50　全息影像使用 3D 打印制作

9.4.3 Actiongram

Actiongram 开启了全新的故事讲述方式。在用户的家中可对全息影像进行移动、调整大小、旋转和录制等操作,然后制作视频与朋友分享。

1. 一种适用于讲述故事的全新媒介

将全息影像融入用户的现实世界,拍摄原本不可能或难以想象的各种场景,然后在线与朋友分享你的故事,如图 9.51 所示。

图 9.51 全息影像进入现实世界

2. 创造奇迹

将全息角色和视觉效果融入用户的真实世界,无须复杂的操作就能给用户带来好莱坞大片般的特效体验,如图 9.52 所示。

图 9.52 全息角色和用户互动

3. 一个令人称奇、不断增长的图库

该图库有大量全息影像供用户选择,方式多种多样。用户可用各种方式使用这些全息影像,并且很多全息影像还具有动画和音频效果,如图 9.53 所示。

图 9.53 全息影像图库

9.4.4 Fragments

在一部高科技犯罪惊悚片中,用户会变身为一名侦探。在故事发展和游戏过程中,体验各种出乎意料的全新可能性。

1. 你是一名侦探

在这部以"第一人称视角"展开的犯罪惊悚片中,使用先进的工具和可探测 NPC 记忆的设备相配合来侦破案件,如图 9.54 所示。

图 9.54　侦探视角

2. 你的房间是犯罪现场

犯罪现场融入进了用户的真实世界,揭开答案的线索有时还会隐藏在家具后面,如图 9.55 所示。

3. 角色感知真实

与原物同样大小的全息角色可以感知用户的存在,并与用户所处空间进行交互,就好像它们真的存在于房间中,如图 9.56 所示。

图 9.55　游戏场景融入真实世界　　　　图 9.56　全息角色

9.4.5 HoloTour

一边自然走动与旅游环境元素互动,一边探索罗马的美丽、马丘比丘的秘密,完全不受线缆的限制。

1. 有身临其境之感

全景视频、全息景象搭配立体声效,产生一种具有真实存在感和深度感的虚拟旅行体验,如图 9.57 所示。

2. 难以置信的视角

体验令人惊叹的视觉与观影感受,这是真实世界的游客所无法想象的,如图 9.58 所示。

3. 极富洞察力的专业导游

Melissa 将担当你的私人导游,她借助情境视觉分享历史信息和本地数据,帮助用户真正了解所看到的内容,如图 9.59 所示。

图 9.57　虚拟旅行体验

图 9.58　真实世界无法体验到的视角

图 9.59　Melissa 导游介绍景点

习题

一、填空题

1. HoloLens 是_____公司在 2015 年发布的智能眼镜产品，它采用_____系统，允许用户在增强现实场景中通过_____、_____及_____与虚拟世界进行互相交流。

2. HoloLens 设备主要包括光学部件、_____、_____、输入输出连接和_____ 5 个模块。

3. Hologram 在真实世界中有两种处理方式：_____和_____。

二、选择题

以下哪个不属于 HoloLens 的应用？（　　　）

A. Skype　　　　　　B. Actiongram　　　　C. HoloStudy　　　　D. Fragments

三、简答题

1. 简述 HoloLens 全息应用的主要功能。

2. 简单介绍 HoloLens 产品及其应用。

参 考 文 献

［1］ 中泰证券股份有限公司. 增强现实 AR 行业：资本技术加速渗透［R］. 上海：中泰证券研究所，2017.

［2］ 范丽亚，等. 虚拟现实硬件产业的发展［J］. 科技导报，2019，37(05)：81-88.

［3］ 华强电子网. 一文读懂 VR/AR：VR 和 AR 究竟需要什么样的硬件［EB/OL］.（2017-12-20）［2019-02-19］. https://tech. hqew. com/news_1998210.

［4］ Francesco Clemente，Strahinja Dosen，Luca Lonini，et al. Humans can integrate augmented reality feedback in their sensorimotor control of a Robotic Hand［J］. IEEE Transactions on Human-Machine Systems，2017，47(4)：583-589.

［5］ 物联网产品爱好者. 一文看懂所有类型的 AI 芯片［EB/OL］.（2018-06-06）［2019-02-24］. https://www.sohu. com/a/234336647_295206.

［6］ Gun-Yeal Lee，Jong-Young Hong，SoonHyoung Hwang，et al. Metasurface eyepiece for augmented reality［J］. Nature Communications，2018：1-10.

［7］ 青亭网. CES 2019 首日 AR/VR 汇总：高通展示分体 VR 参考设计，又一波 AR 眼镜［EB/OL］.（2019-01-09）［2019-02-25］. http://dy. 163. com/v2/article/detail/E53VJQ3Q0511BQR8. html.

［8］ Young K. Ro，Alexander Brem，Philipp A. Rauschnabel. Augmented reality and virtual reality［M］. Springer，2017：169-181.

［9］ 杨震. 视网膜投影显示技术研究［D］. 西安：西安工业大学光学工程系，2011.

［10］ 高翔，等. 移动增强现实可视化综述［J］. 计算机辅助设计与图形学学报，2018，30(1)：1-8.

［11］ 电子发烧友网. 脑波控制技术让人机交互再现魔幻［EB/OL］.（2018-03-22）［2019-04-10］. http://www. elecfans. com/kongzhijishu/650759_a. html.

［12］ Takuji Yoshida，Kazutatsu Tokuyama，Yuichi Takai，et al. A plastic holographic waveguide combiner for light-weight and highly-transparent augmented reality glasses［J］. Journal of the Society for Information Display，2018，49(1)：200-203.

［13］ 魏三强，孙彦景. 虚拟现实的无线网络传输技术研究进展［J］. 华侨大学学报（自然科学版），2018，39(3)：324-331.